中等专业学校试用教材

村镇规划

胡修坤　主编
李志伟　赵　悠　编

中国建筑工业出版社

图书在版编目(CIP)数据

村镇规划/胡修坤主编；李志伟，赵悠编. —北京：中国建筑工业出版社，1993.6(2007.12 重印)
中等专业学校试用教材
ISBN 978-7-112-01868-0

Ⅰ.村… Ⅱ.①胡…②李…③赵… Ⅲ.①乡村规划—中国—专业学校—教材②城镇—城乡规划—中国—专业学校—教材 Ⅳ.TU982.29

中国版本图书馆 CIP 数据核字(2007)第 189611 号

本书是根据建设部颁发的中等专业学校“村镇规划”教学大纲编写的。作者在进行大量调查工作，认真研究村镇特点、发展规律的基础上，根据村镇建设政策和出现的新材料、新问题进行编撰。内容包括：绪论、村镇规划的资料工作、县域规划、村镇总体规划、村镇建设规划、村镇专业工程规划、村镇规划的技术经济工作和村镇规划管理工作等八章。并列举了一些村镇规划的实例，借以通过实践经验的介绍，使读者能较具体地理解和掌握有关政策及技术内容。

本书为中等专业学校试用教材，亦可供有关人员阅读、参考。

中等专业学校试用教材
村 镇 规 划
胡修坤 主编
李志伟 赵 悠 编
*
中国建筑工业出版社出版、发行（北京西郊百万庄）
各地新华书店、建筑书店经销
廊坊市海涛印刷有限公司印刷
*
开本：787×1092 毫米 1/16 印张：$16^1/_4$ 字数：394 千字
1993 年6 月第一版 2015 年6 月第九次印刷
定价：**23.00** 元
ISBN 978-7-112-01868-0
（14821）

前　　言

“村镇规划”是村镇建设专业的主要课程之一。村镇规划涉及到政治、经济、建筑、技术和艺术等多方面的内容，是一门综合性很强的学科。

本书是根据建设部教育司颁发的中等专业学校《村镇规划教学大纲》编写的。在编写过程中，我们进行了大量的调查工作，根据政策，认真研究了村镇的特点、发展规律，以及村镇建设新材料、新问题。在内容上，力求做到系统性、实用性、理论性的统一，并且比较注重理论与实践的结合，列举了一些村镇规划的实例，借以通过实践经验的介绍，让读者能比较具体地理解有关政策和技术内容。

由于村镇建设走上有规划、重管理的正常轨道历史很短，村镇规划的理论还极不完善，还有待于进一步摸索、总结和提高。无疑，本书也是不成熟的。

本书是由建设部南方村镇建设学校胡修坤、赵悠和黑龙江省建筑工程学校李志伟共同编写的。胡修坤主编，建设部高承增高级规划师主审。

由于编者水平有限，时间仓促，书中缺点、错误在所难免，请予批评指正。

目　录

第一章　绪　　论

第一节　村镇的形成、特点及发展规律

一、村镇的形成

村镇是乡村居民点的总称，它包括村庄和集镇。它和城市一道，共同组成完整的城乡居民点体系。

（一）居民点的含义及组成要素

居民点是人们按照生活与生产的需要而形成的、聚集定居的场所。它是由居住生活、生产、交通运输、公用设施和园林绿化等多种体系构成的一个复杂的综合体。一般说来，居民点是由建筑群（包括住宅建筑、公共建筑及生产建筑等）、道路网、绿地及其他公用工程设施所组成。这些组成部分通常叫做居民点的物质要素。

（二）村镇的形成

在人类社会发展史上，并不是一开始就有居民点，居民点是社会生产力发展到一定阶段的产物。在原始社会初期，人类并没有固定的栖息之地，为了避免风寒与野兽的袭击和骚扰，常常用自然的洞穴藏身，过着完全依附于自然、采集鱼猎的生活。随着生产力的发展，人类在新石器时代有了从事农业生产的能力，使人们有了定居的可能，出现了最早的村落。最早的村落有两种基本形式：一种是在树林丛生处利用树木捆扎而成，建筑一般呈环形布置；另一种是在无树木处用石堆砌而成，称“蜂巢居”。尔后，随着社会生产力的进一步发展，人类历史上连续引起了三次社会大分工。首先是农业和畜牧业的分工，农业被分离出来。这样，在耕地附近便产生了以农业为主的固定村落，如陕西临潼姜寨村、西安半坡村等。接着是手工业和农业的分工，手工业被分离出来。最后是商业做为一个专门的行业而独立出来。社会分工的发展，社会功能的专门化，促进了社会产业结构和经济结构的自我调整，于是逐渐分化演变出一些人口相对集中，规模大小不等，以产品交换为中心的场所，即集市。集市的特点是有固定的自发形成的交换地点和交换时间，但交换的地方尚未成为固定的商店、货栈及服务设施，人们为了商品交换昼聚夜散。各种集市在我国北方叫“集”，在南方叫“墟”、“场”、“会”，集期三到五天不等。此外，还有一年一次或数次，一次为期三到五天的庙会、香会、骡马会等大型集市。集市的出现标志着农村经济在自给状态中萌发了商品经济的萌芽，起初只是“日中为市、人散市消”的场所，既无固定的人口，又无固定的设施。

集镇是在集市的基础上发展起来的。“集”的发展，带动了镇的发展，在位置适中、交通方便、规模较大的集市上，有人为交易者食宿的方便，开设了酒馆、饭店、客栈等饮食服务业。随后又有工商业者前来定居经营，集市逐渐变为具有一定人口规模和多种经济活动内容的聚落居民点——集镇。集镇的兴起，标志着人类社会的组合形式已开始由横向结构向纵向发展，集镇是商品经济发展到一定程度的产物。

二、村镇的特点

（一）村庄的特点

村庄是农村人口从事生产和生活居住的场所，它是在血缘关系和地缘关系相结合的基础上形成的，以农业经济为基础的相对稳定的一种居民点形式，它的形成与发展同农业生产紧密联系在一起。因此，具有以下特点。

1.点多面广，结构比较松散

居民点受地域条件的影响，农村地广人稀，居住分散，村庄的分布极不均匀，表现为点多面广，结构比较松散。从村庄的规模看，大小相当悬殊，大的可达几百户，小的则为几十户、几户，甚至独家独户的“独家村”；从村庄的建设看，以往相当零乱，有的看不出完整村庄的界线，建筑物零零散散，缺乏紧凑的布局和统筹安排。

2.职能单一，自给自足性强

村庄是农民生活和生产的场所。由于其规模偏小，人口集约化程度低，与外界交通不畅，联系不便，交往有限，诸多方面表现为一定的封闭性，且经济活动内容简单，如以种植业为主的农村，以林业及山间产品为主的山村，以畜牧业为主的牧村，以鱼业为主的渔村等。因此，在一定区域空间内所承担的职能比较单纯，自给自足性强。

3.人口密度低，且相对稳定

村庄的分布、人口密度受耕作面积及耕作半径的影响，从有利生产出发要求人口不宜过分集中，若居民点规模大，就必然导致所管理的土地面积扩大，加大耕作半径，生产管理不方便。另外，规模还受生产力低、机械化程度不高的制约，增加人口密度，就等于扩大了耕地范围，在目前以步行交通为主的条件下，必然增加农民往返耕作时间，不便管理，因此，在目前生产条件下居民点规模一般偏小，人口密度低。从村庄的形成和发展的历史进程中可以看出，村庄人口的增加仅是自然增长的变化，生息繁衍，祖辈子孙世代守在自已的土地上，迁村并点的现象很少出现，人口的空间转移极其缓慢和相对稳定。

4.依托土地资源，家庭血缘关系浓厚。

土地是农业中不可代替的主要劳动对象和生产资料，是农业人口赖以生存的主要物质条件，土地资源丰富与否，将直接影响村庄的分布形态、发展速度、经济水平和建设标准。

家庭是村庄组成的基本单元，也是村庄经济活动的组织单位，特别是党的十一届三中全会以来，由于农村经济体制的改革，广大农村普遍实行承包责任制，或以户为单位，或联产联营，使家庭在组织生产、日常生活、文化娱乐等方面发挥着越来越重要的作用，相应地，历史沿袭下来的家族观念在村庄仍受重视。

以上所述四个特点，是从农村现状中总结出来的，对指导村庄规划和村庄建设有着重大意义。现在有些地方新村建设盲目照搬城市模式，如不切实际的迁村并点，没有功能作用的宽敞街道等，所有这些，都是忽视农村村庄特点的结果。

（二）集镇的特点

集镇是介于村庄和城市之间的居民点。其人口结构、经济结构、空间结构具有亦城亦村，城乡结合，工农结合的特征，是联结城乡的结合部。

集镇的分布和发展是与一定地区经济发展水平、社会、历史、自然条件密切联系的。纵观我国农村集镇一般具有以下几个特点。

1.历史悠久、交通便利。

随着社会生产力的发展出现了商品交换，在某些较便利地带出现了集市，这种间歇性集市，进一步发展便形成了集镇。例如：湖北郧阳地区的南化镇，据传为西汉末，东汉始王莽追刘秀而得名。距今约1900多年；湖北安陆县巡店镇，据县志记载，唐宪宗〈李纯〉元和年间就有此镇，距今约1100多年。我国目前的多数集镇都按其原有区域经济特点，交通条件，自然环境，或者其它历史原因形成的并沿袭至今。少数集镇，随着建国以来各项经济建设的发展，使那些原来荒远的地域交通发达，人口聚集，有了各种生产、生活服务性设施。而在较短时间内形成的，无论新镇、老镇，都必须具备一定的交通条件，使村镇各级居民点之间来往便利，否则，不易形成集镇，有的老集镇由于长期的交通闭塞，也会逐渐衰退下去，以致成为一般的农村居民点。

2.集镇是一定区域内政治经济、文化和生活服务的中心。

目前，大多数的集镇，为乡（镇）行政机构驻地亦为镇办或村办企业的基地及城乡物资交流的集散点。一般安排有商业服务业网点，文教卫生及公用设施等。大多数集镇实际上已成为当地政治、经济、文化和生活服务的中心。

3.星罗棋布，服务农村。

据联合国亚洲和太平洋经济社会委员会所编《农村中心规划指南》中指出："乡、镇农村中心的影响范围半径，从七公里半到十五公里不等，平均为十公里。"若以自行车速而言，（每小时九至十四公里）则平均影响半径可以为十公里。即使步行来回也只需四小时，农民赶集在一天之内仍可往返。故不论新、老集镇，山区或平原集镇，它们的分布和经济联系半径，一般都在平均五至十公里左右。它们的服务对象，除集镇居民外，均包含了周围的农村居民点。因此，我国的集镇，不但星罗棋布，分散均匀，且服务于农村。

4.吸收农业剩余劳动力，节制人口外流。

集镇人口的来源，从集镇人口定居的历史分析，由于农业剩余产品的交换，而产生了一部分定居集镇专门经营产品交换的商人，这些商人即为当时的农业剩余劳动力。后来集镇上工业、手工业作坊的发展，其劳动力来源，小部分为集镇人口的自然增长，大部分仍来自广大农村。目前由于农村经济体制的改革，推动了农村经济的发展，导致了农村经济结构、产业结构、人口空间结构的变化，使农村出现了越来越多的剩余劳动力，这些剩余劳动力中的一部分则涌向城镇，其中包括自理口粮到城镇经商、开店、办厂、做工等。为此，加速集镇建设，大力兴办乡镇企业，成为吸收农业剩余劳动力，控制人口盲目流入城市的重要措施之一。

总之，集镇具有悠久的历史，交通便利，星罗棋布，服务农村以及工农结合、城乡结合，有利生产、方便生活等基本特点。它是农村工副业生产的基地，商业集市贸易交换场所。同时又是政治、文化、教育和生活服务设施的中心。

三、村镇发展的一般规律

通过对村镇形成和发展的历史回顾，以及对我国村镇建设的实际情况的分析研究，可以看到村镇的建设和发展具有自身的规律。

1.村镇发展必须与农村经济状况相适应

农村经济的发展为村镇建设奠定物质基础，村镇建设又为农村经济的进一步振兴创造条件，二者相互促进、相互制约，是相辅相成的辩证的关系，村镇建设必须与村镇经济状况相适应。因此，在确定村镇建设的规模、速度和标准时，必须考虑农村经济的承载能力。

2.村镇建设发展具有地区差异

由于各个历史时期不同地区生产力发展水平的不平衡，加上各地的自然环境、土地资源、气候特征各异，各种民族有着不同的风俗民情，村镇建设存在着明显的地区差异。因此，在村镇规划和建设时，不能追求一个模式，一样速度和统一标准，必须因地制宜，就地取材，使村镇建设各具特色。

3.村镇建设由低级到高级逐步向城乡一体化过渡

村镇的发展取决于社会生产力的发展，由于社会生产力和社会分工是在不断发展的，因而作为和生产力相适应的村镇建设，无论是性质、规模、内容和内部结构，都是沿着由低级到高级、由简单到复杂逐步进化，村镇的发展最终将走向城乡一体化。即，村镇的发展方向将向城市的生产效益、生活条件看齐，尽快缩小城乡差别。

4.农村人口空间转移遵循顺磁性规律

农村人口空间转移是按照顺磁性规律进行的，这里所说的"磁性"是指居住环境（包括政治、经济、文化、生活等）对人们的吸引力。我国大城市之所以成为人民向往的地方，就是因为在生活条件和就业等各方面都远远超过农村和集镇。如果要求人口的合理分布，避免大城市所带来的矛盾和问题，就应遵循人口"顺磁性"规律，把村镇建成具有强大反磁性的系统，以村镇的吸引力削减城市的吸引力。当前，随着农村产业结构的变化，农村人口空间流动的重要方向是按照一定的经济梯度，由不发达地区向发达地区，从山区向平原地区转移，由农村向集镇转移，这种人口空间分布加速了农村人口向集镇化集聚的过程。

第二节　村镇体系与村镇规划

一、村镇体系

村镇体系是指一定区域内，由不同的层次的村庄与村庄、村庄与集镇之间的相互影响，相互作用和彼此联系而构成的相对完整的系统。村镇系统和城市系统完整的构成了城乡体系。

在村镇规划中"农村一定区域内"通常是指在县的范围内的一个局部。因为我国的社会经济发展不平衡性极为明显，而作为我国比较完整的基本单元"县"，历来是稳定的一级行政建制，科学地规划好以县为单元的城镇体系和以集镇为中心的村镇体系，是立足于区域的观点从客观上布局好村镇网络体系，顺应社会经济发展，加速农业现代化，走中国式城乡发展道路的重要战略方针。

村镇和区域是"点"和"面"的关系。区域经济的发展是区域内经济发展的必要条件，而村镇的发展，又有力地影响和推动区域经济的发展。一方面，区域内各村镇之间具有纵横方向的相互密切联系，并在其经济中心的带动下发展；另一方面，村镇的建设和发展都不能脱离区域的具体条件。因此，要编制一个行之有效的村镇建设规划，必须立足于宏观角度，全面综合地分析研究区域经济发展的具体条件，分析研究区域内村镇之间的相互影响和作用，因地制宜地进行整体的动态的规划，使其纳为更为科学的轨道。

村镇体系的构成如下：

集镇（中心集镇 / 一般集镇）——中心村——基层村

村镇体系构成为多层次、多等级的结构模式。集镇与区域内的村庄、集镇等互相联系，产生区域性的影响和辐射作用。根据集镇的职能作用、地位，又分为中心集镇和一般集镇，形成了一个层次、两个等级。中心集镇，其服务范围都超过本乡（镇）、一般是几个乡（镇）甚至更大地区的经济、信息、商业流通中心，一般布置有县办工企业和超越本行政区服务的医院、学校等公用设施，其设施相应地为辐射地区服务。从建制上一般是建制镇，从地位和作用上，一般是县城次中心。一般集镇，其服务范围是本乡，一般布置有乡（镇）办的工业企业和为本乡服务的医院、商店、学校、邮电等公用设施。村庄，是农民从事生产和生活活动的基本居民点，由于经济、信息、生活上的联系，村庄在职能、规模、空间结构上形成不同的层次为满足经济、信息、生活上的联系及管理上的需要，地理位置适中，发展条件好的村庄，逐渐形成一组村庄的中心，即在村庄中形成中心村。在空间结构上形成中心村——基层村的层次。中心村一般是村民委员会所在地，设有基本的生活服务设施；基层村一般是村民小组所在地，设有简单的生活服务设施。

在村镇体系中，村庄和村庄、集镇和村庄间的互相联系，表现为经济上互为依托，生产上分工协作，生活上密切联系，发展上协调统一。因此建立起完整的村镇体系，从区域和系统的角度进行村镇规划，对村庄和集镇定点定性分类分级，明确发展对象，合理布局生产力具有深远的意义。

二、村镇规划

（一）村镇规划的任务

规划通常兼有两种含义：一是指达到的目的或任务；二是为实现目标而建立的具有动态的连续的系统控制。

村镇规划是为实现村镇发展建设目标，依据区域和自身发展条件而建立的具有区域综合性的动态连续的系统控制，是一定时期内村镇发展与各项建设的综合性布置和村镇建设的依据。

其基本任务是：在一定的规划年限内，从区域的角度，宏观上研究确定，村镇各级居民点及相互间的联系，村镇的性质与发展规模，合理组织村镇各项建设用地，妥善安排各项建设项目，以便科学地，有计划地进行建设，适应农业现代化建设和广大农民生活水平不断提高的需要。

总之，村镇规划对村镇建设和经济发展有重要的指导意义。由于它涉及面广，政策性、综合性强，因此要求规划工作者要以辩证唯物主义与历史唯物主义的思想为指导；努力学习党的方针、政策，提高理论修养和扩大知识面，从宏观着眼、微观入手，运用现代科学技术手段和方法进行综合分析与论证；全面规划、统一布局，协调各方面的矛盾，使规划方案在经济上合理，技术上先进、适用，建设上可行。

（二）村镇规划的工作程序

村镇规划分为村镇总体规划（村镇体系规划）和集镇、村庄的建设规划，用图示表示如下：

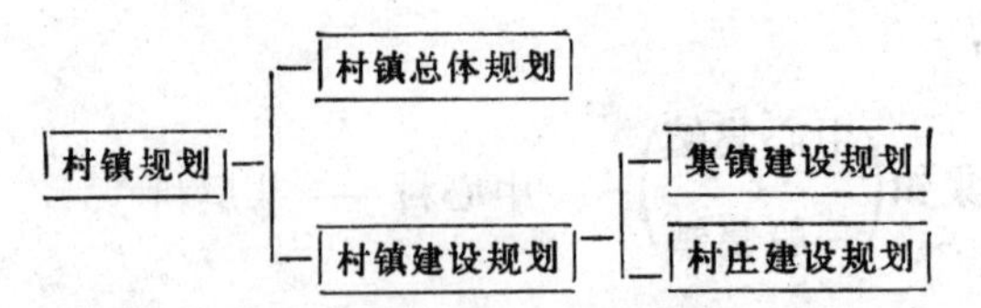

村镇总体规划是根据国民经济发展计划，以县城规划、县城经济和社会的各项发展规划以及当地的自然环境、资源条件、历史和现状为依据，对全乡（镇）辖区范围内的村镇进行合理分布和主要建设项目进行全面布局。

村镇建设规划是以总体规划为依据，对村镇个体进行的各项建设用地布局和建设项目安排的控制性规划与建设实施规划，以指导村镇建设，达到发展总目标的要求。

村镇规划的两个部分的划分是切合我国村镇的具体情况的。因此，根据我国村镇群体中村镇的分布行政组织，经济发展，生活服务等特点，既需要对村镇群体内的所有村镇进行总结协调，又需要对每一个村镇进行详细安排。就某一村镇而言，它并不是孤立地存在的，而是村镇群体中的一部分。在编制一个村镇的建设规划时，必须全面了解这个村镇在村镇群体中的地位，职能作用，发展趋势以及具体的建设要求，并以此作为建设规划依据，而这些依据应当在总体规划中显示出来。因此村镇总体规划是建设规划的依据，建设规划是总体规划的深入和具体化，两者的关系是整体和局部的关系，是相辅相衬的，互相衔接的两个阶段。

第三节　村镇规划的指导思想、工作特点和基本原则

一、村镇规划的指导思想

根据村镇经济发展的要求，从村镇建设的全面出发，建立起一定区域的村镇体系，从整体建设部署上全面适应生产发展与生活提高的需要，综合规划，统筹安排村镇各项建设并协调发展。因地制宜，从实际出发，以改造为主，逐步建设，使村镇布局合理紧凑，设施完善实用，交通方便，环境优美宜人，建设成各类地方特色的现代集镇和文明新村。在这个基本思想指导下，加强领导，搞好宣传，充分调动广大农民的积极性，走自己动手，建设家园的路子。坚持全面规划，合理布局，节约用地，充分利用原有设施，逐步改进、不断完善，避免求新、过急、大拆、大建；在坚持发展生产的基础上，正确处理生产与生活的关系，量力而行，分期分批，逐步建设；坚持因地、因时、因事制宜，确定建设规模，建房方式和建筑形式，不能一刀切，一个样，坚持群众路线，典型引路的方法，注意社会效益、经济效益、环境效益的统一。

二、村镇规划的工作特点

村镇规划关系到人民的生活，涉及到政治、经济、技术和艺术等方面的问题，内容广泛而复杂。为了对村镇规划的性质有比较准确的了解，必须进一步认识村镇规划的工作特点。

（一）综合性

村镇规划需要统筹安排村镇的各项建设，由于村镇建设涉及面较广，包括有农、林、牧、副、渔、工、商、文、教、卫等各项专业，又涉及到人们的衣、食、住、行和生、老、病、死等各个方面。概括起来，包括生活和生产两个方面。要通过规划工作把这样繁杂、

广泛的内容，有机地组织起来，统一在村镇规划之内，进行全面安排，协调发展。因此，村镇规划是一项综合性的技术工作。

（二）政策性

村镇建设的项目，包括有国家的、集体的、个人的，需注意处理好国家、集体和个人对村镇建设的积极性，把集体和个人的力量与智慧吸收和汇总到村镇的规划中，另外，在村镇规划中，一些重大问题的解决牵扯到国家和地方的方针、政策。如村镇性质、规模、指标等，都不单纯是技术和经济问题，而且关系到生产力发展的水平、城乡关系、消费与积累比例等重大问题。因此，规划工作者必须加强政策观点，在工作中认真贯彻执行党的方针政策。

（三）地方性

我国幅员辽阔，南方与北方，山区与平原，内地与沿海各地的自然条件，经济条件，风俗习惯和建设要求都不相同，村镇规划必须因地制宜，反映出当地村镇特点和民族特色，不能“一刀切”。因此，村镇规划具有地方性的特点。

（四）长期性

村镇建设是百年大计，需要循序渐进，一个村镇规划的实施，不是短时间的事，一般都要经过几年、十几年的持续建设才能完成。另外，由于受到技术上的和认识上的局限，不可能对村镇建设的未来准确的预测。因而在规划中，既要适应当前建设的需要，又要考虑远期和近期结合，对规划的内容不断加以改进、补充，逐步完善。

三、村镇规划的基本原则

搞好村镇规划，必须认真贯彻执行党的方针、政策，发动群众，依靠群众，群策群力，执行以下原则。

（一）统一规划，保持特色，有利生产，方便生活。

村庄和集镇是一个有机联系的整体。在这个整体中，集镇是中心，是基地，它的生活、生产、公用服务等各项设施，要面向村镇全范围，村镇规划必须考虑经济区域内集镇与村庄的联系，树立“一盘棋”的思想。

村镇必须充分考虑生产与生活统筹兼顾，合理安排，既要有好的生活条件，如居住宁静、交通方便，公建及其它服务设施配套，又要有好的生产条件。使村镇规模恰当，位置合理，才能有效地达到村镇规划的目的。

（二）节约用地

村镇规划首先应当充分挖掘原有村镇的用地潜力。过去我们的广大村镇是在小农经济的基础上自发形成的，内部结构松散、零乱，但绝大多数村镇的布局，经历史的考验已定型。规划的主要任务是在原有基础上就地改建、扩建。当必须选址新建时，尽量利用坡地、荒地、薄地，严格控制所占耕地、林地、人工牧场，并不得因远期规划规模，过早过多占用土地，避免防止占而不用，少住多用及多住宽用等现象。在人多地少的农业高产地区和有条件的地方，提倡建楼房。

（三）远近期相结合，以近期为主，分期建设逐步实现。

村镇规划既要解决当前的建设问题，又要为今后发展留有余地，近期建设和远期建设紧密配合，协调统一。但是，村镇建设的主要任务应从当地村镇实际出发，正确处理需要和可能的关系，确定适宜的建设标准和分期实施计划。

（四）在村镇建设中重点搞好集镇建设

集镇是村镇建设的“龙头”。发展集镇经济就可以带动村镇整体经济的发展，搞好集镇建设，不仅能够改善和提高人民的物质、文化生活水平，还可以加速人口集镇化进程，缩小城乡差别。因此，在村镇建设中，着重抓好集镇建设成为一定区域内的政治、经济、文化和生活服务的中心，充分发挥在农业现代化中建设和组织农民经济文化生活的前进基地作用。

（五）村镇规划要有特色

村镇规划要结合当地现状、自然条件、生活习惯等特点，为居民创造舒适、卫生的生活环境。规划布局和空间组织要因地制宜，灵活多样，具有鲜明的地方特色和民族特点，避免追求脱离实际的形式主义。

思考题

1.什么是村镇？什么是居民点？组成居民点的物质要素有哪些？

2.简要说明村镇的特点。

3.什么是村镇规划？其基本任务有哪些？

4.村镇规划分哪两个阶段？它们之间的关系如何？

5.什么是村镇体系？它分哪几个层次？

6.简述村镇规划的指导思想、工作特点和基本原则？

第二章　村镇规划的资料工作

第一节　村镇规划资料工作的重要性

所谓规划，是通过人们能动地将某一事物的运动纳入有目的、有秩序、有规律的活动的轨道之中。要做到这一点，首先就需要正确地认识事物的本来面目及其内在联系。村镇规划要求对规划区范围内的经济发展、居民点分布及各项建设事业，有意识地在一定时期内进行适当调整和合理安排，这就要求规划符合村镇经济发展和建设的客观规律，符合村镇的实际情况。

为使编制的村镇规划能够从实际出发，符合事物发展的客观规律，适应发展建设的需要，避免主观主义和脱离实际，必须在编制村镇规划前进行认真细致的调查研究，作好资料的收集、整理和分析计算工作。这是保证规划科学合理的重要环节之一。

对于村镇规划资料工作的重要性，人们的认识并不完全一致。有的人片面认为村镇规划比较简单，规划资料多少都行，没有资料照样可以编制规划；也有的人认为规划资料量大，涉及部门极多，且需投入较多的人力和时间，因而相应减少这方面的工作；以上认识是片面和错误的。村镇规划的目的是为了指导村镇各项事业的发展和建设。这就要求规划设计能符合村镇特点和实际情况、科学合理。如果不掌握足够和准确的基础资料，就不可能对当地的自然资源条件和建设条件进行科学分析；不可能认清当地的优势而扬长避短地进行建设；也不可能抓住村（镇）域存在的主要矛盾并提出相应的解决办法。在这种情况下作出的规划只能是没有根据的，脱离实际的纸上谈兵，不仅对村镇的发展建设起不到指导作用，甚至会导致盲目建设，给村镇的发展建设造成障碍。如有的规划人员在对现状不甚了解的情况下，从主观出发，不切实际地扩大村镇规模，村镇占地过大，不仅造成长期使用不便，也浪费了大量的土地。由于用地太大，相应地增长了工程管线和道路长度，造成建设资金的大量浪费；有的地区在资源不清的情况下盲目兴建有关的加工工厂，结果由于原料不足或者是产、供、销严重不平衡而不得不被迫停产；有的村镇地形图资料不准确，在此基础上绘制的规划图纸必然误差过大，无法依图落实划分土地，很难起到规划的指导作用；还有的村镇在作竖向规划前，不了解河流的洪水情况，竖向设计标高低于最高洪水水位，一旦发生20～50年一遇的洪水，就会出现被洪水淹没的危险而造成巨大的物质损失；有些乡镇和村庄，位于地震活动频繁的断层地带上，不适宜继续扩大和发展，这些都需要在编制规划前调查清楚，否则将带来不可估量的损失。如甘肃东乡县境内洒勒山下的几个村庄，就因为对大片山体断裂造成大规模滑坡等因素缺乏认识，以致在一次滑坡灾害中造成二百人丧生。以上所述各种问题的产生，虽然有各种客观原因，但其中重要一条就是对现状条件缺乏正确的认识和科学分析，不重视对基础资料的搜集和研究。这样作出的规划，可能由于不切合实际而根本无法实施，只能是摆摆样子。有的即使勉强实施，由于没有准确的资料作依据，实施过程中也会处处被动，以致最后不得不放弃原有规划而从头开始，造成人力、物力的浪费。

由此可见，在没有基础资料或资料不足的情况下，不可能作出科学合理并切合实际的规划。为了编制出从实际出发，能充分发挥当地自然和经济优势的规划，就必须对规划的对象作深入了解，掌握规划范围内各行各业的需求及其相互联系；掌握自然和经济条件对村（镇）域发展提供的有利条件和制约因素。这一切离开调查研究，离开了对基础资料的掌握、整理和分析是不可能成功的。

村镇规划是一门综合性的学科，涉及面很广泛。它不同于某项单一的学科或某一具体的设计，它需要资料的面广、量大。对基础资料的全面准确的掌握，不等于搞繁琐哲学。不能把一些对规划影响不大或根本不起作用的数字统统搞清楚，这样不仅花费许多不必要的人力物力和大量时间，还会影响对基本的主要资料掌握的深度。要作到这一点，就要善于分析、区别对待，根据不同的任务、要求以及当地的特点有针对性地进行调查。对影响全局、影响村镇域内村镇发展方向和重大决策的资料，力求搞深、搞透、搞准确，而对其它无关紧要的资料，有一般性的了解即可。这样，既不影响规划设计的质量，又不会浪费时间、精力，可以大大加快规划编制的进度。

总之，基础资料是村镇规划的重要依据，是提高规划质量的基础，必须给以重视。同时，调查时应结合实际，区别对待，因时因地制宜，提高工作效率。

第二节 基础资料的内容

村镇资料调查研究的内容多、涉及面广，但作为规划所依据的主要基础资料，有以下几类。

一、自然条件和历史资料

（一）地形图

1.村镇区域位置地形图（可利用县行政区图）和村镇所在乡（镇辖）范围现状图（可利用乡镇的各村分布图）。

此图用于村镇总体规划阶段，比例可按当地县域或镇域所辖面积的大小来确定。图上标明村镇地理位置、乡镇用地范围与邻县域或各乡镇的交通联系，以及与乡镇范围内名胜古迹、各居民点、厂矿、河流、湖泊、水库、高压输电线路和各种工程设施等。

2.村镇地形图

村镇地形图用于村镇建设规划阶段，图纸比例为1:5000、1:2000或1:1000。其图上的等高距一般为表2-1所示。

地形图的测压范围，一般应比村镇拟规划的用地范围宽100～500m。图上应表示测量坐标网、测量标志点位、各种建筑物、构筑物、交通线路、管线工程、桥涵、水体等；菜地、水田、荒地、果园、树林、经济林和土坑土岗、地坎、断岩；池塘的顶部及底部标高或高差等，并附测量成果表。该图一般由勘察单位提供。

（二）气象资料

包括湿度、温度、降水量（指降雨、降霜、降雪的总水量，在南方只需降水量）、历年、全年和夏季的主导风向、风向频率、平均风速、日照、雷击、冰冻及风灾等情况。该资料可向当地气象部门索取。

各种比例按地形坡度的等高距（m）　　表 2-1

比例尺 \ 地形 坡度	平地	丘陵	高山地
	0～3°	3～10°	10～30°
1:1000	0.5	1.0	2.0
1:2000	0.5～1.0	1.0～2.0	2.0～2.5
1:5000	1.0	2.0	5.0

（三）水文资料

包括江、河、湖泊的水位、流速、流量、淹没地区界限和最高洪水水位等。一般可向当地水利部门索取。其最高洪水水位应为20～50年一遇的重现期水位。

（四）地质及地震资料

包括工程地质、水文地质、地震烈度等。

1.地质资料

主要有建筑地基、滑坡与崩塌、冲沟等。

（1）建筑地基。村镇各项设施均由地基来承受，由于地层的地质构造和土层自然堆积情况不一，其组成物质也各有不同，因而对建筑物的承载能力不一样。

村镇用地中，有些地基土在一定条件下改变其物理性质，从而对地基的承载力带来影响。例如湿陷性黄土，在受湿后结构变化而下陷，导致建筑损坏。另如膨胀土受水膨胀，失去收缩性能，给工程建设带来问题。在沼泽地区，由于经常处于水饱和状态，地基承载力差。在具有可溶性岩石(如石灰岩、盐岩、石膏等)地质构造地区，往往形成地下溶洞——岩溶，它将造成构筑物的渗水和建筑物的塌陷；因矿藏的开掘所造成的地下采空区，也常致使地面塌陷。因此，在这些地区要特别详细准确搜集调查，必要时进行工程地质勘察。

（2）滑坡与崩塌。滑坡与崩塌都是物理地质现象。滑坡是在风化、地表水或地下水等原因的影响下，特别是在重力作用下，使得斜坡上土石向下滑动（如图2-1）的一种物理地质现象。这类现象常发生在丘陵或山区。滑坡的破坏作用常常造成阻塞河道、摧毁公路、破坏厂矿、掩埋村庄。为避免滑坡所造成的危害，须对建设用地的地形特征、地质构造、水文、气候及土或岩体的物理力学性质作出综合的分析与评定。在选择用地时应避免不稳定的坡面。在用地规划时，应确定滑坡地带与稳定用地边界的距离。在必须选用有滑坡可能的用地时，则应采取具体工程措施，如减小地下水或地表水的影响，避免切坡和保护坡脚等。

图 2-1　滑坡示意图

崩塌是陡坡上大块岩体在重力作用下突然崩落。其原因有物理风化、雨水渗透、地震等。当裂缝比较发育、且节理面向崩塌的方向，则易于崩落（如图2-2）。

（3）冲沟。冲沟是由间断流水在地表冲刷形成的沟槽。在用地选择时，应分析冲沟的分布、坡度、活动与否、以及冲沟的发育条件。

2.地震资料

地震是一种自然地质现象，强烈的地震破坏性强、范围大。由于目前还不能精确地预报，因此对地震灾害的预防必须引起重视。在强震区一般不宜设置村镇。如确需设置村镇时，要保证救灾的需要。如建筑不宜连绵成片，应留有适当的防火疏散间距，在村镇上游不宜修建水库，以免地震时洪水下泄，危及村镇。对建筑物本身也应考虑采取可行措施，具备一定的抗震能力。

3.水文地质资料

水文地质资料包括地下水的存在形式、含水层厚度、矿化度、硬度、水温以及动态等。地下水常常是村镇用水的水源，特别是在远离江湖或地面水量、水质不敷的地区，查明地下水资源尤为重要。

地下水按其成因与埋藏条件，可以分成上层滞水、潜水和承压水三类如图2-3，具有村镇用水意义的地下水，主要是潜水和承压水。承压水因有隔水顶板，受大气影响较小，也不易受地面污染，因此往往是主要水源。

图 2-2　崩溃示意图

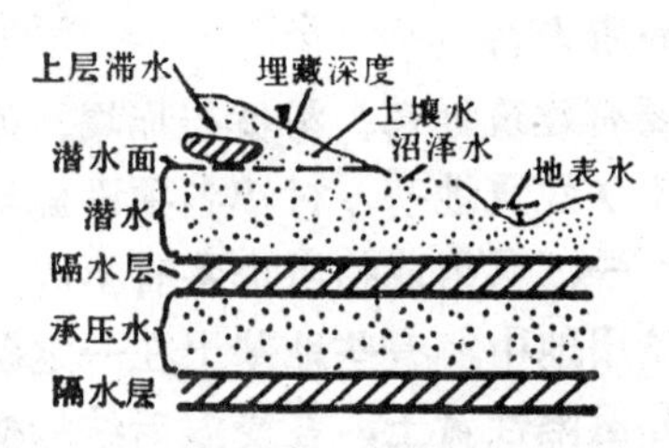

图 2-3　地下水示意图

（五）村镇历史沿革

包括村镇的历史成因、年代，沿袭的名称和各历史阶段的人口规模、村址扩展与变迁，交通条件以及兴衰的情况等。该资料可查考县志等史料，结合民间传说等进行分析论证。

二、技术经济资料

（一）自然资源资料

自然资源资料包括规划范围内地下矿藏、燃料动力、水力及各类农作物、农副业和建筑材料等资源的分布、数量、开采利用价值和发展前景等。分析对村镇分布、人口规模、发展方向以及建设有什么要求和影响。

（二）人口资料

人口资料是确定村镇分布与人口规模、配置住宅和各项生活服务设施及工程设施的重要依据。因此应了解和掌握人口的现状和发展情况，如规划范围内现状的人口数、户数、每户平均人口数；年龄构成比例和文化程度的比例；人口自然增长率；男女劳动力的数量和质量、利用情况以及每年新生劳动力的增长情况等。

对人口资料分析的重点是：从现状出发，通过年龄构成比例和自然增长率等资料的分析，研究规划期限内人口发展的可能情况；通过年龄构成和文化程度分析比例等情况的资料，估计新增劳动力的数量和质量，对村镇建设和发展可能提出的劳动力情况。

（三）村镇体系各级居民点与人口分布资料

村镇体系各级居民点分布资料一般包括村镇发展概况，村镇分布现状及相互间的联系和影响；各村镇建成区的用地数量、使用情况，用地内部有无潜力，周围有无发展余地，当前存在的主要问题等。

人口分布资料包括人口分布状况和特点、各村镇总人口、人口构成即农业人口、非农业人口和亦工亦农人口的数量及其比例关系、人口城镇化水平、人口空间转移的趋势、农村剩余劳动力的数量及可能安排的途径。

通过对以上资料的调查和分析，掌握村镇人口的现状分布、各村镇的建设情况、建设条件及存在的主要问题，为研究和合理调整村镇各级居民点的层次、职能和分布，合理估算人口发展规模，提供可靠的科学依据。

（四）农业、工副业生产情况和发展计划资料

（1）搜集县域农业区划、县域土地利用总体规划和县的经济、社会发展规划资料等；以此分析村镇及周围地区经济发展对村镇建设的具体要求。

（2）农业资料：当前农林牧渔业生产情况、土地利用情况、农业机械化程度、农业产值和今后发展计划和设想。

（3）工副业资料：当前生产情况，即生产项目、产品及数量、原料来源、销售以及职工人数、今后发展计划等。发展计划包括扩建和新建项目及其规模、建设期限，供产销关系、职工人数和来源以及运输量、用水、用电量等。

通过对以上资料的分析，可以从农业区划和各行业的发展要求，了解农、工副业生产对村镇建设有哪些具体要求，对一个村镇来说，结合现状基础和建设条件、要扩建哪些项目、规模多大、劳动力如何解决，相应的村镇建设如何去适应。对研究村镇的性质、规模和发展方向提供可靠依据。

（五）文化教育事业资料

掌握现有各类学校分布情况、规模、学生人数和来源、学校建筑及文化设施项目和利用情况，存在主要问题和今后发展计划等。

（六）交通运输业资料

包括村镇之间交通运输量和流向；铁路、公路、水运情况及其建筑设施状况、使用情况、当前存在的问题、以及发展计划等。

区域性交通运输业的发展，对村镇的兴衰起着重要作用。因此，对铁路、过境公路和水运的发展计划应认真研究。

（七）医疗卫生事业资料

包括现有医疗设施分布与规模；建筑、使用情况和存在问题以及今后发展计划等。

（八）商业服务事业资料

包括各种项目分布及其规模；建筑、使用情况和存在问题以及今后发展计划和设想等。

（九）村镇土地利用资料

村镇现有用地总面积；以及生产建筑用地、住宅建筑用地、公共建筑用地、交通运输用地、绿化用地、公共设施用地及其他用地面积和各自所占比重。计算面积单位采用公顷。

（十）农民生活水平和购买力资料

包括农业人口和非农业人口平均每人收入和生活基本支出、农民经济收入情况；购买力及其对商品需要对象等。

通过上述资料的分析，了解农民和村镇居民的经济条件，为研究住宅建设进度以及住宅建筑标准、各项公共建筑和工程设施标准规模等，提供必要的依据。

三、现有建筑物、工程设施和环境资料

（一）村镇现有建筑物的分布、面积、层数、质量、建筑密度等。

建筑面积是衡量建筑物布置是否合理紧凑、用地是否节省的标志，在一般情况下农村集镇住宅的建筑密度：平房为30～40%，二层楼为27～30%，三、四层楼房不应低于26%。规划时可用实际现状指标与上述数据相对照，掌握和分析村镇现状用地的合理性，为规划提供依据。

（二）村镇各项工程和公用设施资料

包括供排水、防灾、供电、通讯、道路、桥涵等数量、质量和分析状况。

（三）风景游览、名胜古迹和园林绿化资料

对古迹应说明历史原因、发展阶段和现状，是否有作为旅游开发的价值。

（四）村镇环境保护资料

包括环境污染物（主要指废水、废渣、废气）的种类、排放数量、污染面分布及危害程度、处理利用等。

上述资料，是编制村镇规划的基本资料。由于村镇现状和所处的地位不同，加上规划的阶段和内容不同，在搜集资料时应有所侧重和增减。如遇到情况较为特殊的村镇，还可补充搜集有关资料，以满足编制规划的要求。

第三节　基础资料的搜集和分析、整理工作

资料的搜集和分析整理工作，应根据不同的规划阶段和实际情况进行。村镇总体规划阶段应侧重分析研究乡（镇）域体系总体布局资料，如乡（镇）经济结构、产业结构及其构成比重，各级居民点的职能作用、地理位置及存在的优势与劣势等，而村镇建设规划则侧重分析研究村镇各项建设用地和建设项目的现状情况等。

一、基础资料的搜集方法

搜集村镇规划所需要的基础资料既要避免重复，又要避免遗漏。同时，还要抓住要点，节省时间。

（一）拟定调查提纲

搜集和调查资料，必须做好充分的准备工作，做到有的放矢，避免盲目性，提高工作效率。这些准备工作主要包括：所需资料的内容及其在规划中的作用，目的明确，心中有数；在此基础上拟定调查提纲，列出调查重点，根据提纲要求，编制各个项目的调查表格；研究用什么方法、到什么部门去搜集有关资料。

（二）现场调查研究

对所需要规划的范围（在总体规划阶段指全乡(镇)域、建设规划阶段指某一个具体的村镇），规划人员必须亲临现场，掌握第一手资料。现场调查主要是对规划区的山林、耕地、江河、建筑、地形、地貌等进行现场踏勘。规划人员，对于关键性的资料，不仅要掌

握文字、数据，还应把这些文字内容同实际情况联系起来，逐项核对。特别是对自然灾害情况，如洪水、地震、大风、滑坡等应搜集当事人的描述或记录照片，获得更为完整的资料。

（三）召开各种形式的调查会，争取各有关部门的配合。

为了使工作进展顺利，第一次调查会应由乡政府主管村镇建设的乡（镇）长主持，争取各部门的负责人参加，将搜集资料工作作为任务下达，并充分讲明规划工作和资料工作的意义及各项资料的具体要求，并且分别散发已准备好的各种调查表格，明确具体联系人。然后再分头下到各部门，共同解决填表中遇到的具体问题。有的部门没有现成的资料，则应采取开专题调查会的方法，同有关人员进行座谈，或查阅文史档案或抽样调查进行补充。

二、基础资料的分析整理

搜集资料不是目的，而是作为规划的一种方法和手段。搜集资料是为了编制切合实际情况并能指导今后发展的村镇规划，这就需要对搜集到的大量资料进行分析和整理，找出村镇建设发展过程中存在的主要问题，进而提出有针对性的调整和改进方案。如果不注重分析、整理和综合，也就分不清各种数字所说明的问题及各个数字的内在联系，而抓不住事物发展变化的本质特征。

在具体进行资料分析、整理时，要注意以下问题：

（一）保证资料的准确性

要善于去伪存真，保证资料的准确性，是保证规划质量的重要条件，资料不准等于没有资料，甚至比没有资料更糟。因为它会造成与客观规律相违背、脱离实际甚至完全错误的规划，这样的规划来指导建设必然带来巨大损失。

（二）调整矛盾

注意调整各专业资料之间的矛盾，县域规划在我国还刚刚起步，很多地区没有进行县域规划，各部门所进行专业规划之间有效的协调工作少，因此，各专业部门所提供的规划资料之间发生矛盾是经常出现的。例如有的部门提出开发荒地增加农田面积计划，而另一部门作出了退耕还林、扩大草原发展畜牧业的计划，这就需要以整体发展进行调整。

（三）动态分析

对于各个方面的资料，应着重从不同的侧面进行动态分析，例如，对作为规划依据的经济资料，除了注意发现该地区的经济发展优势外，还要注意发挥这些优势的现实性和实施的具体措施。对生活福利服务设施和工程设施的现状资料，应着重分析当前的使用情况和存在的问题，并为这些设施今后的发展和建设找出依据和办法。

三、现状分析图的编制

在全面分析现状资料后，应提出现状分析图作为编制规划工作的基础。现状分析图是把现状情况和存在问题集中用图的形式表示，它在不同的规划阶段内容有所侧重。

（一）村镇总体规划阶段现状分析图的主要内容为：

（1）村庄、集镇和生产基地的位置、人口规模和用地范围；

（2）交通运输、电力电讯等工程线路的走向与相关设施的配置；

（3）主要公共建筑的位置、规模与服务范围；

（4）其它对总体规划有影响的要在图纸上表示的问题；

（二）村镇建设规划阶段现状分析图的主要内容：

（1）各类用地规模与布局；

（2）公共建筑与公用工程设施的配置；

（3）建筑与工程质量分析；

（4）其它对建设规划有影响需要在图纸上表达的问题。

乡（镇）域范围内的现状分析图比例采用五千分之一或一万分之一，较大的乡（镇）也可采用二万分之一；集镇或村庄的现状分析图比例一般采用二千分之一，规模较大的采用五千分之一，较小的采用千分之一。

四、资料的表现形式

村镇规划调查资料的表现形式，可以根据资料的内容的不同，采取图、文字和表格等多种形式表现。有时这些形式可以并举，以说明情况和问题为准，不强求统一。一般说来，为说明地区或全乡（镇）的情况，宜以文字和图的表现形式为主，表格为辅；在说明村镇现状时，宜以表格的表现形式为主，文字和图为辅。

用表格形式来表现调查资料的内容，既能一目了然，又能大大提高搜集资料的速度。然而，就全国范围看，各地差异很大，即使同一项调查内容，也很难用一个统一的表格来解决问题。因此，提供以下参考表格（见表2-2……5），各村镇应结合具体情况因地制宜深入细致地加以修正或增减，并制定符合当地村镇实际内容的表格，以便在搜集调查资料的过程中填写并进行分析研究。

五、规划纲要

规划纲要是指导规划编制的纲领性文件，它必须提出解决重要问题的原则性意见。其主要内容包括：

（1）提出农业生产发展对村镇居民点布局的影响

（2）提出工业生产与多种经营发展对村镇布局的影响。

（3）在上述基础上提出乡（镇）的性质，各村镇的功能分工及人口规模；

（4）提出村镇建设的发展速度及基本措施；

（5）提出宅基地、人均占地等主要技术经济指标和重要设施标准；

（6）其它主要问题的解决意见。

________乡________集镇（基层村、中心村）　　填表时间：

填表单位：

村镇、人口年龄构成统计表　　表 2-2

年龄	人口数（人）			占村镇人口百分比（%）	备注
	男	女	小计		
0～6 岁					
7～12岁					
13～18岁					
18～60岁					
60岁以上					
合计					

________乡________集镇（中心村、基层村）

填表时间：

填表单位：

农业劳动力统计表

表 2-3

单位		劳动力（人）			其中包括（人）				备注
		男	女	小计	木工	泥工	电工	其他	
村	组								
	组								
	组								
	组								
合计									

________乡________集镇（中心村、基层村）

填表时间：

填表单位：

非农业劳动力统计表

表 2-4

单位	劳动力（人）		合计	各职业分配情况													
	男	女	合计	工副业	手工业	基建	行政管理	商业服务	交通运输	邮电	农村水利	公用事业	文教科卫	金融财政			其它
镇（村）																	
百分比（%）			100														
说明																	

________乡________集镇（中心村、基层村）

填表时间：

填表单位：

文化水平统计表

表 2-5

年龄	7～20岁					21～50岁						51岁以上						合计					
文化程度	文盲	小学	初中	高中	小计	文盲	小学	初中	高中	大专	小计	文盲	小学	初中	高中	大专	小计	文盲	小学	初中	高中	大专	合计
人数（人）																							
百分比（%）																							
说明	应说明1～6岁的幼儿名数																						

______乡______集镇（中心村、基层村）　　　　填表时间：
填表单位：

户型及平均每户人数统计表　　　　表 2-6

户型 类别	一口户（户）	二口户（户）	三口户（户）	四口户（户）	五口户（户）	六口户（户）	七口户（户）	八口户（户）	九口户（户）	九口以上户（户）	小计（户）	平均每户人口（户）	人口总数（人）	备注
居民户														
农民户														
合计														说明农村专业户户数

调查者分析意见：
调查负责人评价：

______乡______镇集（中心村、基层村）　　　　填表时间：
填表单位：

行政单位、文教、卫生系统现有情况统计　　　　表 2-7

单位名称	隶属关系	职能、服务范围	规模	工作人数（人）			占地面积	建筑面积
				男	女	小计		
乡机关	县政府	乡						
兽医站	县农业局	乡						
文化馆	县文教局	乡						
电影院	县文教局	全镇及郊区社员						
说明								

______乡______集镇（中心村、基层村）　　　　填表时间：
填表单位：

集贸市场情况统计表　　　　表 2-8

占地面积	集市贸易货物品种（个）	集市贸易人数人次/日		成交金额（万元/年）	成交货物数量（吨/年）	税务金额（万元）			工作人员（人）			工作人员平均工资（元/月）
		热集	冷集			商业行政所	农民服务部	小计	工商所	服务部	小计	
说明												

说明：应说明集市贸易在历史上的发展情况，目前的组织领导工作，经济活跃程度与今后发展的要求。

______乡______集镇（中心村、基层村）　　填表时间：
填表单位：

各类学校情况统计表　　表 2-9

名称	占地面积（m²）	建筑面积（m²）	教学班数（班）	教职工人数（人）	男生（名）	女生（名）	备注

______乡______集镇（中心村、基层村）　　填表时间：
填表单位：

现状居住水平统计表　　表 2-10

住宅型式	户数	占地面积		建筑面积		居住面积		建筑质量			备注
		m²	m²/户	m²	m²/户	m²	m²/户	好m²	中m²	差m²	
砖瓦平房											
楼房											
合计											

______乡______集镇（中心村、基层村）　　填表时间：
填表单位：

商业、服务网点现有情况统计表　　表 2-11

单位	企业性质	经营范围	年营业额（万元）	年利润（万元）	职工人数			占地面积（m²）	建筑面积（m²）	备注
					男	女	小计			
合计	—	—								

________乡________集镇（中心村、基层村）　　填表时间：
填表单位：

工副业情况统计表　　表 2-12

单 位	企业性质	经营品种范围	年产量	年产值（万元）	年利润（万元）	年耗煤（吨）	年用电（千瓦时）	年用水量（万吨）	职工人数（人）			占地面积（m^2）	建筑面积（m^2）	备 注
									男	女	小计			
合 计	—	—												

________乡________集镇（中心村、基层村）　　填表时间：
填表单位：

历年工农业总产值表　　表 2-13

年 份	工副业总产值（万元）	农业总产值（万元）	备 注

填表时间：
填表单位：

村镇人口历年变动情况统计表　　表 2-14

年份	总人口			自然增长						机械增长				备 注
	合计	男	女	出生		死亡		净增		迁出	迁入	净增		
				人数	‰	人数	‰	人数	‰	人数	人数	人数	‰	

________乡________集镇（中心村、基层村）　　　　填表时间：

填表单位：

村镇现状用地调查表(单位：m²)　　　　表 2-15

村镇名称	总用地	工业用地	公建用地	住宅用地	仓库用地	对外交通用地	道路用地	其它用地
合　计								

规划纲要经当地政府研究同意后即作为进行下步具体规划设计的依据。

第四节　风玫瑰图基础知识及地形图的应用

一、风玫瑰图的基础知识

在规划中，一般将气象资料中的风速、风向、发生频率等用“玫瑰图”来表示。此图常用十六个方位表示，当资料方位不全时，也可以用八个方位表示。风向玫瑰图主要表示风向历年平均发生频率。用来表示风速情况和风向、风速与污染系数情况的玫瑰图分别称为平均风速玫瑰图、污染系数玫瑰图。根据情况，这三种图可以分别画出，也可以画在一个图内。

上述气象资料是考虑居民点平面布局的重要因素，特别是当地主导风向、风向频率、风速、污染系数同规划布局尤为密切，下面简单的介绍一下这几个问题。

风向：就是风吹来的方向，一般用东、南、西、北、北东、北西、南东、南西、北东东、北东北、北西西、北西北、南东东、南东南、南西西、南西南十六个方位表示，如下图2-4所示。

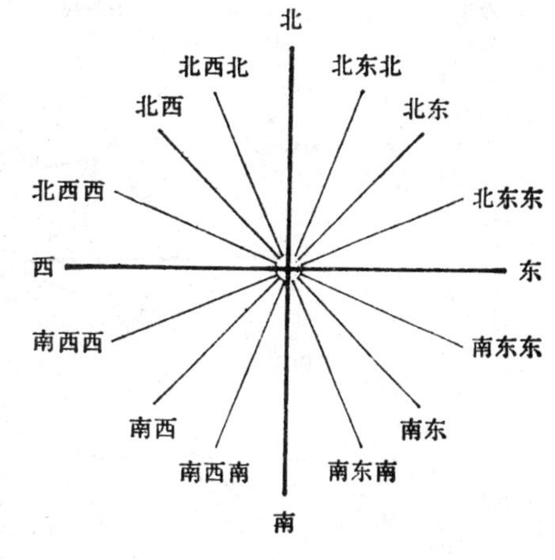

图 2-4　风向示意图

风速：就是空气流动的速度，通常用m/s来表示。风向频率：就是在一定时期内把各个方向的风发生的次数用百分比来表示。例如：五月份共刮风25次，其中南风 5 次、东南风 6 次、还有其它风向等。这就可以算出这个月的南风频率为：

$$\frac{5}{25}\times\frac{100}{100}=20\%$$

东南风频率为：

$$\frac{6}{25}\times\frac{100}{100}=24\%$$

依此再将其它风向的频率都计算出来，就可以看出这个月份里哪个风向的频率最多。

污染系数：就是各种风向的平均风速除以风向频率所得的值，即下式：

$$污染系数 = \frac{风向频率}{平均风速}$$

根据上式可看出，污染系数与风向频率成正比，与平均风速成反比。

风向频率图所表示风的吹向是从外面吹向地区中心的，如表2-16和图2-5为某地区二十三年的风向观测记录汇总和根据记录汇总所绘制的风向频率和平均风速玫瑰图。

某地区1958～1980年累年风向频率和平均风速表 表 2-16

方　　位	北	北东北	北　东	北东东	东	南东东	南　东	南东南
风向频率(%)	6.3	4.3	1.9	0.7	0.8	0.4	1.6	3.1
平均风速(m/s)	2.4	2.4	2.0	1.0	1.4	1.2	2.8	2.6

方　　位	南	南西南	南西	南西西	西	北西西	北西	北西北	静风
风向频率(%)	7.4	10.8	17.5	5.1	3.8	3.2	6.3	3.6	23.2
平均风速(m/s)	3.4	3.6	3.2	3.4	4.0	3.6	4.0	3.4	0

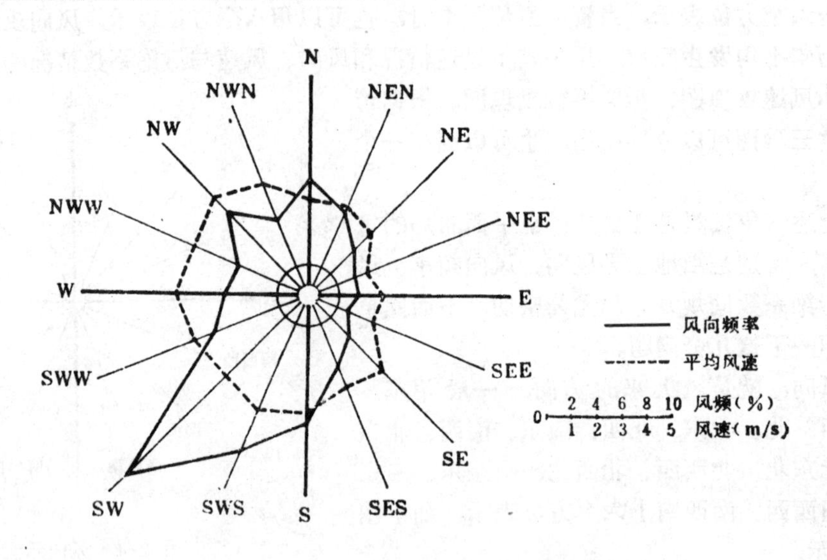

图 2-5　风向频率与平均风速玫瑰图

风向玫瑰图、风速玫瑰图，污染系数玫瑰图的画法是相同的，就是选取一个适当的基数，将计算得出的各方位的数值按相应的比例标注在相应方位上，然后将各方位上的点相连，就画成了。这里需要注意的是，基数选取要适当，基数过大则玫瑰图太大，基数过小，则玫瑰图难以表达明白。

风向对村镇功能布局有很大的影响，特别是有污染严重的工业，其影响更甚，对功能布局起着重大作用的是常年盛行风向，特别是夏季盛行风向和最小频率风向。

为了减轻工业排放的有害气体对生活居住用地的危害，一般工业用地应按当地盛行风向的下风向，盛行风向是按照当地不同风向的最大频率来确定的。我国地处欧亚大陆东岸，东半部受季风环流的影响，风向呈明显的季节变化。夏季为东南风，冬季则盛行西北风。西南地区因受印度洋环流控制，夏季多西南风。因此在我国东部广大地区，一年中基本上有两个盛行方向。但在一些地区，因地貌或地物的特点，风向与风速也会有局部的变化。在有些环境条件特殊的地区，还有着多个方位的盛行风向。

为了在规划布局中正确运用风向，确定工业用地与居住用地的位置，应首先结合当地的气候条件，分析全年占优势的盛行风向，最小频率风向，静风频率以及盛行风向季节变化的规律（盛行风向的转换规律指，当季节变化时，盛行风向由偏北转向偏南，或由偏南转向偏北，在转换期间，如果主要风向为偏东风，称为右旋，主要风向为偏西风，为左旋。这两种旋转形式对村镇规划布局有一定影响）。根据我国东部地区季风气候及地形特征，现提出村镇和工业用地居住用地的规划布局的原则和若干基本参考图式。

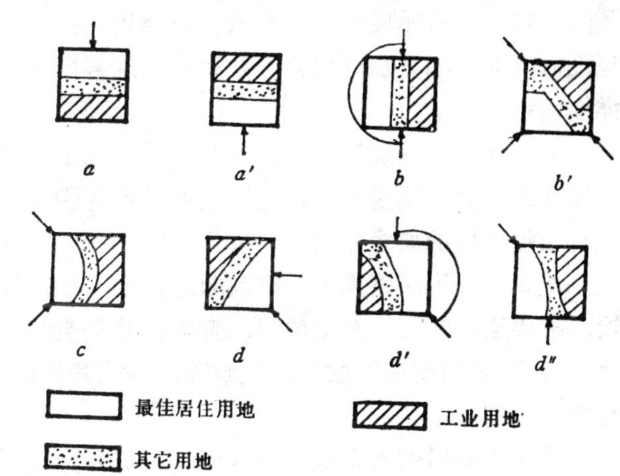

图 2-6　工业与居住用地典型布置图

（一）全年只有一个盛行风向

用地应尽量沿盛行风向作纵列布置，居住用地占上风，工业用地占下风。也可考虑最小风频时作横列布置，如图2-6*a*、*a′*。

（二）全年具有两个方向基本相反，呈180°的盛行风向

用地应顺对风轴作横列布置，如果盛行风向具有季节性旋转，则居住用地应布置在风向旋转的一侧，如果盛行风向具有直接交替性质，则居住用地应布置在最小风频的下风侧，工业用地放在其上侧，如图2-6*b*、*b′*。

（三）全年两个盛行风向呈90°夹角

各种用地应与西风向作斜交布置，居住用地位于夹角内侧，工业用地位于外侧。（如图2-6*c*）

（四）全年两个盛行风向呈45°夹角或135°夹角。

其用地典型布置平面图（如图2-6*d*、*d′*、*d″*）。

（五）处于静风时，从理论上讲，风向与风速等于零

这时任何风向都有被污染的可能，以近处污染最严重，因此，当全年静风频率超过30%时，工业用地宜于宜中，以减少污染的周边地带，并与居住用地保持一定的间距，用净化地带隔开：考虑到除静风外的最大风频，使居住用地较集中的布置在其上风侧，考虑到最小风频，使工业用地更集中地布置在其上风侧。

二、地形图的应用

村镇规划工作是依靠地形图来为我们提供居民点的地物特点、相对关系，位置和地势变化等相关因素的，而规划的主要成果又是画在地形图上，因此，符合要求比例尺的地形

图是规划工作所必需的基础资料，如果没有相应比例尺的地形图，规划工作根本就无法开展。地形图的质量是十分重要的。一般来说，由于地形图可能不是当年测量的，或有些地形图是根据航空照片绘制而没有详细现场校对，而近几年农民建房数量迅速增加，原有住宅拆除、移地新建的现象十分普遍，生产建筑和公共建筑等也有类似现象出现。因此，地形图最常见的问题是需补绘新建建筑，新修道路，已拆除房屋等。这些问题是可以结合现场调查进行补绘而解决。

地形图有便于掌握、定位准确具体和便于填写记录等优点，由于所要搜集的资料有很多内容是可以在地形图上表现出来的。因此，这里就那些资料内容可以利用地形图来加强调查工作的准确性和帮助提高工作效率的作用加以介绍。

（一）外业调查中地形图的应用

（1）确定用地范围，地形图中各单位的用地范围不确切的，在调查中要给以实事求是的确定。如村镇现状用地界限、公建用地、生产用地、居住用地、道路、绿化、公用工程设施用地等都要加以划分，并相应确定其范围。在确定用地范围的同时，要将单位名称详细地标注图上。

（2）对所有建筑物进行区分标注，确定其性质，如公共建筑、生产建筑、住宅等。标注建筑层数、质量、是否有近期内准备拆除移地新建和拟原地改建、翻建计划，以便规划时根据居民的要求作出综合安排。

（3）标出道路系统中有问题的地段，如卡脖路、断头路和易受水淹道路的具体位置。主要道路断面、桥梁位置、宽度、结构类型、承载能力等。涵洞位置、断面尺寸，排水畅通否。标出交通事故易发生地段，调查其原因。注明季节性发生交通堵塞道路的位置，如粮库门前等。

（4）标出供水系统中的水库，大口井。地下水源地、水处理设施等的位置，用地范围。标出供水管网的走向、位置、管径等。

（5）标出排水管道、沟渠走向、管径、断面尺寸。确定排水出口、污水设施位置。对地势低洼地区进行调查，确定低洼积水区范围，拟定相应解决措施。

（6）具体确定供电线路的走向、电压、变压器台站的位置、容量及变电站（所）的位置。确定高压输电线路的走向、电压及根据有关规定标出防护走廊的宽度。标出地下和架空电讯线路的走向、位置。确定电话交换台的位置、容量。如有供热和煤气系统，也要相应地标注其管网走向、管径热负荷、供气量等。

（7）确定“三废”危害范围、标出易燃、易爆、噪声、恶臭的位置及危害范围，确定垃圾场、屠宰场的位置及范围。

（8）根据村镇外围土地使用情况和地形特点及工程地质情况，按村镇规划的有关原则选定村镇发展方向和用地范围。

（9）确定名胜古迹、革命历史遗迹的位置、用地范围。提出相应保护措施。

（二）内业工作地形图的应用

1.求某点在图上的坐标

【例】 如图2-7为一张1:1000的测图，试求图中A点的坐标值。

用比例尺在图上量得$P_a=2.5\text{cm}$，$P_b=6.5\text{cm}$,则A点的坐标值为：$\begin{cases}x_a=x_p+P_b\\y_a=y_p+P_a\end{cases}$

即
$$\begin{cases} x_a = 200.000 + \dfrac{6.5\times 1000}{100} = 265.000\text{m} \\ y_a = 200.000 + \dfrac{2.5\times 1000}{100} 225.000\text{m} \end{cases}$$

2.求图上两点间距离

确定图上两点间的水平距离有两种方法：

（1）根据两点的坐标求水平距离。如图2-7，要求得AB水平距离，首先分别得A、B两点的坐标值x_a、y_a和x_b、y_b。然后按下式计算AB的水平距离

$$D_{ab} = \sqrt{(x_a - x_b)^2 + (y_a - y_b)^2}$$

（2）从图上直接量距。用两脚规在图上直接卡出线段的长度，然后与地形图上的图示比例尺进行比较，从而可得出A、B两点间的水平距离。当精度要求不高时也可以用比例尺（三棱尺）直接从图上量取。

3.求图上某点的高程

根据某点在图上的位置有两种情况：

（1）如该点在某一等高线上，则该点高程与等高线高程相等。如图2-8所示。p点的高程36m。

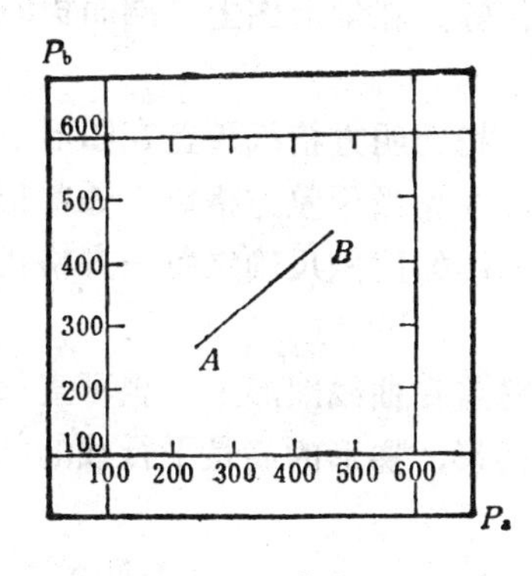

图 2-7 坐标图

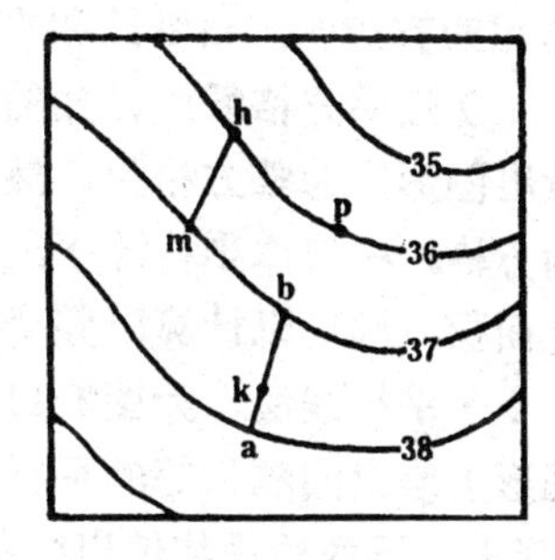

图 2-8

（2）如该点位于两等高线之间，如图2-8所示，K点位于37和38两条等高线之间，可通过K点作ab直线，使之与两条等高线大致垂直，用测图比例尺量得ak及ab之长，分别为d_1和d，设等高距为h，则K点的高程H_K可根据下式计算：

$$H_K = H_a + \Delta H = H_a + \frac{d_1}{d} \cdot h$$

设$d = 24.5$mm，$d_1 = 18.0$mm，$h = 1$m则K点高程$H_K = 37 + \dfrac{18}{24.5} \times 1 = 37.73$m。

4.确定直线的坡度

直线的坡度是其两端点的高差与水平距之比，以i表示，即$i = \dfrac{h}{d \cdot \mu} = \dfrac{h}{D}$

式中 d——图上的长度；

μ——图的比例尺分母；

h——直线两端点的高差；

D——该直线的实地水平距离。

如图2-8中的μ，n两点，显然两点的高差为1m。若量得mn图上的长度为1cm，假定图的比例尺为1:2000则mn直线的坡度为 $i=-\frac{h}{d\cdot\mu}=\frac{1}{0.01\times2000}=\frac{1}{20}=5\%$。

5.在地形图上绘出同坡度线

当设计道路和管线坡度时，往往要求在线路不超过某一限制坡度条件下，选定一条最短线路或等坡度线。

如图2-9，设从A点敷设管道到B点，要求坡度不超过5%。设计图的地形图比例尺假定为1:2000，等高距为1m，为了满足规定的坡度要求，首先根据 $i=-\frac{h}{d\cdot\mu}$，求出该线路经过每相邻两条等高线之间的最小平距，即 $d=\frac{h}{i\cdot\mu}=\frac{1}{0.05\times2000}=0.01\text{m}$。

于是，以A点为圆心，以d（1cm）为半径画弧交34m等高线于1点，再以1点为圆心，以d为半径交33于2点，如此进行，直到B点附近，然后把这些相邻点连接起来，便得同坡度的线路。

6.面积计算

在规划设计中，往往需要在地形图上量测一定轮廓范围内的面积。例如平整土地时要计算填、挖面积；设计水桥涵等工程中，也要确定江水面积等。在地形图上量测面积的方法，常用的有透明方格纸法和平行线法。

（1）透明方格纸法。如图2-10要计算曲线内的面积，把透明方格纸覆盖在图形上，首先数出图形内的整方格数，然后把边缘不完整的方格估计成相当于整方格数（通常把不完整的方格，一律作半格计），求出方格的总和后，再根据图的比例尺确定每一方格代表的实地面积，则可以计算出整个图形的面积。

（2）平行线法。如图2-11，将绘有平行线的透明纸覆盖在曲线图形上，也可直接在曲线图形上绘出间隔相等的平行线，把图形分成一些近似梯形，梯形的高是平行线的间距d，梯形上、下底的平均值以c_i表示，则总面积为：

$$A=c_1d+c_2d+c_3d+\cdots\cdots+c_nd$$
$$=d(c_1+c_2+c_3+\cdots\cdots+c_n)$$

即量出虚线c_i的长度并求其和，再乘以d就得到所求面积的数值。

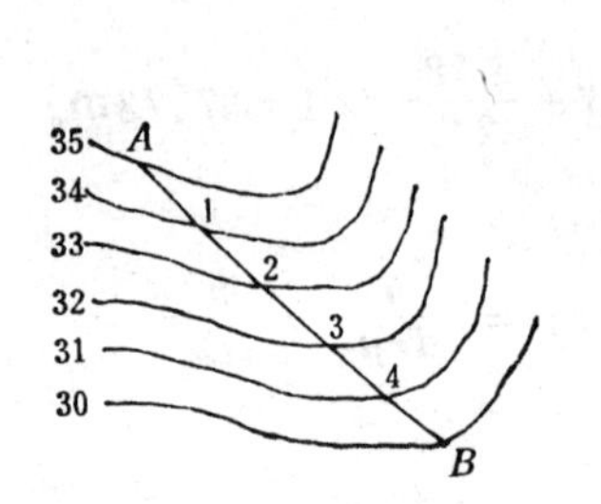

图 2-9 等坡度线图

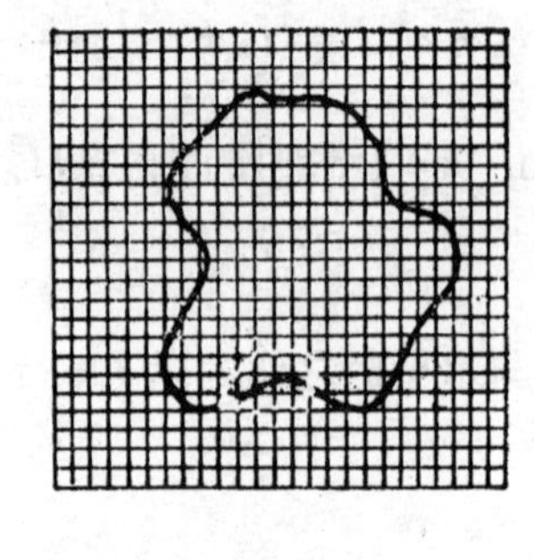

图 2-10 透明方格纸法

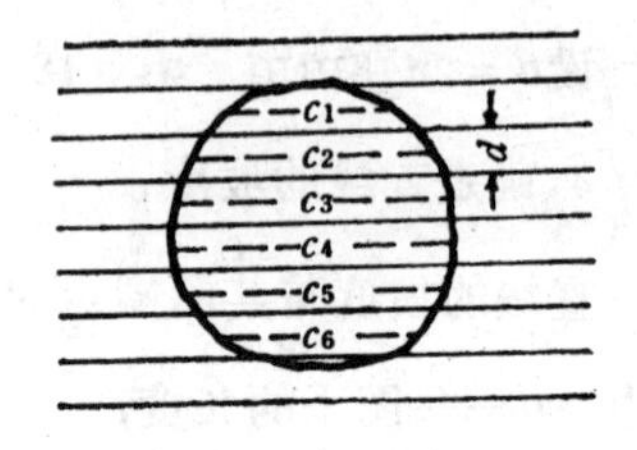

图 2-11 平行线法

第五节　村镇规划图例的应用

村镇规划图是完成村镇规划编制任务的重要成果之一。规划图纸在表达规划意图、反映村镇分布、居民点用地布局、建筑及各项设施的布置等方面，比文字说明简炼、准确和直观。

在编制村镇规划图时，规划人员把规划的内容所包括的各种项目（如住宅建筑、公共建筑、生产建筑、绿化等用地，道路、车站、码头等位置以及给水、排水、电力、电讯等工程管线）用简单、明显的黑白或彩色符号把它们表现在图纸上，所采用的这些符号，称作规划图例。

根据村镇规划标准中有关"村镇规划图例"制图的规定。现将村镇规划图例的内容、要求和使用方法作一介绍，以便于今后工作中使用。

一、村镇规划图例的分类

村镇规划图例一般是按土地使用情况、图纸性质和表现方法来分类。

（1）按照土地使用情况及图纸表达的内容可分为用地图例和工程设施图例两类。

（2）按照村镇现状及将来规划意图，可分为现状图例与规划图例两类。

（3）按照表现的方法和绘制特点，可分为单色图例和彩色图例。

二、绘制图例的一般要求

现将不同类型的图例在绘制的要求说明如下。

（一）线条、形象、符号与彩色图例

（1）线条图例：图例依靠线条进行表现时，线条的粗细（宽窄）、间距（疏密）必须适度。同一个图例在同一张图面上，线条必须粗细匀称，疏密一致。颜色线条更应注意色彩上的统一，避免出现在同一图例中深浅、浓淡不一致，更不应在绘制过程中随意更换色彩或重新调色。

（2）形象图例：要注意做到比例适当，表达确切，形象简明，易懂易画。

（3）符号图例：运用规划的圆、点或其他符号排列组成一定图形（如：森林、果园、苗圃等）时应注意符号的大小均匀，排列整齐，疏密适当。

（4）色块图例：一个色块内颜色必须涂绘均匀。根据色块面积的大小和在图面上表达内容的重次关系，来确定色彩的强弱，要避免大红大绿，过分浓艳，务使整个图面色调和谐，对比适度。

彩色图纸，为了能够清楚地显示出底图上的地形与现状，宜采用水彩或其他透明颜料绘制，个别小面积或符号图例在不影响底图清晰的情况下，为了色调的对比，亦可采用少量广告颜料。

（二）用地图例：

用地图例共有40个，（见附表图例一）所示，基本上可满足村镇的总体规划及建设规划图纸的使用要求。

（1）住宅建筑、公共建筑、生产建筑用地可采取用附表图例（地4、地5、地6）绘制：也可采用各项建筑的图例（地1、地2、地3）绘制；还可以在同一图上两类兼用，即近期建设地段地1、地2、地3的图例表示，其他以地4、地5、地6表示，但在同一地段内，两类不应重叠使用。

（2）由于村镇中公共建筑、生产建筑种类繁多，各地情况差异较大，名称又不统一。为此不采用繁多的符号区分，而以文字在地段中加以标注，表明其具体用途，使图纸更为直观。如果地段较小，可按其性质分类标注，如公共建筑用地，可标注：商业、文化、办公、学校、医疗、邮电、银行等；生产建筑用地可标注：农机、化肥、建材、饲养、加工、场院、仓库等。

（3）要注意区分同一项目的规划图例与现状图例。一般依靠用地外框线的粗细、符号的粗细或填实程度、以及色彩的浓淡不同来表示。

（4）彩色用地图例，根据绘制规划图的习惯，在不同性质的用地上一般采用的颜色是：

米黄色——表示住宅建筑；
浅米黄色——表示住宅建筑用地；
红色——表示公共建筑；
粉红色——表示公共建筑用地；
褐色——表示生产建筑；
淡褐色——表示生产建筑用地；
淡蓝色——表示河湖水面；
绿色——表示绿地、农田、果园、菜地、林地、苗圃；
白色——表示道路广场；
黑色——表示铁路路线和站场；
灰色——表示交通运输等设施用地；
红色——表示乡、队界、村镇用地边界。

为了尽量减少同类颜色在区分用地性质比较接近时的色彩变化，采用统一用地底色，再用不同的符号来表示。在实际绘图中可不必强求与参考图例上的色彩在浓淡上完全一致，应根据具体情况灵活运用，力求照顾整个图面上，色彩效果比较协调，对比适当。

（三）工程设施图例：

工程设施及其构筑物（见附表图例二）和工程管线（见附表图例三）所示，主要供绘制有关工程设施规划图使用的。在工程设施比较简单时，可不单独绘制工程设施规划图，而在村镇建设规划图中加以标注即可。

工程设施的彩色图例一般习惯用色是：

黑色——表示道路、铁路、桥梁、涵洞以及工业管道；
湖蓝色——表示水塔、水闸、泵站和水工结构物以及给水管线；
绿色——表示雨水管线；
褐色——表示污水管线；
红色——表示电力电讯管线；
灰色、黄色——表示工业管道。

其图例表示方法详见附表一。

Ⅰ. 用地图例（五十五个）

字母代码	项目	单色 现状	单色 规划
A	住宅建筑用地		
B	公共建筑用地	2~3	
B_1	行政经济管理	B加注符号	
	党政机关	8~10	
	邮电局（所）	8~10	
B_2	教育机构	B加注符号	
	托儿所、幼儿园	幼 8~10	幼
	小学	小 8~10	小
	中学	中 8~10	中
	中专、技校	专 8~10	专
B_3	文体科技	B加注符号	
	文化馆（室） 青少年之家	文 8~10	文
	影剧院	影 8~10	影
	体育场*		

*依实际比例尺绘出

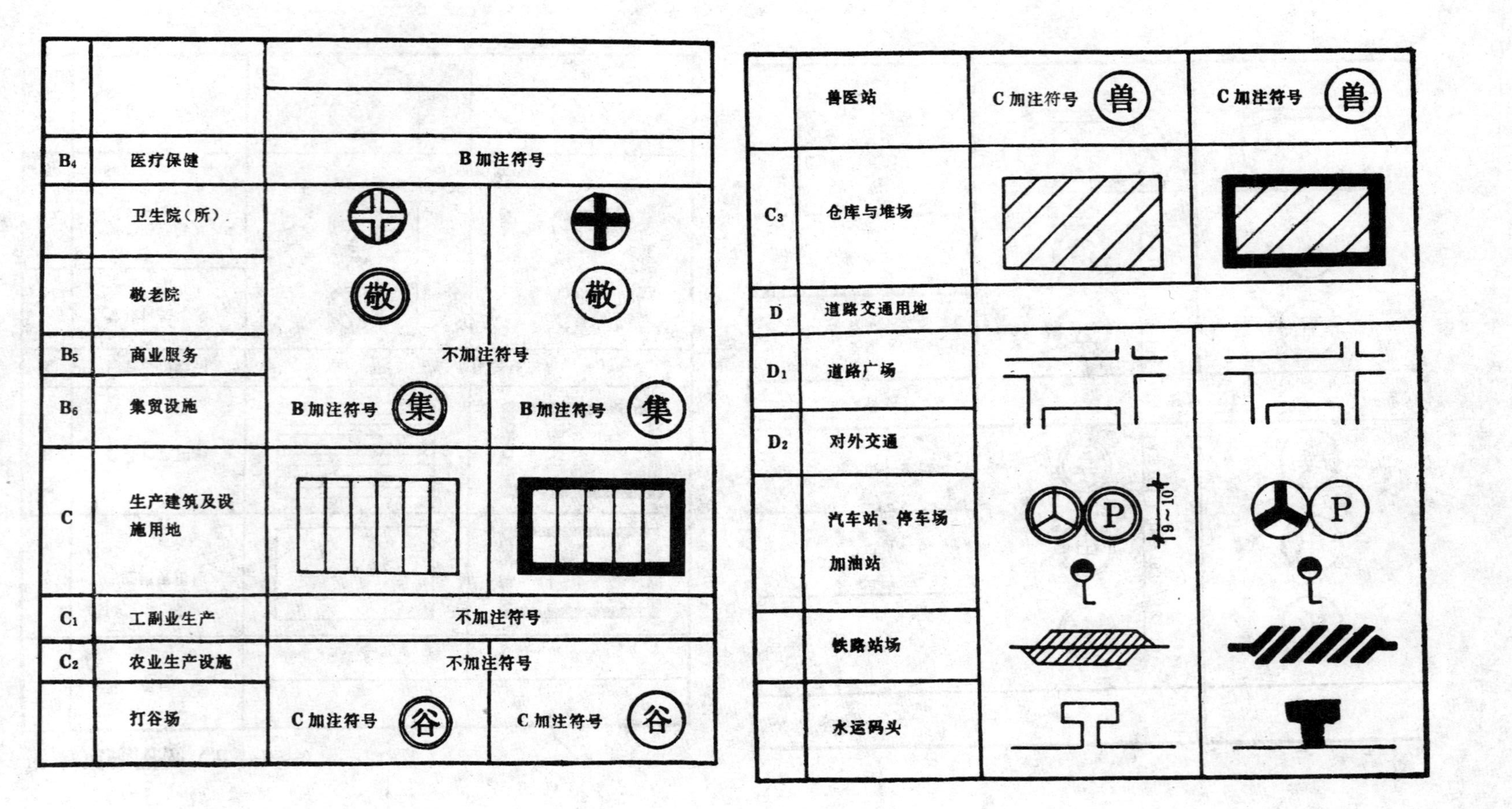

代号	名称	图例	
B_4	医疗保健	B加注符号	
	卫生院（所）		
	敬老院		
B_5	商业服务	不加注符号	
B_6	集贸设施	B加注符号	B加注符号
C	生产建筑及设施用地		
C_1	工副业生产	不加注符号	
C_2	农业生产设施	不加注符号	
	打谷场	C加注符号	C加注符号

代号	名称	图例	
	兽医站	C加注符号	C加注符号
C_3	仓库与堆场		
D	道路交通用地		
D_1	道路广场		
D_2	对外交通		
	汽车站、停车场 加油站	9～10	
	铁路站场		
	水运码头		

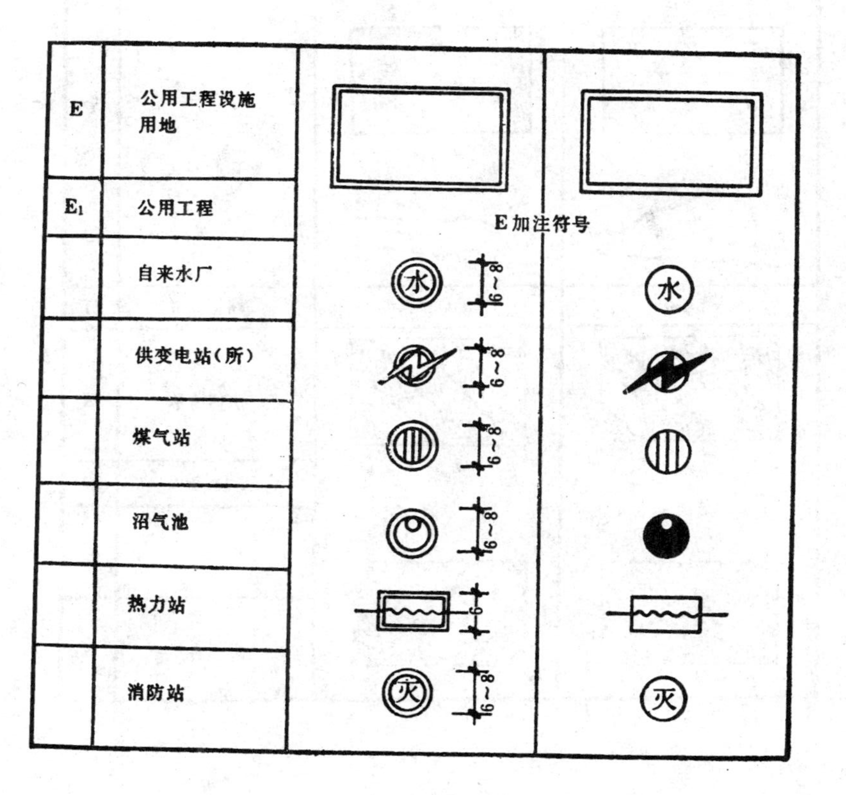

E	公用工程设施用地		
E_1	公用工程	E加注符号	
	自来水厂	水 6~8	水
	供变电站(所)	6~8	
	煤气站	6~8	
	沼气池	6~8	
	热力站	6	
	消防站	灭 6~8	灭

	风能站	6~8 2	
	殡葬	6~8 2 1	
	泵站	6~8	
	无线电台	6~8 2	
E_2	环卫设施	E加注符号	
	公共厕所*	厕	厕
	污水处理场	6~8	
	垃圾处理场	12 6	

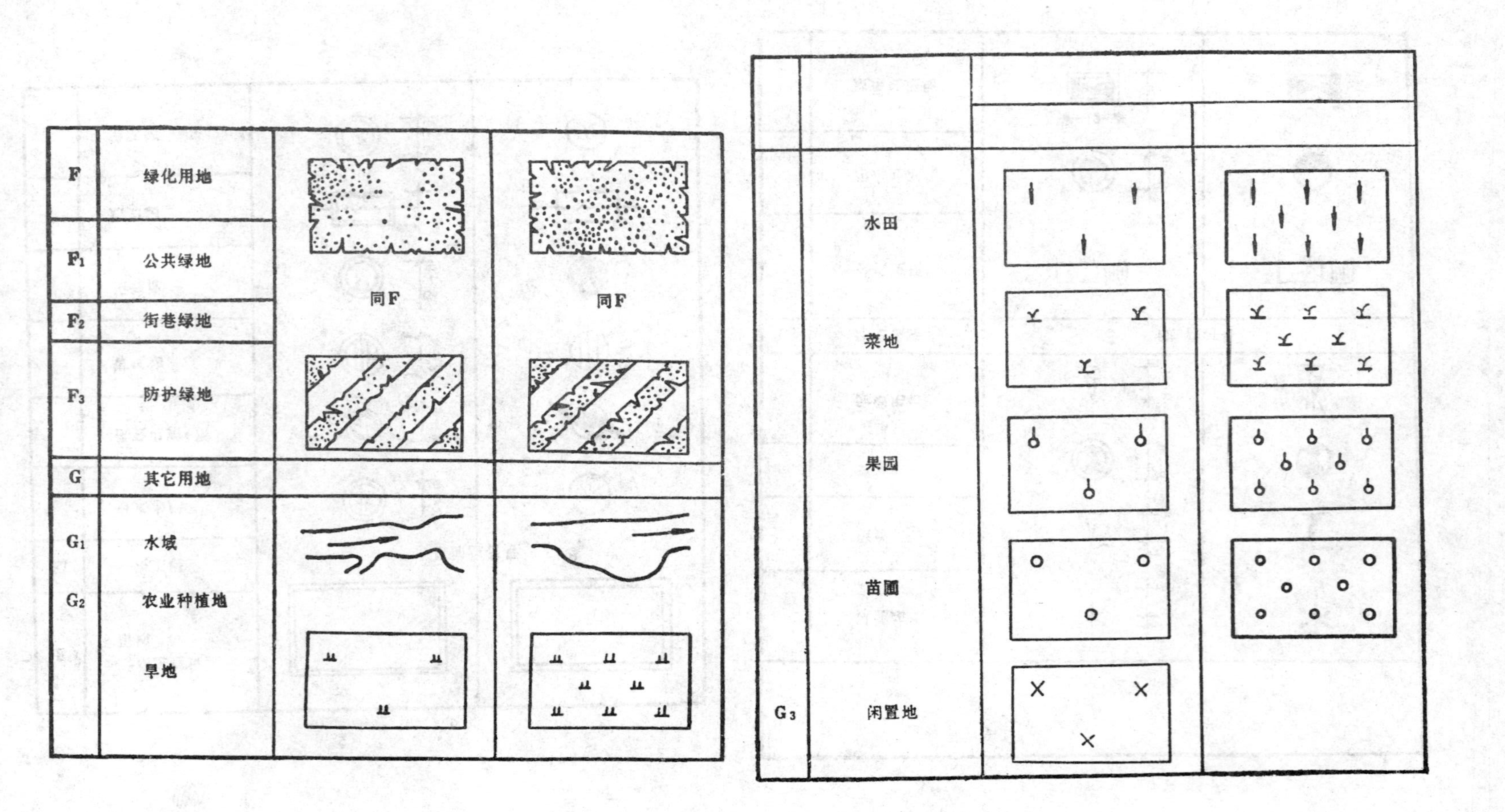

代号	名称	图例	图例
F	绿化用地		
F_1	公共绿地	同F	同F
F_2	街巷绿地		
F_3	防护绿地		
G	其它用地		
G_1	水域		
G_2	农业种植地		
	旱地		
	水田		
	菜地		
	果园		
	苗圃		
G_3	闲置地		

G_4	特殊用地		
G_5	墓地		
H	村镇用地范围及发展方向		
H_1	集镇建设规划区界		
H_2	村庄建设规划区界		
H_3	村镇用地发展方向		

Ⅱ. 建筑图例（四个）

字母代码	项目	单色	
		现状	规划
J	建筑物及建筑质量评定		
J_1	住宅建筑	a2 注：字母 a、b、c 表示建筑质量好、中、差；数字表示建筑层数，一层不需表示。	注：圆点表示建筑层数，一层不需表示。
J_2	公共建筑	a4 注：同 J_1 注。	
J_3	生产建筑	a2 注：同 J_1 注。	注：同 J_1 注。
J_4	仓库建筑	a 注：同 J_1 注。	注：同 J_1 注。

Ⅲ. 工程设施图例（五十三个）

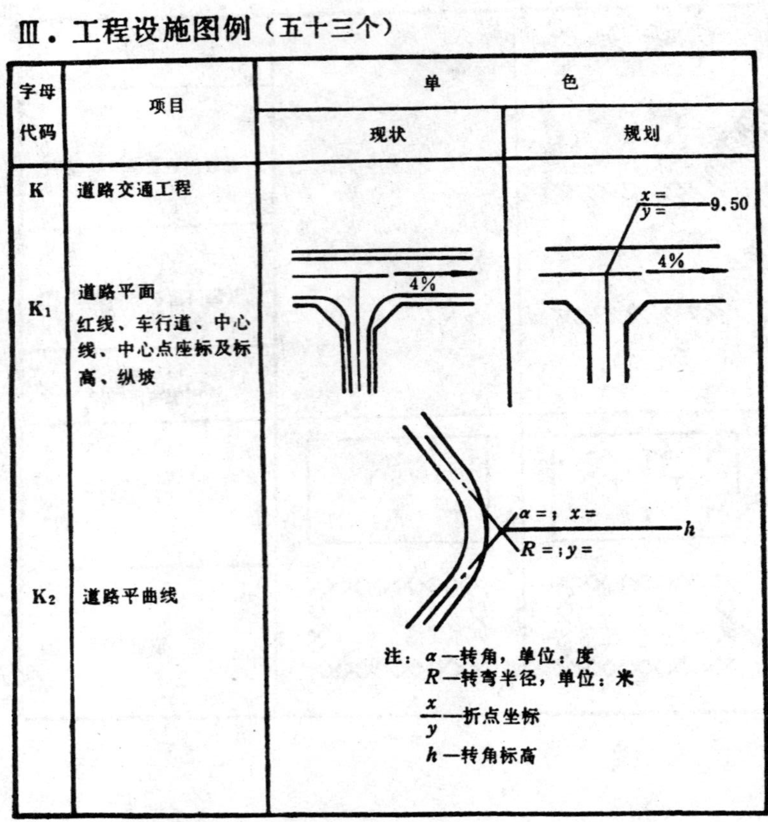

字母代码	项目	单色 现状	单色 规划
K	道路交通工程		
K_1	道路平面 红线、车行道、中心线、中心点座标及标高、纵坡	4%	$x=$ $y=$ 9.50 4%
K_2	道路平曲线	$\alpha=$；$x=$ $R=$；$y=$ h 注：α—转角，单位：度 R—转弯半径，单位：米 $\frac{x}{y}$—折点坐标 h—转角标高	

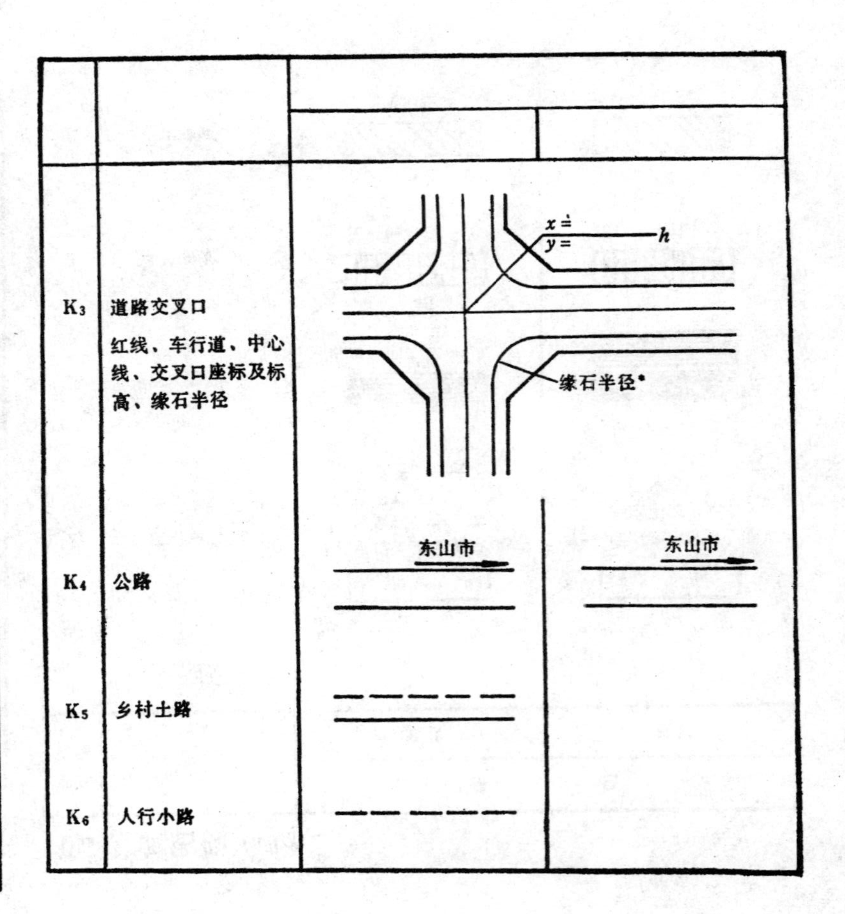

字母代码	项目	单色 现状	单色 规划
K_3	道路交叉口 红线、车行道、中心线、交叉口座标及标高、缘石半径	$x=$ $y=$ h 缘石半径	
K_4	公路	东山市	东山市
K_5	乡村土路		
K_6	人行小路		

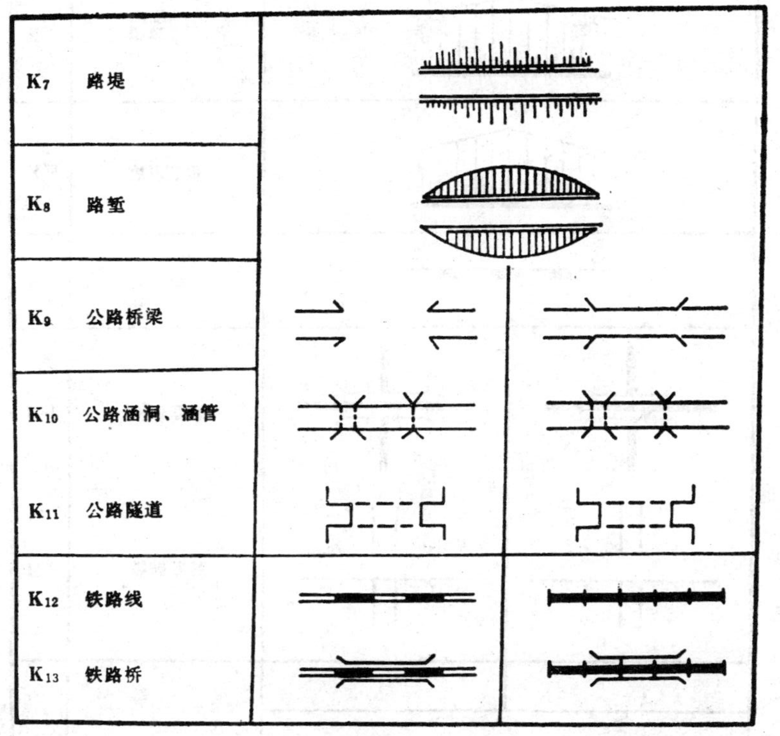
K7 路堤
K8 路堑
K9 公路桥梁
K10 公路涵洞、涵管
K11 公路隧道
K12 铁路线
K13 铁路桥

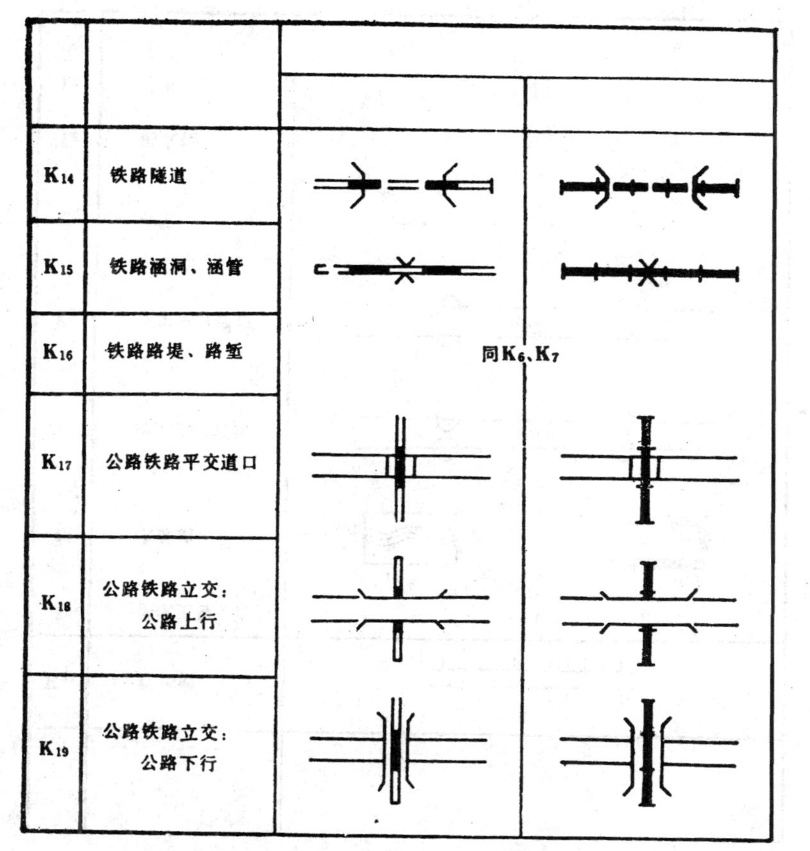
K14 铁路隧道
K15 铁路涵洞、涵管
K16 铁路路堤、路堑
同K6、K7
K17 公路铁路平交道口
K18 公路铁路立交：
公路上行
K19 公路铁路立交：
公路下行

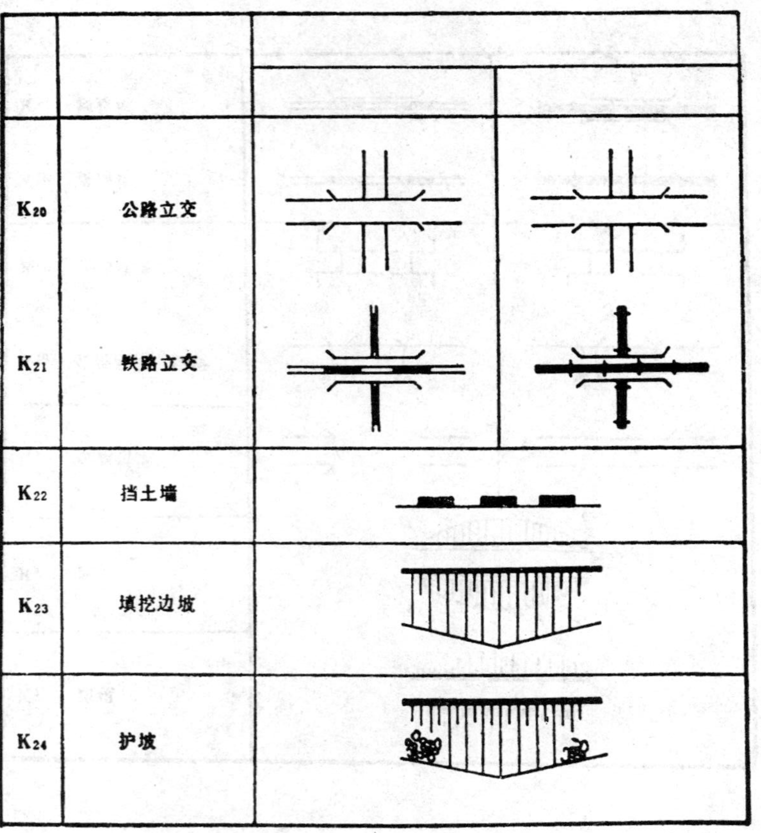
K20
公路立交
K21
铁路立交
K22
挡土墙
K23
填挖边坡
K24
护坡

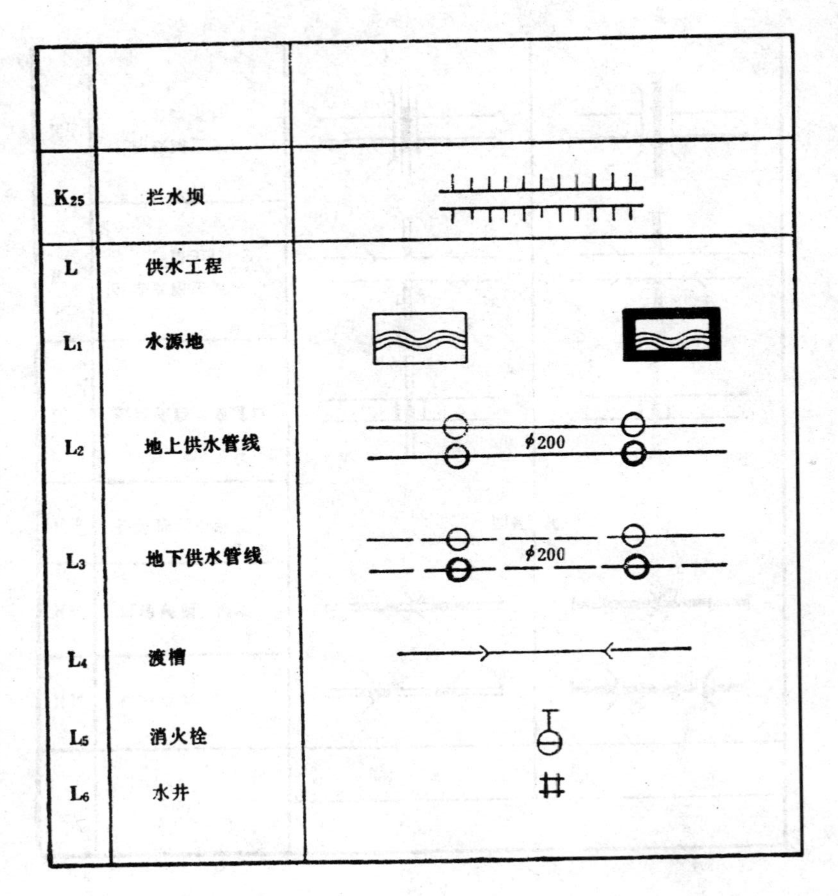
K25
拦水坝
L
供水工程
L1
水源地
L2
地上供水管线
ϕ200
L3
地下供水管线
ϕ200
L4
渡槽
L5
消火栓
L6
水井

L_7	水塔	
L_8	水闸	
M	排水工程	
M_1	排水明沟 流向沟间纵坡	6‰ 6‰
M_2	排水暗沟 流向沟底纵坡	6‰ 6‰
M_3	地下污水管线	
M_4	地下雨水管线	

N	电力电讯工程		
N_1	高压电线走廊		
N_2	架空高压电力线		
N_3	架空低压电力线		
N_4	地下高压电缆		
N_5	地下低压		
N_6	变压器		

•依实际宽度按比例绘出

N_7	架空电讯电缆		
N_8	地下电讯电缆		
P	其它管线工程		
P_1	热力管线		
P_2	工业管线		
P_3	燃气管线		
P_4	石油管线		

Q	垣栅		
Q_1	围墙		
Q_2	栅栏		
Q_3	篱笆		
Q_4	活树篱笆		

IV. 地域图例（二十七个）

字母代码	项目	单色	
		现状	规划
R	境界		
R_1	国界		
R_2	省、自治区直辖市界		
R_3	地区、市界		
R_4	县、自治县界		
R_5	乡镇界		
R_6	村界		

字母代码	项目	单色	
		现状	规划
S	城乡居民点人口规模及建设用地		
S_1	城市	北京市 （人） （公里²）	
S_2	县城	甘泉县 （人） （公里²）	
S_3	中心集镇	太和镇 （人） （公顷）	
S_4	一般集镇	赤湖镇 （人） （公顷）	
S_5	中心村	梅竹村 （人） （公顷）	
S_6	基层村	杨庄 （人） （公顷）	

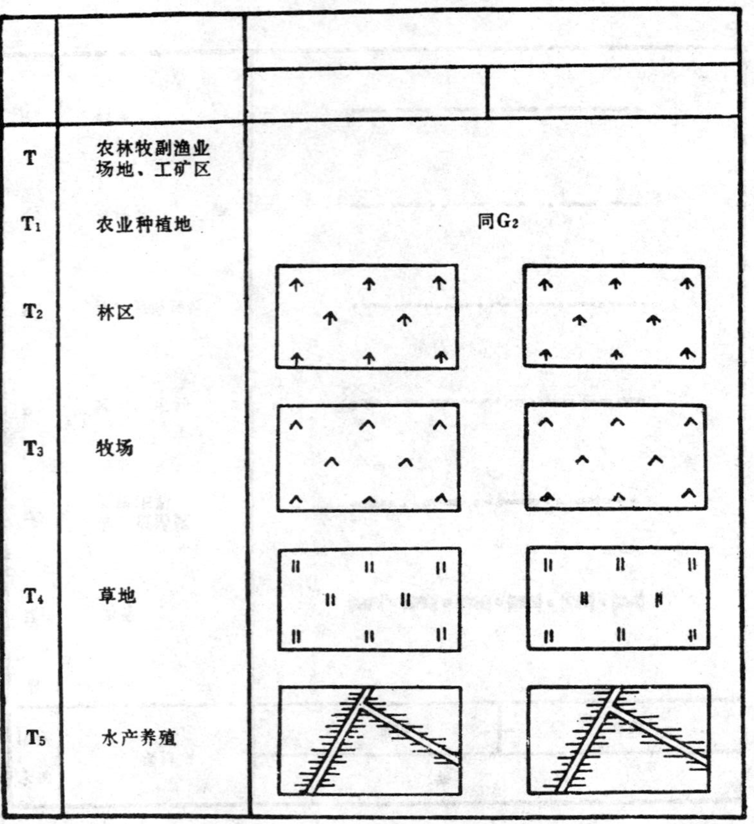

T	农林牧副渔业场地、工矿区		
T_1	农业种植地	同G_2	
T_2	林区		
T_3	牧场		
T_4	草地		
T_5	水产养殖		

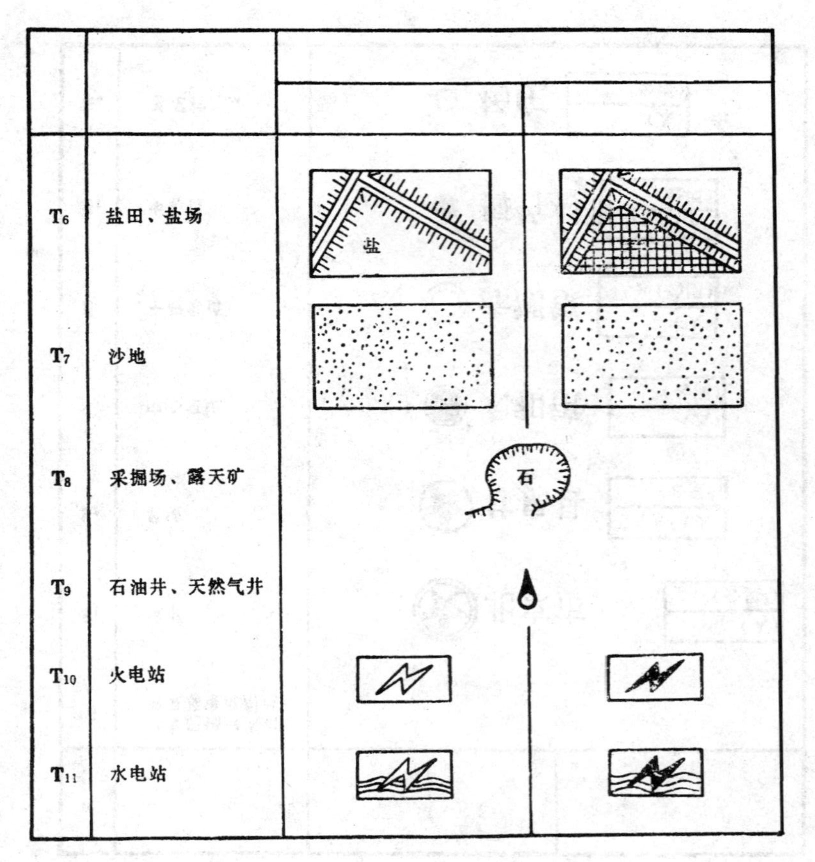

T_6	盐田、盐场	盐	
T_7	沙地		
T_8	采掘场、露天矿	石	
T_9	石油井、天然气井		
T_{10}	火电站		
T_{11}	水电站		

U	交通运输		
U_1	锚地		
U_2	水运航线		
U_3	航空港、机场		

第三章 县 域 规 划

第一节 县域规划的内容和依据

一、县域规划的内容

县域规划是在县（包括县级市、自治县、旗、自治旗）行政范围内对县级经济社会发展的综合性、战略性的地域空间部署。从宏观上研究确定县域经济的发展方向、规模和生产力结构，综合平衡土地利用，建立县域小城镇体系，合理地确定其职能分工，发展规模和发展方向，并进行主要公建、道路交通系统、电力电讯系统等布局，制定实现本规划的系统规范。

结合我国现阶段实际情况进行县域规划应包括以下几个方面的工作内容。

（一）预测发展目标。

从客观角度出发，分析研究、促进和抑制县域大小。系统向合理方向运行的内外部因素，提出规划期内县域经济，社会发展方向及总体布局方案，预测发展目标。

具体包括：社会经济发展运行机制分析；社会经济发展因素分析；县域经济结构数量及空间布局分析；在确定了市域经济发展方向及目标总量预测前提下，重点协调县域社会经济发展的总体结构（包括数量结构及空间分布结构）。

（二）进行各主要经济、社会部门的发展规划，提出其布局方案，综合平衡土地利用。

其具体内容应结合当地特点，对农业稳步发展。工业结构合理，外向型经济的挖潜、旅游业（保护历史文化名城）与工业发展的关系。科研、教育、文化、卫生、商业与日益发展的生产配套等问题进行研究，并重点进行空间布局规划。

（三）提出城镇体系发展与布局规划。

详细分析县域城镇群体的现状特点，形成原因及发展趋势，在此基础上，进行城镇化水平预测。提出城镇体系的发展战略及城镇规划要点；进行城镇体系的布局规划，从宏观上确定各类城镇的性质、规模、布局结构和发展方向，从而为村镇规划提供科学依据。

（四）提出县域水、电、路等主要基础设施，水利建设的网格布局规划及环境保护规划。

这一规划重点是分析研究区域性基础设施建设，将对县域经济社会发展布局产生的影响。通过县域整体上客观布局区域性基础设施，从经济社会发展运行经济的角度，促进与保证县域内生产力布局规划的实现。

（五）提出保证县域规划实施的若干政策性措施。

二、县域规划的依据

所谓县域规划依据，是规划的前提与技术经济条件，也就是地区经济赖以发展的物质因素。

（一）地区资源条件

这是地区经济发展的物质基础。主要指矿产资源，河湖水库及地下水资源、森林资源、农业资源、劳动力资源以及自然景观资源等。要求提供的资源应查明可供规划期内开发利用的部分资源，而不是潜在的资源。地区资源条件，直接影响地区经济发展方向、经济结构的布局，所以资源查明与否，是能否顺利开展区域规划的重要条件。

（二）地区自然条件

主要指农业生产和工业及其他经济部门所要求的自然条件。前者，应根据农业现代化的要求，对影响农业生产发展的自然条件，如气候、土壤、地貌和水文等条件进行全面调查，综合评定，充分利用有利因素，克服和改造不利因素。拟出综合开发利用的规划方案。后者，指对工业和其他经济部门（交通、建筑、基础设施等）在建设、布局上有影响的自然条件，如地质、地形、气候和水资源等条件，以及对各类工程的自然灾害，如地震、台风、滑坡等，在一定程度上影响很大，必须认真进行综合评价分析。

（三）地区技术经济条件

包括地区生产力发展历史，现有基础及其构成和技术特点等。一个地区的经济基础是经过长期历史形成的，也是进一步发展的重要因素。对原有基础深入调查研究，扬长避短、贯彻挖潜、革新、改造和提高的方针。对基础薄弱的地区，往往要求规划的新建项目多，必须贯彻因地制宜、发挥地方优势，有重点的建设。在具体安排时，点不能太分散，要适当集中；同时，要注意加强协作，考虑必要的配套工程。

（四）国家对县域经济和社会发展的长期计划和要求

国家总的发展战略和部门发展战略对某一地区的国民经济和社会发展长期计划明确规定了该地区在全国、全省或全区所处的地位和作用，以及今后的发展规模、速度和方向等。给县域规划提供了最基本的依据。

规划方案最终能否实现，还要看规划是否符合地区实际和发展的需要。因此，在做规划方案前，要做大量细致的综合考察和周密的调查研究工作，使规划依据充分可靠。

第二节　县域规划的基础资料和图纸文件

一、县域规划基础资料

县域规划的基础资料主要有以下四个方面的内容：现状资料、经济资料、发展规划或国民经济计划资料、自然资料。其详细内容如下：

（1）矿产资源资料；

（2）农业（包括农林牧副渔）现状及其发展规划资料；

（3）工业现状及其发展规划资料；

（4）商业、外贸、仓储的现状及其发展规划资料；

（5）交通运输（包括铁路、公路、水运、邮电）现状及其发展规划资料；

（6）水资源现状及水利综合利用和供水排水发展规划资料；

（7）城镇居民点现状及其发展规划资料；

（8）人口和劳动力资料；

（9）建筑材料供应和建筑基地现状及其发展规划资料；

(10)科技文教、卫生和休、疗养事业现状及其发展规划资料；

(11)地形、地貌、水文、气象、工程地质、水文地质等自然地理情况和特征资料；

(12)县域环境条件与污染状况及环境保护规划措施资料；

(13)地形测量资料。

资料工作的目的，是为规划提供可靠的科学依据，所以，必须根据规划需要对资料进行有系统的分析研究，作出各种分析图表，揭露矛盾，提出问题和解决问题的途径。总之，上述所列基础资料进行认真搜集和分析，是作好县域规划的重要条件。

二、县域规划图纸文件

县域规划的图纸文件组成应视具体情况而定。由于我国幅员辽阔，南北差异较大，各地对县域规划的做法不尽相同，因此，县域规划图纸文件的内容深广度也各异。但一般包括以下几个主要方面的内容。

(一)县域规划说明书

县域规划说明书是规划的主要文件。说明书的编写，应力求简明确切，必要时可附缩图或照片，引用的基础资料应注明资料来源。同时要便于审阅和有关部门修改。说明书通常分为三个部分编写。

1.总体综合规划

阐述县域自然和经济条件，分析地区特点，说明本区域与周围地区的经济、社会联系以及其在发展国民经济中的地位，提出规划依据、指导思想、确定发展地区经济的原则；发展地区国民经济的有关控制指标以及规划具体内容上的综合简要说明等。对规划地区的范围、面积和确定地区界线的根据、行政区划、人口、民族等也要作概括说明。

2.按专业“条条”规划

简要说明各专业规划的一般情况和特点；规划的依据；规划的主要意图和具体内容等。专业一般有：工业、农业、商业、仓储、交通运输，水利和供排水、能源供应，城镇及居民点、建筑基地、科技、文教、卫生、体育事业及风景区、休疗养区规划等。

3.按地区“块块”规划

在规划地区内，根据经济和建设发展要求，进行合理分区。分区的目的，在于组织各系统的综合平衡，在说明书中应反映这部分的内容，如：分区自然、经济条件分析和规划概况说明；各专业系统规划内容；城镇居民点经济特点、规模和发展方向等。

除了上述主要内容外，还可以在说明中附有必要的附件，例如对实现规划方案的必要措施，资源综合利用的建议等。

(二)规划地区位置图(比例1:10万或1:30万)

主要标明规划地区的经济地理位置，与附近地区主要的经济联系。

(三)土地使用现状图(比例1:5万或1:10万)

主要标明现有和正在建设的县镇中心集镇、一般集镇、工旷区、农林牧副渔用地、风景区、休疗养区及其他专门用地的位置和范围，较大型工矿企业、电站、高压线路、铁路、公路、站场、港口码头等位置。

(四)县域规划总图(比例1:5万或1:10万)

主要标明县域内的县镇、中心集镇。一般集镇、工矿区及乡村、农林牧副渔的分布，较大型工矿企业、铁路和公路的线路与站场、港口码头、电站、高压线路、供水水源及灌溉干渠、排水口、防洪工程、建筑基地、商业、仓储、科技、文教、卫生、体育事业及风景区，休疗养区等。

（五）专业规划综合图（比例1:5万或1:10万）

主要标明交通运输系统、水利及供排水系统、动力系统规划方案及其主要工程的位置。

此外，还可以结合具体情况和需要编制农业分布规划图，县域环境质量现状评价图等。

第三节 县域规划布局

县域规划布局是以国家和地区国民经济和社会长期发展计划为指导，以县域内的自然资源、社会资源和现有技术经济构成为依据，合理确定县域经济结构、产业结构及发展方向；县域城镇居民点体系的空间结构，职能结构和规模结构等。

一、县域农业布局

县域农业布局的任务：从农业的实际情况出发，并根据国民经济发展需要，合理利用农业生产条件，农业生产的地域分工与县域农业综合发展，合理利用劳动资源，正确确定县域农业发展方向、规模、部门结构及植物结构；作好农业各部门的布局规划，相应采取必要的技术措施，促进规划的实现。

（一）农业发展方向和规模

农业的发展方向是根据党的方针、政策和国民经济发展的客观需要，结合地域生产条件，全面分析，因地制宜地确定农业发展方向。

农业的发展规模，是根据规划期内国民经济各部门对各类农产品的需要量和挖掘生产潜力的可能性来安排的。这些需要量是由以下几个部分组成：一是消费需要量：如食物、衣着及其他农产品。二是生产需要量：为满足农业扩大再生产和非生活消费品工业原料的需要。三是储备需要量：为预防可能出现的自然灾害和其它意外所必须的粮食和农副产品的储备。四是外调需要量：包括外贸出口和邻近地区的调换。关于挖掘农业生产潜力的可能性，可以从如下几方面考虑：目前农业生产与先进水平的差距及其原因；随着农业机械化和农田基本建设事业的发展，工业对农业支援等物质基础加强而增产的可能性；当地农业生产在历史上增长幅度，已有大面积的丰产经验与先进典型增产经验的运用和推广的可能性；在规划期内扩大耕地面积的可能性和数量；以及主要增产措施及增产效果估计等。从这些可能性来制定计划期的产量。

最后，还应根据农植物、农副产品、畜产品及畜产原料在计划初期的结存量，计划期内生产量、计划期内的收购数量及进口数量，同时还应计算满足与上述需要量的资源是否相适应。然后通过物资平衡表和综合平衡计划过程，在需要量与资源（包括劳动力资源）量达到平衡的条件下，最后确定在计划期内各个时期的农业生产计划。

（二）农业部门结构的确定

在确定农业发展方向和规模时，要统一安排农林牧副渔各部门和部门内各种植物或牲畜的发展水平和比例关系，这种比例关系就是部门结构和植物组合。一个地区农业部门结构的表现形式，可以用总产值结构、土地利用结构、播种面积结构、劳动用量结构等来表现。

确定农业结构，使各部门间保持合理的比例关系，需要从以下几方面考虑：

1.按照生产联系，保持合理的比例。

为使各部门互相促进，做到物尽其用，既要考虑农牧业的联系，又要充分考虑与工业（特别是农副产品加工业）、交通、商业等部门的协作关系，使农业内部保持合理的比例。恰当的规模，能够相互保证和促进生产的发展。

2.根据合理利用自然资源的要求，安排各部门的比例，做到地尽其利。

一个地区均有各种类型的耕地、林地和牧地，以及宜于农林牧的荒地，应根据土壤的最佳适应性来配置不同的部门或植物。

3.合理利用劳动力，做到人尽其材。

各部门、各植物对劳动力要求不同，各季节的劳动需用量相差很大；同时劳动力有强有弱，劳动素养也有高低差别。因此在考虑分配各部门的劳动比例时，尽可能使劳动需用量多或少、季节忙、闲不同的相互搭配，做到劳动力的需要均有保证。

4.照顾到生产、生活上需要的多样性。

主要部门的发展和配置，要注意到充分保证各部门国民经济和人民生活的需要。

5.要重视经济效益。

各部门生产投资有大小、收入有多少，成效有快慢，产生不同效果的原因，既有农业经营管理的问题，也有农业配置是否合理的因素。因此，在考虑农业部门比例时，应注意把投资大和投资小的部门、收入高和收入少的部门。收效快和收效慢的部门有计划的互相搭配，把目前利益和长远利益结合起来，既要考虑到如何在规划期内迅速增加收入，也要为更长远的发展作好准备。

上述几方面是互相联系的，要统筹兼顾，全面考虑，合理安排各部门的比例，拟订出总产值结构、土地利用结构，播种面积结构和劳动用量结构等。

（三）县域农业主要部门布局

1.种植业和种植业基地建设布局

粮食是大量、普遍、基本的必需品。其品种多，在我国种植适应的范围广，一般各地均有生产基础。所以，粮食作物必须进行广泛的自给性生产布局。但在人口稠密，缺乏发展粮食作物条件的地区，可在其附近发展商品粮基地饲料粮和非生活消费品的工业原料用粮布局，应与畜牧业和工业布局结合考虑。

经济作物的需要量一般比粮食少。但投入劳动力、资金多，对自然条件要求高，所以带有较大的地域局限性。今后发展的趋势，种植业的比重将逐渐增高。其布局主要根据自然条件的适应性；生产的原有基础和经济效益（一般以单位面积产量、产量稳定性、成本、劳动生产率等指标进行对比评定）；产品销售区的工业分布，交通运输条件及产品调运情况等进行研究确定。蔬菜、瓜类需用大量的劳动力、肥料和水分，且不宜贮存和远运，其产品宜接近消费地区。由于蔬菜成熟期短，配置时应种类多，面积小，成熟期交叉安排，使供应均衡。

经济作物区，应适当集中连片，特别是国家重要的工业原料植物，如棉、麻、丝、茶、烟、桐油、橡胶等，对其重点地区，要求提出基地规划具体指标，并以各方面给予物质保证。在一般经济植物地区，应结合当地具体条件，搞好多种经营，如发展粮食生产、创办农业品加工工厂等。

各地的生产特点，是在长期的历史发展过程中形成的，应当注意继承和发展，对种植不同种类的粮食作物，应根据各地自然条件的最佳适应性和当地居民生产生活习惯，因地制宜地配置，避免千篇一律。

2.林业和林业基地建设布局

森林具有防止自然灾害、保护环境，涵养水源，防止水土流失以及生产木材和其他林产品的多种功能。森林规划必须贯彻“以营林为基础，采育结合，造营并举，综合利用”的方针，实现大地园林化，生产基地化，安排造林、营林面积，建立相应的苗圃基地。同时，与农林牧实行统一规划，山、水、田、林、路综合治理的原则，根据不同地区的自然条件和特点搞好林业规划。

要在落实林业基地的同时，分配不同林业用地，确定不同林种的种植面积和发展比例，切实做好用材林、经济林的基地建设规划。

3.畜牧业和畜牧业基地建设布局

牧业适应地域比农林业更为广阔，不仅广大农业区可以发展畜牧业，而且在不能从事农、林业生产的天然草原也可以进行牧业生产。我国人多耕地少，草原辽阔，规划时应发挥牧区的长处，充分利用土地资源。牧区可以利用农业副产品，生产肉、蛋、奶等营养丰富的食物和毛、皮等价值高的工业原料，并且提供农耕、运输用的役畜，一直是农业生产不可分割的组成部分。

随着人类开发利用自然资源的深入，牧业越来越占有重要地位。当前，国外一些发达国家，农业经济的一个显著特征是农、林、牧三者密切结合，并得到高速发展。牧业产值一般都超过或接近农业产值。如法国畜牧业产值占农业总产值55%，美国60%，加拿大65%，英国70%，而我国仅占13.9%。因此把农林牧摆在同等地位上意义重大，应积极调整农业部门结构，积极稳步地调整、提高牧业的比重。

根据农林牧结合的原则，在农业区以养猪为中心，贯彻“公养和私养并举”的方针，积极发展集体及家庭畜牧业、并建立现代化的饲养场，培养良种，逐步实现畜牧业现代化。为了解决好牲畜饲料，应充分利用农副产品和废料，利用零星土地，薄地和水面种植饲料作物，为发展畜牧业提供足够的饲料。在牧区以牧为主，农林牧结合，改善牧区草原的生长条件，防治病虫害，发展水利事业，提高牧草质量和单位面积产量，以及开辟新的天然草场。

4.渔业和渔业基地建设布局

渔业在我国有几千年的历史。淡水养鱼在世界上早就负有盛名。但是，长期以来，我国渔业发展速度慢，仍然是我国农业中比较薄弱的环节。

发展渔业不但可提供营养丰富的蛋白质产品，还可为国防、轻工、医药、外贸提供多种原料，对改善我国人民的膳食构成和满足国民经济发展的需要均具有重要意义。

规划时要从客观实际出发，进行认真调查研究，针对各地区的优势和特点，充分利用一切河、湖、水库水面，积极发展淡水养鱼。在淡水养鱼集中产区或湖区应明确划为渔区，以渔为主，要认真保护和充分利用天然水面，制止围垦，防治水域污染，修建各种过渔设施，建立从种苗到养殖比较配套的淡水鱼基地，有条件的地区还应逐步发展资源增殖工作。扩大养殖面积，大力发展养殖，积极推广渔牧结合，渔农结合的精养高产经验，提高养殖的单产水平。因地制宜地发展稻田养鱼，提高池塘养鱼的单位面积产量。

二、县域工业布局

在县域规划中，工业布局的任务是根据区域规划和县域总体规划，把各个工业建设项目布局要求与各个地区的建设条件结合起来，反复比较与论证，提出总体经济效果最优的布局方案，建立具有地区特点和城镇自身特点的工业结构和布局结构，以便有效地利用地区自然资源和社会资源、生产能力和劳动力技能，促进地区各项建设事业的协调发展。

县域规划的工业布局规划包括以下两个相互联系的工作内容，即一是工业地点布局，二是工业厂址布局。

工业地点布局，在国民经济和社会发展长期计划及经济区划所确定的地区工业发展方向、工业结构、地域分工、计划期内工业基本建设地区分布的基础上，根据县域规划的要求，结合地区具体条件，组织安排好主要的工业项目，以及与之直接协作配套的项目；确定各主要工业的合理发展规模；正确处理工业区内部和工业区与外部之间（即工业与农业、交通、城镇等其他部门之间）的时空联系与相互关系，使之协调发展，同步建设。

工业厂址布局，是在工业地点布局的基础上，根据各个工业项目的特点和要求，并结合地区具体条件，综合考虑厂区的地形、地质条件、用地面积与水源、能源的距离和保证程度，企业对外联系交通运输条件，与协作企业的远近距离，与现有城镇居民点的相互位置，基本建设工程投资的大小，以及对区域、城镇环境的影响等因素，进行多方案分析比较，选择总体效果最优的建厂地址。

三、县域小城镇体系布局

（一）城镇居民点分布的基本要求

1.大、中、小相结合，以重点镇为主

大、中、小相结合，以重点镇为主是我国社会主义生产力分布规律在城镇建设上的客观反映，它正确地体现了我国县域小城镇体系的合理组织结构与相互关系。重点镇是县域城镇体系中的骨干和核心，其在县域内的合理分布，对促进全县的经济发展起着骨干作用。

大、中、小相结合，以重点镇为主，适应合理分布生产力的需要，促进县域内经济发展快与边远落后地区的经济和文化共同协调发展，加速县域内国民经济体系的形成与发展。

2.贯彻工农结合、城乡结合、有利生产、方便生活的原则。

这里与城镇分布大、中、小相结合，以重点镇为主的方针紧密联系的。只有在全县范围内均衡的分布生产力、建设更多的小城镇，才有可能使城镇与乡村、工业与农业，紧密地结合起来，才可能促进乡镇工业的发展，加速农村城市化与农业现代化的进程。

在小城镇居民点具体布局上，根据有利生产、方便生活的基本要求，合理地配置工业、居住、对外交通、仓库、公建等各项用地，形成协调发展的有机整体。

3.充分利用现有小城镇基础设施

一般旧有城镇，都有一定的发展历史。与周围地区的经济、社会联系密切，城建基础设施有一定的规模，所以利用旧城基础不仅可以节省基建投资，而且可以争取时间，加快建设速度。

4.应注意建设条件、节约用地

县域小城镇居民点的分布应顺应经济发展客观规律，尽可能选在交通方便、自然条件优越的地方，并靠近水源、电源，为小城镇建设发展创造条件。如浙江巷南县当初将交通条件和自然条件都不好的县域灵溪镇定为全县的经济中心。结果是经过多年的努力，至今仍无法成为全县的经济中心，1984年灵溪镇工业总产值为328.9万元，仅占全县工业总产值的3.4%。而新崛起的龙港镇有着得天独厚的港口和水陆交通条件。经济腹地为富庶的江南四区，为此经济发展迅猛，它将自然成为巷南县经济中心。

小城镇居民点的分布要贯彻节约用地的原则，尽可能利用荒地、薄地、坡地，少占平地，不占或少占良田好土。

（二）影响城镇居民点分布的因素

在县域生产综合布局中研究城镇居民点的分布，主要是研究各类城镇在县域中所处的地位与作用以及与周围地区生产发展相适应的程度与地域上的分工协作关系，研究各类城镇的发展条件、发展规模、部门构成和主要职能。总之，在地区生产综合体中研究城镇是把它作为经济区各级经济中心来看待。置于整个城镇居民点体系之中进行分析研究的。通过城镇居民点与生产布局的研究，可以进一步明确一个地区的发展方向、部门结构的关系，使工业、农业、交通运输、商业服务各部门在一定地区范围内的综合布署问题得以具体落实。并合理确定县域内各个城镇居民点之间的相互关系，使各城镇在地区生产综合体中相互协调地发展。

由于城镇居民点的分布与县域生产力的分布密切相关，所以城镇居民点的分布往往受资源分布条件，交通条件，自然地理条件，人口分布条件，工业分布条件和原有生产布局的基础和社会经济及生产技术发展水平的影响。

1.资源分布条件

资源为生产提供劳动对象和资料。生产配置的目的就在于开发和利用一切资源，为社会创造各种产品，满足社会的需要。资源的性质、贮量、分布范围、开采条件等对城镇居民点的形成与分布，城镇的性质与规模等有一定的影响。如矿区的城镇居民点分布形式决定于矿床的分布情况、矿井、采矿场的位置分布和交通运输条件。

2.人口分布条件

人口分布对城镇居民点的形成及其发展影响很大。缺乏劳动力的地区，发展生产受到一定的限制，同时人口稀少的地区对生活资料的要求相对比稠密地区少。因此而影响城镇居民点的进一步发展与扩大。

人口分布是一个复杂的问题，它与地区的经济水平、经济性质、居民移位的历史，以及自然条件等有关，经济水平较高的地区，人口往往比较稠密。因为经济发展了，增加了就业机会，就可以吸引更多的人口；居民移住的历史影响人口的分布，一般地说，住人较久，分布较稠密；开拓较早的地区人口也相对稠密；政治因素是指国家对地区人口分布所考虑的政治和行政目的，如有意识的移民，开发经济落后地区、边远地区，开辟新的行政、经济、文化中心、计划生育等政策。

3.交通条件

交通运输的发达程度，对地区城镇居民点的分布有很大的影响。为了社会产品交换的需要，城镇首先在交通发达的地点形成与发展，如重要城镇分布在江河汇合处或铁路沿线，而其它较大的居民点往往也是交通线路能够到达的地区。交通不发达，限制了物质的交流，也妨碍了生产的发展以至居民点的扩大与人口的集中。而新的国家铁路、公路交通干线的开辟，往往促进沿线城镇居民点的发展与人口的集中。而现代化交通运输工具的应用，往往可以改变人们对距离的概念，使城镇居民点有更大的吸引范围，从而有可能改变城镇居民点在空间上的分布。

4.自然地理条件

自然地理条件对城镇居民点分布的影响，反映在县域地理位置的特征上。县域处在不同的地理条件下，城镇居民点分布情况也不同，如南方平原地区比西北山区城镇居民点分布稠密，江河发达的地区比干燥缺水地区城镇居民点分布也要稠密。因此自然条件对城镇居民点的分布是多方面的，如地形和水源条件限制，直接影响居民点分布与发展规模及布局形式。

5.工业分布条件

工业在地区的分布情况，工业集中分散程度，以及工业的规模大小，直接影响到居民点的规模与分布形式。工业区的性质与规模，直接影响工作与居住的相互关系和城镇居民点的布局结构。

6.原有生产布局基础和生产技术的发展水平条件

原有生产布局基础，是城镇居民点分布中必须考虑的重要因素。因为它反映了县域生产力分布在长期的历史发展过程中的内在联系和城镇发展的地区因素及其规律性，新的城镇居民点分布要考虑原有生产布局的影响。

社会经济发展水平与生产技术发展水平对城镇居民点分布也有很大影响。因为生产技术的现代化，可以促使工业向集中化、正规化发展从而使工业区规模扩大。生产技术的高度现代化可以促使自然资源的广泛开发与利用并使城镇居民点向纵深地区分布，促使人烟稀少的地区发展新的城镇。

（三）县域小城镇体系的合理布局

县域小城镇体系一般由县城、中心集镇和一般集镇构成。这三种城镇居民点类型具有综合性特点，与广大农村地区和农业经济有密切的联系。在县域规划中，从本地区建设要求出发，按照合理分布生产力的原则，搞好以县域为中心，以中心集镇为纽带，以一般集镇为基础的小城镇体系规划与布局，对于促进国民经济的全面发展具有重要的战略意义。

根据县域小城镇体系的特点，在规划布局中，应解决好以下几个方面的问题。

（1）县域一般是全县的政治、经济、文化中心，是城乡联系的纽带。县域经济联系的主要特点是面向本县的广大村镇。加强县城一级经济中心的建设，是贯彻发展小城镇的方针，推动农业发展的重要环节。县城具有支援和带动下一级分区集镇建设与发展的任务。根据为农业生产服务的原则，在县域规划中除安排好县级以上的工业建设项目外，还应为发展与农工业为中心的地方工业，使农、工、商、副相结合，充分发挥县域工业对社队工业的支援作用，以便就地吸收剩余劳动力，提高广大农业地区的经济、文化水平。

（2）中心集镇一般是3—5个乡（镇）域内的一个片区中心，在一个县域内处于承上启下的关键部位。由于这类集镇所处地理位置、交通条件比较优越，从长远的战略观点和规模经济效益分析，今后它是人口集镇化的主要聚焦点，也是发展新型农工一体化田园式小城镇的主要场所。应作为集镇发展战略的重点发展对象。

（3）一般集镇多数是乡政府所在地，主要服务于一个乡域范围内的农村。是农村人口享受城市化物质文化生活的基地。搞好这类基层小城镇的规划布局与建设，对于发展农村经济，繁荣农村市场，改变农村落后面貌，实现四个现代化有着密切的联系。

如：静海县城镇体系规划布局是以静海县城为中心，以京沪铁路、南运河两侧三个建制镇为轴线，带动东西两翼集镇和村庄形成多层次、多功能、多模式的城镇网络体系。第一层次是静海镇，是以行政中心为特色的综合型城镇，为全县的政治、经济、文化中心；第二个层次包括独流镇和唐官屯镇，是本县的区域性中心镇，分别为商业型、工业型城镇，是以区域性经济活动中心为特色的城镇；第三个层次是集镇或乡政府所在地，如陈官屯、中旺、蔡公庄、大邱庄、子牙、台头、扬或庄、良王庄、良头等乡级镇，通过境内的国家级、市级公路和乡村公路形成网络，带动广大村庄共同发展，并对城市化水平、现代化趋势、无公害化方向、乡域中心发展等方面进行预测。

静海县城镇体系布局如图3-1所示。

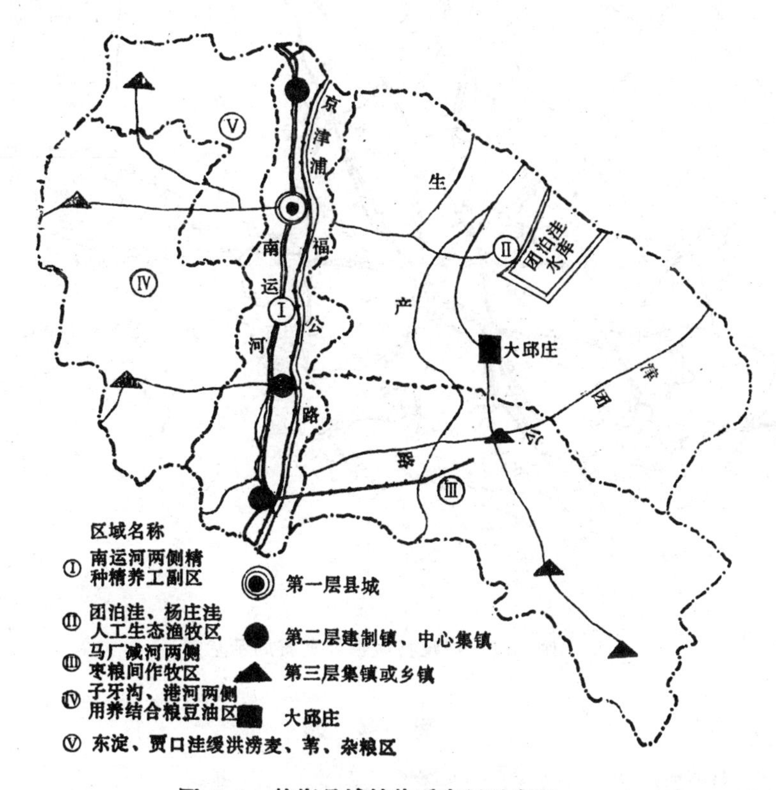

图 3-1　静海县城镇体系布局示意图

又如广汉县地处成都平原东北部，总面积538.28平方公里。县城内现有21个集镇（包括县城雒城镇），其中雒城镇、三水、连山、高坪、南兴、向阳为建制镇，实行镇乡合一，以镇管村的体制。其余为非建制的一般小集镇。

广汉县规划布局中，主要考虑了县域农业、工业和县域小城镇体系规划。

全县农业以生产粮油为主，是重要的粮油基地县之一。根据自然经济条件，生产特点和土地的类型，全县大致分三个农业区：西部平坝稻、麦、油、猪区；中部平坝稻、麦、油、工副业区、东部丘陵林、果、经济作物区。

全县工业已形成以食品、建材、轻化、建筑业、机械、冶金、电子工业为支柱的生产规模。全县工业的分布县城雒城镇及几个建制镇周围，其它集镇一般只设一些规模不大的乡镇企业和砖瓦厂等。

县域小城镇体系布局形成以县域为核心，以各中心集镇为片区中心的三层次城镇体系。即：第一个层次是县城雒城镇，为全县政治、经济、文化的中心；第二个层次为五个环县城分布的中心集镇，它们分别是三水、连山、小汉、高坪、南兴是本片区的中心；第三个层次是一般小集镇，除雒城镇周围的东南、北外、西外乡外，基本为一乡一镇。其布局如图3-2所示。

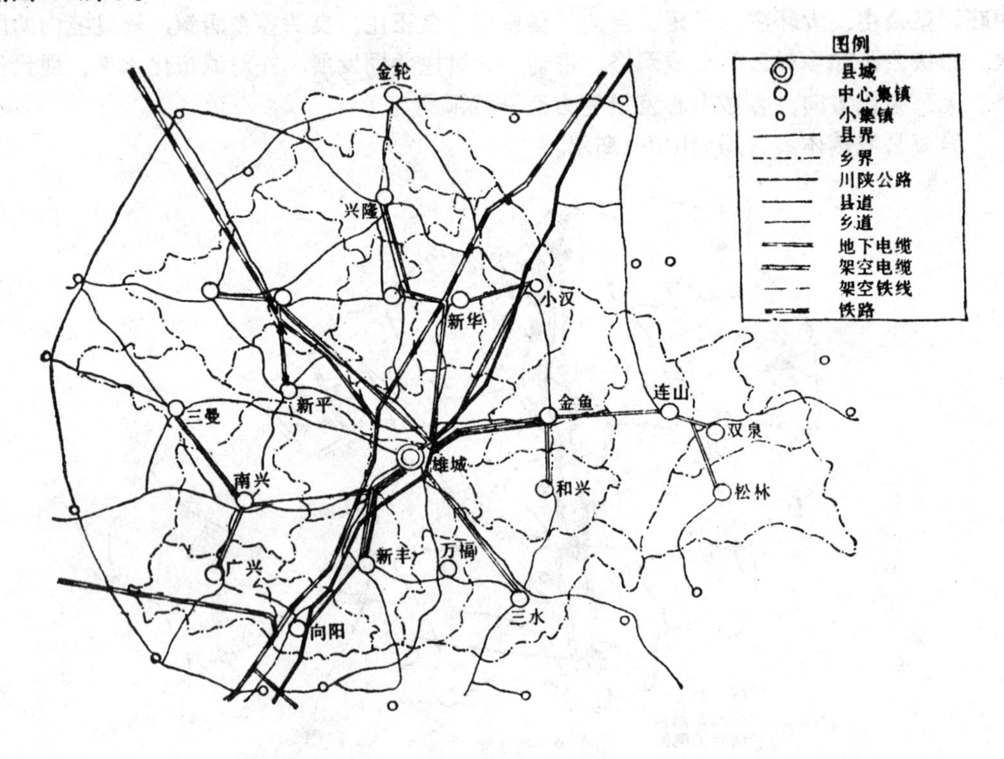

图 3-2 广汉县城镇规划布局示意图

思 考 题

1.什么是县域规划？

2.县域规划的基础资料有哪些？

3.县域规划的图纸文件一般有哪些？

第四章 村镇总体规划

第一节 村镇总体规划的任务和内容

一、村镇总体规划的任务

村镇总体规划是以县域生产力布局规划、土地利用规划、县域小城镇体系分布规划和当地农业、工业及其他行业的发展计划，以及农民生活需要为依据。在乡（镇）行政管辖范围内，通过对村镇现状分布、规模和发展方向的科学分析和论证、选定规划定额指标，合理调整村镇体系的结构层次，解决各级居民点的合理分布、职能分工及各项建设的全面部署。其基本任务是：在乡（镇）范围内按照生产发展的需要和建设的可能性，在一定的规划期限内，确定主要村镇的性质、发展方向、规模和位置；村镇之间的交通运输系统；电力、电讯线路走向；主要公共建筑物和生产基地的位置等。

应注意区分村镇总体规划和城市总体规划的内涵。城市总体规划的研究对象是一个具体的城市，而村镇总体规划研究对象则是乡（镇）域村镇体系的所有村庄和集镇，是群体。因此，村镇总体规划与城市总体规划无论在规划对象还是规划方法上都有一定区别。

村镇总体规划是从宏观的角度出发，把村镇体系内各级居民点当作一个有机的整体通盘考虑，解决其合理分布及相互关系，是一项带有战略性的工作，具有以下两方面的作用：

（一）统一规划，协调发展

通过编制村镇总体规划，可使规划范围内分散的村镇，彼此之间从整体上有计划，有步骤的进行配套建设，协调发展，避免从一个村庄或集镇考虑规划而出现的盲目性、片面性。如迁村并点问题，不能只是就点论点，而要通盘考虑，通过编制村镇总体规划，进行全面的安排。否则，哪些村庄需要迁动，多大规模比较合适都不明确，必然出现盲目建设，造成不应有的损失。

（二）为村镇建设规划提供科学依据

村镇总体规划和村镇建设规划虽然是两个不同的工作阶段，解决的问题也不相同，但是他们之间有密切的联系。村镇总体规划是在村镇建设规划之前编制出来的，对村镇的分布与规模等问题从总的方面明确了发展规划，为编制村镇建设规划提供了方向和科学的依据，因此，村镇总体规划对村镇建设规划具有指导作用，目前，有的在开展村镇规划工作中往往只注意抓某个村或集镇的具体建设规划，而忽视了村镇总体规划工作。对某个具体村镇，虽然编制了建设规划，但是在确定村镇的规模、位置以及全面发展的关系等问题，缺乏科学的依据，会造成许多不良的后果等问题。因此，村镇建设规划必须要在村镇总体规划的基础上进行编制。

二、村镇总体规划的内容

树镇总体规划以县域规划为依据，在完成其主要任务的前提下，应做好以下儿方面的工作：

1.确定乡（镇）区域经济发展方向及经济发展目标

区域经济对村镇个体的发展有着举足轻重的影响。它的发展方向和发展目标将决定村镇建设和发展的速度。因此，在村镇总体规划阶段，必须对乡（镇）域经济进行认真调查和分析，从乡（镇）域经济的全局出发，合理调整经济结构，确定主导经济，发挥地方特色和地方优势。

2.对镇域人口发展构成、转化进行预测，以确定人口空间、时间上的转移和分布，提出农业剩余劳动力的安排途径。

3.确定规划期限

规划期限是指完全实现规划方案所需的年限，村镇规划的期限一般应与当地经济、社会发展目标规定的期限相适应，通常，规划期限为10～20年。村镇近期建设安排为3～5年。

4.确定乡（镇）域村镇分布结构，职能分工

在村镇总体规划中，对范围内现有的自然村和集镇要统一考虑，合理确定所需新建、改建、合并和搬迁的村镇，统一进行村镇选点、布点。结合我国现有的行政体制，确定各个农村居民点的结构层次和职能分工。

5.确定村镇的性质、规模和发展方向

在村镇总体规划中应根据村镇在乡(镇)域范围内的地位，所起的作用以及现状条件、特点和优势，拟定主要村镇的性质、规模和发展方向。

6.拟定主要公共建筑的配置

村镇主要公共建筑物的配置，是解决乡（镇）域范围内各个村庄和集镇的主要公共建筑物的合理分布问题。因为在一个乡（镇）管辖范围内，村镇的数量较多，而且规模大小，所处的位置等都不同，不可能在每个村镇都自成系统的配置和建设齐全、成套的公共建筑，特别是主要的公共建筑，要有计划的配置和合理的分布，既要做到使用方便，适应村镇分散的特点，又要尽量达到充分利用，经营管理合理的目的。

7.确定村镇间交通运输规划

村镇间的交通运输规划，主要是道路联系和水路运输，解决好乡镇之间的货流和人流的运输问题。

8.确定电力电讯系统规划

村镇电力电讯系统的规划，主要是合理地把各村镇在电力供应、通讯联系方面，通过线路联系起来，保证每个村庄和集镇有可靠的电力供应条件、保证有线电话、有线广播联系能正常可靠的工作。

9.确定各村镇的供水设施的选型和规划方案

从总体上分析各村庄和集镇的供水设施的技术可行性，经济合理性，提出科学的选型方案。

10.凡有风景旅游资源，历史文物，名胜古迹的地区，提出开发和保护设想，进行环境保护规划。

11.汇总环境保护、综合防灾的规划方案，进行综合布署。

第二节　村镇总体规划的编制步骤和图纸文件

一、编制步骤

村镇总体规划是研究一个小区域内的村镇群体的协调和发展，是一个比较复杂的工作，因而，在具体工作中，应采取行之有效的科学方法。

1.准备阶段

落实组织机构、人员，并形成一个原则性的工作纲要，由乡政府下达必要的文件，通知有关部门、单位或个人。

2.拟定调查提纲收集资料

根据总体规划的需要拟定调查资料提纲，制定有关调查表格。总体规划的基础资料，包括自然资料、社会经济资料；来自较高一级的方向性指导；政府的意图和意见；当地居民的要求。

3.编制现状分析图和规划纲要

规划资料搜集后，应对这些资料进行全面的分析整理。分析的重点是村镇规划范围内的村镇体系各级居民点的优势和劣势及其成因；村镇的历史发展过程；村镇的社会环境及物质环境。并在此基础上编制现状分析图和规划纲要，现状分析图是把村镇体系中的现状情况和存在的问题集中用图表示出来，使之一目了然，便于规划方案的拟定；规划纲要则是根据搜集资料的情况和现状分析图，提出规划所需要解决的主要问题及其原则性意见。

4.确定规划目标，拟定初步方案

针对规划中解决的问题确定在规划期末所要达到的目标，结合实际情况选择各项规划指标，并进行规划要素的空间布局，拟定不同的空间结构方案。具体地讲，就是确定村镇分布，确定各村镇的性质、发展方向、人口规模和用地规模，形成合理的村镇网络体系；分级配备各类公共建筑和公用设施项目、内容和建设规模；确定交通运输线、电力线、电讯线的走向和规模。各个项目均应作出多种方案，以便进行比较和论证，供有关部门选择。

5.选择最优方案

分析评价各个不同的方案，考虑各方案是否能达到既定目标，从技术经济观点出发评价方案，从中选出最优方案或重新提出更好的更合理的综合方案。评价方案的方法通常是采用“列表法”，即把不同方案所解决的主要问题用表列出，进行对比，分析其优劣，找出利弊，这样可看出各个不同的方案是否接近或达到规划目标，解决了哪些问题，还存在哪些不足，规划方案的可行性、合理性就比较明朗。

6.召开方案审定会

通过主管部门召集有关单位和政府领导，汇报规划方案的特点和指导思想，广泛征求意见，集思广益，综合平衡。在此基础上修改完善。

7.整理规划成果

绘制现状图和总体规划图，并写出能全面表达规划意图的说明书，有些现状和规划的数字资料，尽可能绘制图表。

二、村镇总体规划的图纸文件

村镇总体规划（村镇体系规划）的图纸文件内容（即送审报批的规划文件）必须包括

乡（镇）域村镇现状分析图、村镇总体规划图和说明书。其用地评定图和必要的分析图可做为附图。

（一）乡（镇）域村镇现状分析图

应表明现状村镇位置、人口分布、土地利用、资源状况、道路交通、电力电讯、主要乡镇企业和公共建筑，以及对总体规划有影响的其它内容。其比例尺与乡（镇）域的面积大小有关，一般为万分之一。规模小些的用五千分之一；规模大些的则用二万分之一。

（二）村镇总体规划图

应表明规划期末的村镇体系分布、性质、规模，对外交通与村镇间的道路系统、电力电讯等公用工程设施，主要乡镇企业和公共建筑的配置，以及防灾、环保等方面的统筹安排。规划图一般为一张图纸，内容较复杂时可分为两张图纸。比例尺与现状图相同。

（三）村镇总体规划说明书

说明书应主要说明用图纸难以表达的内容和经过整理后的规划基础资料。说明时既要简明扼要、语言精练，又要说清问题，表达规划意图。内容因事制宜、不必程式化，其主要内容一般包括：

（1）规划范围内各村镇的自然概况和地理位置、历史沿革。

（2）村镇现状特征、经济概况。

（3）规划的依据、指导思想，规划期限和现状存在的主要问题。

（4）村镇总体规划布局要点、性质和规模。

（5）介绍各专业规划情况（包括交通运输、工程设施及绿化防护系统等）。

（6）技术交底：交代在执行规划中应注意的问题，说明有哪些问题在规划中没有解决，需要在专业规划中解决，以及其他须交代的问题。

以上部分，是村镇总体规划说明书的基本内容，为阐述清楚，可以附表或插图。对专业设计有帮助的规划基础资料，可以进行综合整理做为附件，供参考使用。

村镇总体规划成果应以说明问题、交待清楚为准。可根据当地的具体条件，村镇总体规划的图纸、文件及其内容可以增减，也可以绘制分图，或合并图纸。

第三节　村镇用地适用性评价及选择

村镇用地评价是进行村镇规划的一项重要基础工作，主要内容是在调查收集自然环境条件资料的基础上，按照规划与建设的需要，以及各项用地在工程技术上的可能性与经济性，对用地条件进行综合的质量评价，以及确定用地适用程度，为村镇用地选择与功能组织提供科学依据。

（一）村镇自然环境条件分析

对村镇规划和建设有影响的主要自然环境条件因素如表4-1所示。

（二）村镇用地适用性评价

用地评价是以用地为基础，综合与之有关的各项自然环境条件的优劣，鉴别各种用地是否符合规划与建设的需要。通常将用地分成三类：

一类用地：自然环境条件比较优越，能适应各项村镇设施的需要，一般不须或只须稍加工程措施可用于建设的用地。

自然环境条件分析 表 4-1

自然环境条件	分析因素	对规划与建设的影响
地质	土质、风化层、冲沟、滑坡、溶岩、地基承载力、地震、崩塌、矿藏	规划布局、建设层次、工程地基、防震设计标准、工程造价、用地指标、村镇规划、工业性质
水文	江河流量、流速、含沙量、水位、洪水位、水质、水温、地下水、水量、流向、水压	村镇规模、工业项目、村镇布局、用地选择、供排水工程、污水处理、堤坝、桥涵、港口、农业用水
气象	风象、日辐射、雨量、温度、气温、冻土深度、地温	村镇工业分布、居住环境、绿地、郊区农业、工程设计与施工
地形	形态、坡度、坡向、标高、地貌、景观	规划布局与结构、用地选择、环境保护、道路网、排水工程、用地标高、水土保护、城镇景观
生态	野生动植物种类、分布、生物资源、植被、生物生态	用地选择、环境保护、绿化、郊区农副业、风景规划

二类用地：需要采取一定的工程措施，改善条件后才能修建的用地。它对村镇设施或工程项目的分布有一定的限制。

三类用地：不适于修建的用地。所谓不适于修建的用地是指用地条件极差，必须进行特殊工程技术措施后才能用以建设的用地。

用地类别的划分是指按各地区的具体条件相对来拟定的。类别的多少也需要根据用地环境和条件的复杂程度和规划的要求来定。如有的分四类，每类还细分两级，有的只分两类。因此，用地评定具有明显的地方性与实用性，必须因地制宜地加以拟定。

为了具体说明用地类别划分，现以平原地区的一般划分举例，以作参考。如表4-2所示。

平原地区用地类别划分 表 4-2

用地类别		地基承载力	地下水位埋深	坡度	洪水淹没程度	地貌现象
类	级	(Pa)	(m)	(%)		
一	1	$>1.5\times10^5$	>2.0	<10	在百年洪水位以上	无冲沟
	2	$>1.5\times10^5$	$1.5\sim2.0$	$10\sim15$	在百年洪水位以上	有停止活动的冲沟
二	1	$1.0\sim1.5\times10^5$	$1.0\sim1.5$	<10	在百年洪水位以上	无冲沟
	2	$1.0\sim1.5\times10^5$	<1.0	$15\sim20$	有些年份受洪水淹没	有活动性不大的冲沟
三	1	$<1.0\times10^5$	<1.0	<10	有些年份受洪水淹没	无冲沟
	2	$<1.0\times10^5$	<1.0	<5	洪水季节淹没	无冲沟

用地评定成果包括图纸和文字说明。评定图可以按评定的项目内容，如地基承载力、地下水的深浅、洪水淹没范围、坡度等分项绘制，也可以综合绘制在一张图纸上。另外，在图上要标明用地评定的分类等级范围界限。

二、村镇用地选择

在村镇分布规划和村镇用地适用性评价的基础上必须具体进行村镇用地的选择，以确定村镇的具体位置。村镇用地选择的任务就是在质量上、数量上均应满足居民点各组成要素（建筑、道路、绿化、工程设施等）的布置要求。在总体规划中对村镇用地选择，包括原址改建、扩建和选址新建。

村镇的用地选择，是村镇组成部分合理布局的基础，直接影响今后整个农业、企业的生产、运输、基建投资，及居民文化福利生活。如果用地选择过于破碎，布局很难做到集中紧凑，而过于狭长的地带，其村镇内部布局必然受到极大的限制；如果用地的工程条件较差，将直接影响村镇的建设经济投资造价，所以，必须科学地、慎重地对待，充分掌握有关的自然条件的资料和村史资料。并会同有关人员进行现场踏勘，进行深入细致地研究，多选择几处，进行方案比较，以确定最合理的用地位置方案。

（一）村镇用地选择的基本要求

选择村镇用地应从以下几方面综合考虑。

1.节约用地，少占或不占耕地良田

人口多、耕地少是我国农村十分突出的矛盾，随着人口的增加，而耕地面积并未增加，相反，有的地方由于进行基本建设，耕地面积反而减少，矛盾日益加剧，必须引起规划工作的重视。土地是国家最宝贵的财富，应珍惜每寸土地，合理利用每寸土地。在村镇规划中，村镇用地选择应尽可能选择在荒地、薄地和山坡上，少占或不占耕地、林地、人工牧场。

2.便于生产、位置适中

村镇用地选择要充分考虑和利用农田基本建设的成果。考虑各种田、渠、路、林用地的规划配置。村镇的位置要适中，使之尽量位于所经营的耕地中心，有比较均匀的生产半径，便于田间管理，有利于提高劳动生产率。

3.宜于建筑

选择的村镇用地在地势、地形、土壤、水文地质条件等均应满足建筑物的工程技术要求。

（1）地势、地形：村镇建设用地要求地势较高、向阳、干燥，并且不在两山谷的风口，山洪爆发易受冲击的地带。沿江湖地带的村镇，其设计标高应高出洪水位0.5米以上，条件不允许时，应考虑围堤与防洪措施。地形坡度以0.4%～4%为宜，坡度过小，不利排水；坡度过大，不利于建筑及街道的布置。

（2）土壤：村镇用地的土壤要适合建筑和种植蔬菜、果树等要求。从建筑来说，要求土壤有一定的承载能力。一般住宅建筑要求土壤承载力为0.7～1kg/cm^2，工业建筑的土壤承载力应大于2kg/cm^2。

（3）水文地质条件：是指地下水和地面水的水质，蕴藏量以及分布情况。水源是选择村镇用地的重要条件，村镇用地选择应靠近水量充沛，水质符合卫生标准的水源附近，以便保证生活和生产等各方面的用水。在地表水缺乏的干燥或半干燥地区，地下水可作为村镇的重要水源，但不能过量抽用，以免引起水源的枯竭或地面沉降现象。地下水位过高，土质含水饱和或潮湿，易侵蚀建筑物基础，在北方地区，地下水应低于冻结深度。

（4）以下地质情况的地区不宜选作村镇建设用地：矿藏分布区及采空区，有崩塌、滑坡、断层、岩溶、沼泽、淤泥及八级地震区等地段。

4.便于运输

村镇用地应与主要农田（耕地、果园等）之间有方便的交通联系，最好靠近公路、河流及车站码头等。但是，要避免铁路、河流等横穿村镇内部，以免影响村镇内部的卫生和安全。

5.满足居住卫生要求

村镇用地不应选择在沼泽、洼地、墓地等有碍卫生的地段。如必须选用这类用地，应征得卫生部门的同意，采取一定的卫生措施，以减少对村镇居住环境的影响。另外应避开有传染病、地方病、自然疫源地区。

6.环境优美，自然条件好

村镇用地最好靠山、傍水、有林、地势高爽，并有一定坡度、便于排水、山青水秀的地方。有条件的地方最好与名胜古迹结合起来，为发展旅游事业创造条件。

7.村镇用地应避开高压电线走廊和铁路、桥梁、隧洞、重要工厂、矿井、主要水库、军事目标；在易燃、易爆、仓库及受“三废”危害的区域有一定安全卫生防护距离。

（二）村镇选址技术经济比较

村镇用地的选择，由于受很多因素的制约，不可各方面都十分满意，所以，无论是原址改建、扩建或选址新建，都必然根据实际情况作出两个或两个以上的方案，并通过详细的技术经济比较，选择出比较合理的方案。

村镇用地选择方案的技术经济比较的内容一般有：

（1）地理位置和地理条件比较。

（2）占地及拆迁情况比较。包括占地的数量和质量，如耕田（分良田、坡地、陡地）、园地（菜、桑、果）、荒地等各占用多少；拆迁数量和质量及可能性。

（3）环境卫生情况比较。包括日照、通风、排水、绿化等条件，现在和将来由于建设有可能造成环境污染的状况。

（4）交通运输情况比较。包括离对外公路、车站、码头的距离，年运输费用的比较。

（5）公用设施及防洪等各项工程措施比较。

（7）现有设施利用状况比较。利用状况和利用程度的比较。

（7）村镇建设总投资概算比较。

第四节　村镇体系总体布局

所谓村镇体系总体布局就是从乡（镇）域条件与经济社会发展的客观要求出发，分析乡（镇）域的城镇化水平及现有的基础条件，研究确定村镇居民点总体布局及空间结构、职能结构和规模结构。具体地说，就是对规划范围内的现有村镇分布与规模，分布特点，进行调查研究，分析存在的主要问题，然后根据总的发展要求，明确村庄的类型和职能分工、发展方向、发展规模以及村镇的位置，确定村镇各自发展、合并、取消的实施方案，为村镇建设提供指导性、战略性的部署依据。

一、村镇体系的结构层次

根据我国农村居民点的分布现状，乡（镇）域村镇体系是由集镇——中心村——基层村所构成。

1.集镇

大多数是乡（镇）政府所在地，主要服务于一个乡（镇）的农村，是该地区内的政治、经济、文化活动中心，是农副产品的集散地，乡镇工业的集中地，是该地区的交通枢纽，农工商综合发展的经济与社会的综合体。设有一定规模的文化、教育、福利、服务设施。

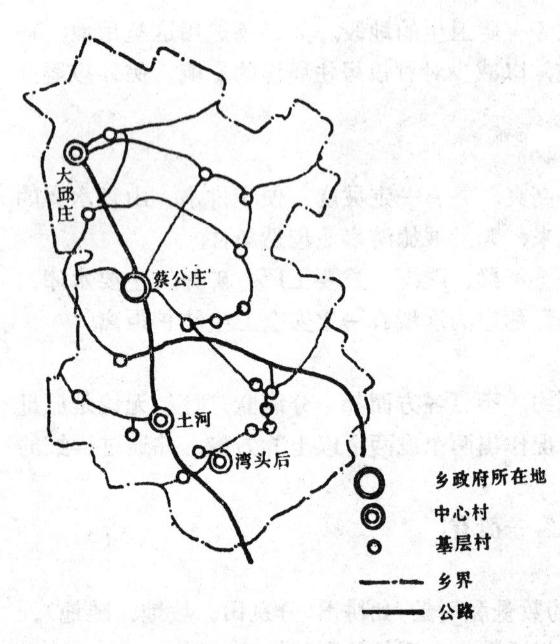

图 4-1 静海县蔡公庄乡域村镇体系示意图

2.中心村

一般设在现有行政村适中地段，相当于一个行政村范围内的农村中心，一般是村管理机构所在地。它设有小学、卫生站、小百货、幼儿园、文化站等设施，以农业人口为主要服务对象。

3.基层村

是以一个村民小组或较大的自然村庄为单位，是农民从事生产、生活居住的基地，也是村镇体系的基本单元。没有或只有简单的生活服务设施。

总之，乡（镇）域村镇总体规划体系应形成以集镇为中心，中心村为网络，基层村为基础的村镇体系。相互协调、相互作用的村镇居民点网络。如天津静海县蔡公庄乡域村镇体系的空间结构如图4-1所示。

二、村镇的分布与规模

集镇和村庄是村镇的两种居民点型式，在分布中所需考虑的问题，也不相同。集镇的分布，一般在县的范围内统一考虑安排，是县域规划的内容，而村庄的分布则是村镇总体规划所要探讨的问题。

村庄的分布是与自然环境、土地资源、生产力发展水平、社会历史状况等多种因素特别是耕地资源所支配的；在不同地区，不同社会历史条件下，村庄的分布，人口规模、建设水平和风貌特色也不尽相同，在山区，由于地势起伏不平，耕地零星分散，村庄多数是沿山谷、河流、交通干线呈线型分布，点多规模小，分布松散不均；在平原或浅丘地区，耕地集中成片，交通方便，村庄则呈网状分布，点疏规模大，布局较紧凑均匀，一般都形成组团式格局。

（一）确定村庄分布的主要因素

1.考虑耕作半径

耕作半径是指居民点中心距耕地边缘的最远距离。村庄的分布充分地反映了组织与发展农业生产的要求，它必须按照一定的资源条件和耕作半径进行分布，耕作半径取决于耕地面积的大小和形式，以及精耕细作的管理要求，生产方式，生产工具，集约化程度等。在规划中，通常将耕作半径作为村庄和耕地之间是否相适应的数据指标、耕作半径大，村庄规模相应也大。反之，耕作距离小，村庄规模也小。从有利生产，方便耕作的角度出发，特别是在目前农业生产有很多仍以手工操作为主的情况下，耕作距离不宜太大，太大下地往往耗费的时间较多。但是，耕作距离也不能太小，过小不仅影响农业机械化的发展，而且不利于配置主要的生活服务设施。这两者之间是存在一定矛盾的，一方面要看到这种矛盾的存在，并不是在短期内能够得到根本解决的，另一方面也要在有条件的地方，根据生产发展的要求，新规划建设的村庄规模尽可能大一些。从我国目前耕作半径的大小看，在人多地少的地区和水稻产区，耕作半径比较小。如江苏省江阴县华西大队平均每人零点八亩耕地，耕作半径平均只有零点八公里。北方地区多数以种植小麦玉米为主，耕作半径一般为1.5～2km。在人少地多的地区，如黑龙江、吉林等省，以旱田为主，单季生产，耕作半径一般为2～2.5km。随着生产和交通工具的发展，耕作半径的概念将发生变化，它不仅指空间距离，而主要应以时间来衡量，即农民下地需花多少时间，一般为30～40分钟为最高限。如果在人少地多的地区，农民下地以自行车、摩托车甚至汽车为主要交通工具时，耕作的空间距离可大大增加，与此相适应，村镇的规模也就可增大。

2.建设条件的可能

村庄规划的布点，要考虑到村址的自然条件是否合适，它包括地形，建设用地大小和地质、水源、电源、交通等建设条件。在平原地区受地形条件的约束，相对地要少些，但要注意水源及其他条件；在丘陵山区地形变化复杂，需要注意选择地段和用地大小以及水源条件，总之，要尽量适应自然条件的可能，采取科学的态度确定村庄的布点和规模。

3.要满足农民生活的需要

规划和建设一个村庄要有适当的规模，便于合理配置一些生活服务设施，特别是随着党在农村各项经济政策落实后，经济形势迅速好转，农民的物质文化生活水平日益提高，对这方面的要求就更加迫切，但是，由于村庄过于分散，规模较小，不可能在每个村庄都设置比较齐全的生活服务设施，应根据村庄的类型和规模大小，分别配置不同数量和规模的生活服务设施，因此，在确定村庄规模时，在可能的条件下，使村庄规模尽量大一些，便于设置物质文化生活需要的服务设施。

4.考虑现行管理体制

在村庄进行布点时，不宜打乱现行的行政和经济管理体制，应考虑原有历史状况和自然村状况，以便于统一领导和组织村庄生产和各项建设事业的发展。

5.考虑村庄的交通条件

当今的农村已不是自给自足的小农经济，个体专业户以及各种经济作物都需要有方便的运输条件，才能有利于村镇之间，城乡之间的物质交流，促进其生产的发展。靠近公路干线、河流、车站、码头的村庄，一般都有发展前途，规模可适当大一些。在公路旁或河流交汇处的村庄，可作为中心村考虑。另外，交通条件还影响农业生产。如烟台市村庄在以往的发展过程中，农业生产以人力畜力为主，规模小且比较分散，后发展到部分使用拖拉机、汽车，改善了生产条件，缩短了往返时间，规模可相对大一些。

6.村庄的分布要因地制宜

村庄的分布既要遵循一定的原则，又要因地制宜。如南方和北方，平原和山区，内地与沿海的分布就显然不一样。山区的村庄点多规模小，特别是边区、苏区，村庄分布零散，而平原地区村庄则相对集中。又如以农业为主的地区和以农牧结合为主的地区的村庄分布也不相同。前者主要以耕作半径来考虑村庄规模；后者除耕作半径外，还要考虑放牧半径。

7.村庄分布的发展趋势

随着农业现代化和科学技术的进步，人民群众对改善生产条件和提高物质、文化生活水平的需求日益增长，与此相适应，村镇布局日益集中，这是村庄发展的总趋势。在目前情况下，由于受农业生产水平、交通条件及肩挑手推的劳动条件的限制，村庄规划不可能搞大集中，但也应顺应村庄发展日益集中这个总趋势，根据实际情况，尽量做到有适当规模的相对集中，改变那些不适应村庄发展的“田头宅”现象，以利于合理解决集中供水、供电、修建硬面道路系统及其它公共福利设施，改善农村的生活居住环境和卫生条件。

总之，作为人们生产和生活集聚的村庄，它是一定社会生产方式下的产物。因此，无论从它的分布情况，还是规模大小等，不仅是一定经济形态的反映，而且同时又受生产力发展水平的制约。

村庄的分布是一项综合性的工作，牵涉的面很广，影响的因素也较多，分布规划必须要有全局的观点，从一定的地域空间分析各村庄的特点及其影响因素，并多作方案比较，提出科学地、合理地村庄分布方案。

（二）村镇的规模

根据我国广大乡村村庄的分布和规模来看，大体有以下几种情况：

1.一村几个行政村，规模在600～1000户

这种情况在南北方原有的自然村中存在，但为数不多。其中也有的是乡政府所在地。

2.一村一个行政村，规模200～300户，有的多达500户左右

这种村庄在南北方的平原地区比较多，尤其是北方平原地区更多一些。这种村庄由于所处地势较好，交通也较方便，新村建设可在原址上进行改建或扩建。

3.一村两个以上生产小组，规模70～150户左右

在原有自然村中属这种情况的很多，近几年规划的新建村庄也有这种情况。主要是因为范围或规模较大，人均耕地较多，为有利生产，方便生活，现实不宜使居住太集中，但又不能继续维持原来比较松散的状况，而采取了相对集中，适当分散的形式。以大队部所在地的村庄为中心，分布几个规模大小差不多的村庄。

4.一村一个生产小组，规模在20～50户

在原有自然村中，特别是在山区、丘陵地区，由于地形变化复杂，耕地较为分散，加上交通又不便利，采取这种形式是比较多的，在平原地区人口密度较低，人均耕地较多的地方，新建村庄也有采取这种形式的。

5.分散的村落

只由几户或十几户人家组成，还构不成一个生产小组的规模。这种情况，在山区和丘陵地区较多。

三、慎重对待迁村并点

迁村并点，是村镇体系总体布局所要研究的一个重要课题。要结合本地区的村镇现状分布情况，认真研究 区别对待，不能搞一刀切。各地的地理、气候、生产、生活等特点不同，村庄的分布状况和规模也有所不同。北方地区，特别是平原地带，原有村庄相对比较集中，规模也较大，对农田基本建设和农村机械化的发展影响不大。在一定时期内，矛

盾不突出，因此，原则上应在旧村镇的基础上重新规划加以改造，这样既有利于原村庄公共福利设施的充分利用，又节省建设费用。但南方的一些地区则不同，由于河流，堰塘较多，尽管是平原地区，土地也被分割的零零碎碎，自然村规模较小，比较分散，满天星式的农舍到处可见。这种情况，如果继续发展下去对农业生产的持续发展有一定影响，因而迁村并点的要求就比较迫切。另外，在山区和丘陵地区，由于耕地少，自然村屯多数分散在小谷中，及两侧缓坡地带，规模小，不便组织农民生产和各种活动。还有的自然村屯建在山谷好地上，而耕地却分布在山坡的砂石地上。在这种情况下应充分考虑当地农民的要求，把居民点相应合并，并迁建到山坡上，让出平川好地，扩大耕地面积。如北京市昌平县彩河大队，有五个生产队，共344户，1202人，分住在八个自然村，居住分散，布局零乱，村落占地很大，约58公顷，土地不能得到很好的利用，82年进行规划，把8个自然村合建成一个新村，如图4-2，用地只有20公顷，节约了用地，改善了生产、生活环境。

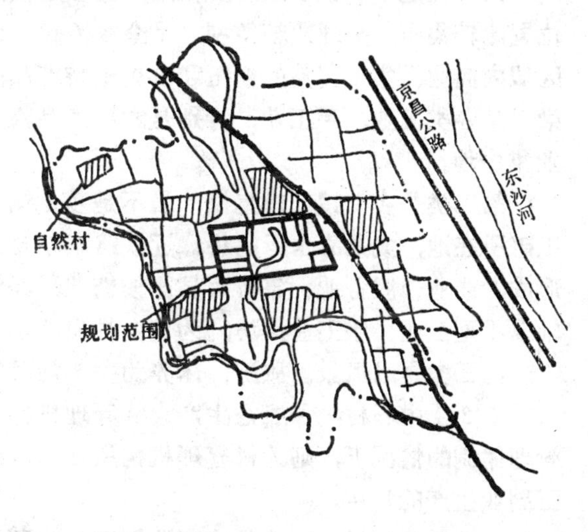

图 4-2　八个自然村落建一个新村

村镇的布点随着农业现代化的发展和人民生活水平的不断提高，逐步趋向集中，这是普遍规律，但是集中的程度和速度，取决于生产的发展，在当前生产力水平还不高的情况下，应迁并规模很小的自然村和散点不成村的自然户，对于集镇、中心村、基层村，除非一些大的国家建设工程（如水库、铁路、高速公路、采矿等）的需要，否则，大规模地迁并村庄是不现实的。所以在考虑迁村、并点时，既要看到村镇分布的发展趋势，在有条件的地方，争取村镇分布集中一些，同时，也要看到当前联产承包到户的实际情况，综合考虑当地原有村镇分布情况，地形条件，生产特点，机械化程度等因素，因地制宜的进行村镇分布的调整规划。

第五节　村镇的性质和规模

合理确定村镇的性质和规模，有利于调整村镇产业结构、空间结构、1-0结构模式，有利于村镇各方面职能的协调；有利于村镇的各项经济活动和居民的工作、劳动、学习的需要；也有利于推动国家和地区的经济社会的发展，加快社会主义现代化建设的进程，取得较好的经济效果、社会效果和生态环境效果。因此在编制村镇总体规划前，应详细了解县级农业规划，县域规划和各专业发展计划对村镇建设提出的要求，结合地区特点、资源特点和现状的生产基础，经过全面分析研究，正确拟定村镇在一定时期内的性质和规模。

一、村镇性质

村镇性质是用简练的语言，对村镇在一定时空范围内的职能、地位和作用本质特点的表述。

村镇性质代表着村镇的发展方向，反映村镇的特色和个性。它由其历史发展特点，影响范围的资源和经济发展水平，以及现有的基础所决定的。故在村镇发展规模确定之前，必须认真地进行调查研究，揭示村镇发展的优势，特点和个性，分析推动村镇发展的因素，科学地拟定村镇性质。

（一）村镇类型

我国是一个农业大国，村镇居民点点多面广，各具特色。从目前情况看，村镇分类尚无统一方法。根据我国村镇的具体情况，在实际工作中，可按以下三种方法进行分类。

1.按村镇在一定地域内的地位、作用分类

（1）集镇：我国的集镇基本可归纳为以下三类：

第一类是乡（镇）政府所在地，撤乡建镇的则为镇政府所在地。这类集镇一般说来，位置比较集中，交通比较便利，是全乡（镇）政治、经济、文化和生活服务的中心，是该区域内商业、集市贸易的枢纽和农副土特产品的集散据点，同时也是城市与农村的联系桥梁，是各类工业、手工业，特别是农副产品粗加工为主的，小型建材和农机修理为辅的工业集中地。

第二类是乡（镇）辖集镇，虽不是乡（镇）政治、经济、文化的中心，但有的是国营工矿所在地，或是靠水运码头，近铁路车站及几条公路交叉等交通枢纽，或在历史上早已形成，商业、服务业、集市贸易比较繁荣，经济比较活跃。这些集镇基本属于商业为主，辅以小型工业、手工业作坊，为商业性质的集镇。

第三类是以风景、旅游、休养为主要性质的乡（镇）辖集镇。

（2）中心村：一般是生产大队管理机构所在地。在目前有的地方实行镇一村一组的管理体制的情况下，则为村管理机构所在地，以从事农业、家庭副业为主，辅有一些小型工副业生产的村庄。

（3）基层村：一般是生产队管理机构所在地，从事农业生产和家庭副业的村庄。

2.按村镇经营生产的内容分类

（1）以农业生产为主的村镇。这类村镇以生产粮食作物为主，大多分布在产粮区。

（2）以蔬菜生产为主的村镇。大多分布在城镇郊区，是城镇的蔬菜生产基地。

（3）以畜牧业生产为主的村镇。大多分布在草原地区。

（4）以林业生产为主的村镇。大多分布在山区丘陵地带。

（5）以种植经济作物为主的村镇。主要指种植棉花、麻类、甜菜、油料、果树等经济作物为主的地区。

（6）以渔业生产为主的村镇。多在湖区、沿海一带。

（7）综合性村镇。指农、林、牧、渔均衡发展的村镇。

（8）农工商一条龙组织形式的村镇。这类村镇一般首先在集镇发展起来，是今后村镇发展的方向之一。

3.按村镇的经济基础分类

（1）以集体所有制为经济基础的村镇。沿袭了原公社、大队、生产队三级所有制。这类村镇在我国占绝大多数。

（2）全民所有制村镇。即国营农场、军垦所属的各村镇。

（二）分析拟定村镇性质的依据和方法

村镇是客观物质实体，有产生、发展的规律性。因此，确定村镇性质须综合分析影响村镇形成和发展的各种因素，特别是对村镇的发展起决定作用的基本因素，并结合科学地分析计算，明确村镇的主要职能和发展方向。

确定村镇性质的一般方法是采用定性分析与定量分析相结合，以定性分析为主。定性分析是以一定的区域为背景，从客观上分析论证各村镇在一定区域内政治、经济、文化生活中的地位和作用。定量分析是在定性分析的基础上，对村镇职能，特别是经济职能采取一定的技术指标，从数量上去确定主导的生产部门。经济职能的定量分析主要是综合分析以下各项指标：

（1）国民收入结构指标；

（2）工业产值结构指标；

（3）村镇人口劳动构成指标；

（4）村镇用地构成指标。

在上述各项指标中，按其重要顺序，若干部门所占比重之和超过60%以上者，可作为确定村镇性质的依据。

拟定村镇性质时，既不能就村镇论村镇，也不能以静止的现状分析代替村镇规划的性质，这是因为，村镇在一定地域体系的联系中，动态的发展着。与周围地区的村镇在经济社会、产业结构等多方面既存在互相促进的一面，也存在相互制约的一面。因此，确定村镇的性质应从整体上，全面调查分析，进行综合平衡，正确处理相邻村镇的经济联系和分工协作关系，明确村镇的发展方向，从而确定村镇的性质。如吉林省白城地区前郭县长山镇原来是一个只有几十户人家，以农业生产为主的自然屯。由于前郭、扶余、大安等县发现了石油，并加以开发利用，结果使位于长白铁路和长白公路沿线上，交通发达的长白山镇，建起了以石油为原料的发电厂和化肥厂，发展成为一万多人口的以能源、化工工业为主的城镇。

村镇性质的论证是一项科学性很强且十分复杂的工作。应充分了解各主管部门的设想和其客观依据，并广泛听取单位和专家学者的意见。只有经过全面分析、综合论证，才能提出实事求是的、有说服力的规划意见。

二、村镇规模

村镇规模是指村镇人口规模和村镇用地规模。它是衡量村镇发展水平的一项综合性指标。

（一）村镇人口规模

村镇人口规模是指在一定时期内村镇建成区人口的总数。它是村镇规模的基础指标，是编制村镇各项建设计划所不可缺少的资料，是确定村镇建设和发展各项标准的基本依据。它影响着村镇用地大小，建筑类型，层数高低及比例，生活服务设施的组成及数量，交通运输量、道路设计标准、村镇布局等一系列问题，因而，人口规模估计得合理与否，对村镇建设影响很大，如果人口规模过大，用地必须过大，相应的设施标准提高，造成长期的不合理和浪费；如果人口规模太小，用地亦过小，相应的设施不能适应村镇发展的需要，成为村镇发展的障碍。

1.村镇人口调查与分析

制定村镇人口发展规模，是一项计划性、科学性很强的工作，要向民政、公安部门了解人口现状及历来人口变化情况，也要向国民经济各部门了解发展计划而引起的人口机械变化，从中找出规律，制定正确的人口发展规模。

（1）村镇人口统计。村镇人口一般指户口在村镇管辖范围内并在建成区（规划区）内常住人口。在统计时，集镇人口应按居住状况和参与社会活动的性质分类，村庄人口可不进行分类。

集镇人口分为常住人口、通勤人口、临时人口三类。

1）集镇常住人口：是指居民（非农业户和自理口粮进镇户）、村民、集体（单身职工、寄宿学生等）三种户籍形态的人口。

2）集镇通勤人口：是指劳动、学习在镇内，而户籍和居住在镇外，定时进出集镇的职工和学生。

3）集镇临时人口：是指出差、探亲、旅游、赶集等临时参与集镇生活的人员。

（2）村镇人口的年龄构成。年龄构成指村镇人口各年龄组的人数占总人数的比例。一般将年龄分为六组：婴儿组（0—3岁）、幼儿组（4—6岁）、小学组（7—12岁）、中学组(13—18岁)、成年组（男17或19—60岁、女17或19—55岁）和老年组（男61岁以上、女56岁以上）。为了便于研究，常根据统计作出百岁图和年龄构成图，如图4-3所示。

对年龄构成的统计意义在于：

1）比较成年组人口数与劳动力人数，可以看出从业情况和劳动力潜力。

2）掌握劳动后备军的数量和被抚养人口的比例，对估算人口发展规模有重要作用。

3）掌握学龄前儿童及学龄儿童的数字和趋向，是制定托、幼及中、小学规划指标的依据。

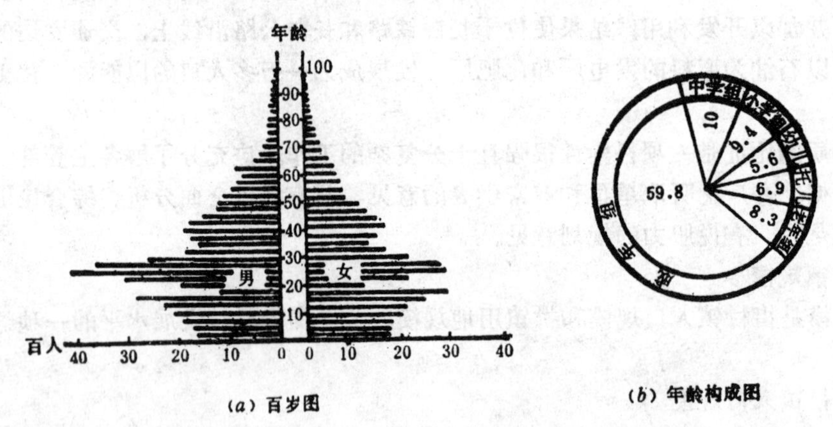

（a）百岁图　　（b）年龄构成图

图 4-3 人口年龄构成分析图

（3）人口增长率。村镇人口增长率来自两方面：自然增长和机械增长。这二者的和便是村镇人口增长数值。年增长（率）的速度，常以千人增长率表示，即：

1）自然增长：指该村镇出生人数减去死亡人数的净增数。自然增长与计划生育、医疗卫生和社会福利事业有关，一般用年自然增长率表示。

$$年自然增长率=\frac{年自然增长数}{年初总人口数}\times 1000(‰)$$

2）机械增长：指该村镇非自然增长的人数，即从外地迁入本地的人口等。一般用年机械增长率表示。

$$年机械增长率=\frac{年机械增长数}{年初总人口数}\times 1000(‰)$$

根据村镇历年统计资料，又可计算历年人口平均增长数和平均增长率，以及自然增长和机械增长的平均增长数和平均增长率。并绘制人口历年变动累计曲线。这对于估算村镇人口发展规模有一定参考价值。

2.村镇人口发展规模的估算

村镇规划人口发展规模是根据村镇发展的需要，分析村镇建设条件的可能，考虑人口的自然增长、机械增长和剩余劳动力等情况，预测镇到达规划期末的人口数量。在村镇规划中，需涉及两种人口的发展规模预测，一种是乡（镇）域总人口；另一种是各个村庄和集镇的人口规模预测。因此，在具体工作中，应区别情况，明确范围，采取适当的计算方法。

（1）乡（镇）域规划总人口的预测。乡（镇）域规划总人口是乡（镇）辖区范围内所有村庄集镇常住人口的总和，其发展规模常采用综合平衡法进行估算，计算公式如下：

$$\theta=\theta_0(1+K)^n+P$$

式中 θ——乡（镇）域规划总人口预测值；

θ_0——乡（镇）域现状总人口统计数；

K——规划期内人口的自然增长率；

P——规划期内人口的机械增长数；

n——规划年限。

综合平衡法基本合乎村镇的实际情况。该法以村镇国民经济和社会发展的长期资料积累为基础，对经济发展人口，年份与人口关系进行分析。对村镇人口增长采用自然增长规律和机械增长规律进行综合分析。

乡（镇）域的自然增长率，应根据国家计划生育政策，分析当地人口年龄与性别构成状况予以确定，也可根据历年来人口自然增长的人口变动情况进行计算；如果计算结果太大，在规划期应适当加以调整。

乡（镇）域的机械增长数值，应根据不同地区的具体情况予以确定。对于资源、地理、建设等条件具有较大优势，经济发展较快的乡（镇），可能接纳外地人员进入本乡（镇），应考虑机械增长；对于靠近城市或工矿区，耕地少人口多的乡（镇），可能有部分人口进入城市或转至外地，应考虑机械减少；对于人口变动相对稳定的乡（镇），可考虑进出平衡，机械增减忽略不计。

（2）村庄规划人口规模的预测。村庄人口构成比较简单，一般仅有村民，所以，村庄人口规模的预测，只考虑人口的自然增长和农业剩余劳动力的转移去向两个因素。具体计算时，常用自然增长率法进行推算。计算公式如下：

$$N=N_0(1+K)^n$$

式中 N——村庄人口发展规模的预测值；

N_0——现状村庄人口数；

K——规划期内人口的自然增长率；

n——规划年限。

（3）集镇规划人口规模的预测。集镇规划人口规模的预测，应结合集镇的实际情况，按人口类别分别计算。

1）集镇常住人口规模的估算。集镇常住人口规模可采用分项迭加法进行计算。分项迭加法是把集镇常住人口分为村民、居民和集体三种户籍形态的人口分别计算然后累加而得，其计算公式如下：

集镇常住人口规模＝集镇村民发展规模＋集镇居民发展规模＋集体人口发展规模

其中，集镇村民发展规模只需考虑自然增长情况，按自然增长率法进行计算；集镇居民发展规模应考虑居民自然增长和机械增长两方面的情况，按综合平衡法进行计算；集镇集体人口发展规模应根据集镇各部门的发展计划和学校的招生计划推测机械增长的数量。

2）集镇通勤人口的规模估算。集镇通勤人口的变化是由工作、学习在镇内，而户籍居住在镇外的一部分人引起的。通常所说的亦工亦农人口、两栖人口都属这类。在现阶段，由于农村经济体制的改革，农村剩余劳动力越来越多，他们中的一部分被吸收到乡办或镇办企业里做工，早出晚归，从而引起集镇通勤人口的机械增长。因此，集镇通勤人口的变化只需计算机械增长人数。

3）集镇临时人口的规模估算。集镇临时人口的发展规模可根据历年来临时人口的统计资料作出变化曲线，然后根据变化曲线确定一个绝对数。

集镇是一定地区的区域中心，对周围农村有很大的吸引力，随着集镇经济的发展，人口空间结构必将有很大变化，农业人口自理口粮进镇落户，经商、做工的比例也越来越大，人口集镇化进程也势必加快，所以集镇人口的变化，在很大程度上取决于机械增长的人数。集镇人口的机械增长，应区别情况，采取适当的方法进行计算。

对于集镇企事业建设项目尚不落实的情况，可采取平均增长法，即根据近年来人口增长情况进行分析，确定每年的增长数或增长率。

对于集镇企事业建设项目已落实，规划期内人口机械增长比较稳定的情况，可采用带眷系数法，即分析从业者的来源、婚育、落户等状况，以及集镇的生活环境和建设条件等因素，确定规划期新增从业人数及带眷人数。

对于农业剩余劳动力较多的乡（镇），应考虑集镇类型、发展水平、地方优势、建设条件和政策影响等因素，确定进镇比例，推算进镇人口数量。

合理确定村镇人口发展规模，除了按一定的方法进行科学计算外，还要考虑以下几个方面的因素：

第一，从一定区域内村镇体系中分析村镇的战略地位和性质以及发展方向，确定其规划期最终规模。

第二，从地区城镇化水平的实际进程，预测城镇化的水平，确定不同层次、等级，村镇人口分配比例。

第三，村镇本身建设条件和空间环境容量也是村镇发展的重要制约因素。

【例】 据调查某集镇1990年底镇域现状总人口数为22190人，年平均自然增长率为10‰，在规划期内预计从外乡（镇）迁人的人口为500人。镇区现状常住人口为8498人，其中村民为3560人，年平均自然增长率为8‰；居民为3100人，年平均自然增长率为6‰，根据各部门发展计划，在规划期内预计招收450名职工（镇外职工占60％，其中集体户单身职工占50％），寄宿生保持平衡，根据规划要求，规划年限为十年，试估算十年后该集镇镇域总人口和镇区常住人口发展规模。

1）计算镇域总人口发展规模

根据综合平衡法进行计算，即

$$\theta=\theta_0(1+K)^n+P$$

$$=22190(1+10‰)^{10}+500=250011.55\text{人}$$

故十年后镇域总人口发展规模为250012人

2）计算镇区常住人口发展规模

第一步计算镇区村民人口发展规模

根据自然增长率法计算，即

$$N=N_0(1+K)^n$$

$$=3560(1+8‰)^{10}=3855\text{人}$$

十年后镇区村民人口发展规模为3855人

第二步计算镇区居民人口发展规模

根据综合平衡法计算，即

$$\theta=\theta_0(1+K)^n+P$$

$$=3100(1+6‰)^{10}+135=3426\text{人}$$

不同人口平均自然增长和不同年限$(1+K)^n$对照表　　表 4-3

平均自然增长率	规划年限			
	5年	10年	15年	20年
	$(1+K)$			
－5‰	0.9752	0.9511	0.9267	0.9046
－4‰	0.9802	0.9607	0.9417	0.9230
－3‰	0.9851	0.9704	0.9559	0.9417
－2‰	0.9900	0.9802	0.9704	0.9607
－1‰	0.9950	0.9900	0.9851	0.9802
0	1.000	1.0000	1.0000	1.0000
1‰	1.0050	1.0100	1.0151	1.0202
2‰	1.0100	1.0202	1.0304	1.0408
3‰	1.0151	1.0304	1.0460	1.0617
4‰	1.0202	1.0407	1.0617	1.0831
5‰	1.0253	1.0511	1.0777	1.1149
6‰	1.0304	1.0616	1.0939	1.1271
7‰	1.0355	1.0722	1.1103	1.1497
8‰	1.0406	1.0829	1.1270	1.1728
9‰	1.0458	1.0937	1.1438	1.1963
10‰	1.0510	1.1046	1.1610	1.2202
11‰	1.0562	1.1156	1.1783	1.2446
12‰	1.0615	1.1267	1.1959	1.2694
13‰	1.0667	1.1397	1.2138	1.2948
14‰	1.0720	1.1492	1.2319	1.3206
15‰	1.0773	1.1605	1.2502	1.3469

十年后镇区居民人口发展规模为3426人

第三步计算集体户籍人口发展规模

十年后集体户籍人口发展规模为2438＋135＝2573人

第四步将以上三项进行迭加

十年后镇区常住人口规模为：

村民＋居民＋集体户籍人口＝3855＋3426＋2573＝9854人

为了便于计算人口的自然增长数和机械增长数，根据不同的人口增长率和不同的规划年限，求出$(1+K)^n$数值，见表4-3所示，具体计算时，可直接按表查数。

（二）村镇用地规模

村镇用地是指集镇和村庄建设规划区内的所有土地。建设规划区包括村镇建设的现状用地、发展用地和规划应控制的区域。村镇总体规划必须对每个村庄和集镇的总用地规模加以控制，控制依据是村镇人口发展规模和人均建设用地指标。

人均建设用地是指建设用地除以常住人口数的平均值。人均建设用地的规划标准受我国国情的制约。由于我国农村存在明显的地区差异，各地发展极不平衡，不可能硬性规定一个通用指标，来指导村镇规划和建设，而应制定一个指标系列，并赋予一定的弹性，使各省，市、自治区能够根据国家总的用地要求，并结合当地的具体情况，制定切合实际的用地指标。如黑龙江规定各级居民点人均建设用地指标为：中心集镇160～220m²/人，一般集镇150～200m²/人，中心村140～180m²/人，基层村130～160m²/人，山西省则分得更细，他们不仅按各级居民点加以控制，而且还根据不同的地区特征如平地、丘陵、山地等情况区别对待，其人均建设用地指标为：中心集镇：平地70～120m²/人，丘陵67～120m²/人，山地65～120m²/人；一般集镇：平地64～115m²/人，丘陵62～115m²/人，山区61～115m²/人；中心村：平地53～112m²/人，丘陵55～116m²/人，山地56～122m²/人；基层村：平地51～111m²/人，丘陵54～115m²/人，山地51～114m²/人。

在编制村镇规划中，对于已自行制定规划指标系列的省、自治区、直辖市可按当地要求拟定人均建设用地规划指标。而在目前尚未制定规划指标系列的地区则应本着控制用地、节约用地、合理地使用土地资源的原则，结合当地人均耕地状况，按照下述要求确定。

人均建设用地的规划标准，分为六个档次，如表4-4。

人均建设用地标准的档次划分 表 4-4

档次	一	二	三	四	五	六
人均建设用地标准（m²/人）	45.1～60	60.1～80	80.1～100	100.1～120	120.1～150	150.1～180

1.选址新建的集镇、村庄，人均建设用地标准应在表4-4中第二、三档内确定。

2.在原址上改建、扩建的集镇、村庄，人均建设用地标准应以现状建设用地的人均水平为基础，按表4-5及下述规定确定。

（1）第一档用地标准仅适用于用地紧张地区的村庄。

人均建设用地标准选用表 表 4-5

现状人均建设用地（m²/人）	可采用的规划人均建设用地标准（m²/人）		
	档次	标准	允许调整幅度
≤45	一	45.1～60	0～+15
45.1～60	一 二	45.1～60 60.1～80	0～+10
60.1～80	二 三	60.1～80 80.1～100	-10～+10
80.1～100	二 三 四	60.1～80 80.1～100 100.1～120	-15～+5
100.1～120	三 四	80.1～100 100.1～120	-20～+5
120.1～150	四 五	100.1～120 120.1～150	-25～0
150.1～180	五 六	120.1～150 150.1～180	-30～0
>180	六	150.1～180	≤-10

（2）人均耕地在2亩以下地区的村镇，不得选用第五、六档用地标准。

（3）人均耕地在3亩以下地区的村镇，不得选用第六档用地标准。

（4）边远地区人均耕地在4亩以上的村镇及牧民定居点，可由省、自治区、直辖市建设主管部门确定建设用地标准。

以上人均建设用地的控制范围和选用的基本要求，在具体确定人均建设用地指标时，还应考虑人口密度和用地紧张程度。在人口密度高且用地紧张的地区，应取相应档次标准的下限，在人口密度低且用地比较宽裕的地区，应取相应档次标准的上限。

村镇用地规模等于村镇常住人口规模与人均建设用地指标的乘积。

第六节　村镇对外交通运输系统规划

对外交通运输是城乡居民点与其外部广大地区进行联系的各种交通设施的总称，它是村镇（特别是集镇）存在和发展的重要条件。我国的集镇大部分都是沿交通干线逐渐发展起来的，公路既是交通通道，也是街道市场。随着集镇规模的不断扩大与交通流量的不断增长，造成了过境交通与集镇活动的矛盾日益尖锐。如湖北省孝感市肖家巷镇原有北京—广州的铁路干线和107国道从镇中心穿过，把肖家巷镇分成三部分，如图4-4所示，不仅极大地影响了交通效益，而且严重影响了居民生活和身心健康。所以在村镇规划中，应合理进行村镇布局。正确处理对外交通运输系统。

一、村镇对外交通的类型

村镇对外交通一般有铁路、公路和水运交通三类。各种交通类型都有它各自的特点：铁路交通运输量大，安全，有较高的行车速度，继续性强，一般不受季节、气候的影响，可保持常年正常运行；水运交通有运输量大、成本低、投资少的特点；公路交通机动灵活、设备简单，是适应能力强的交通方式。

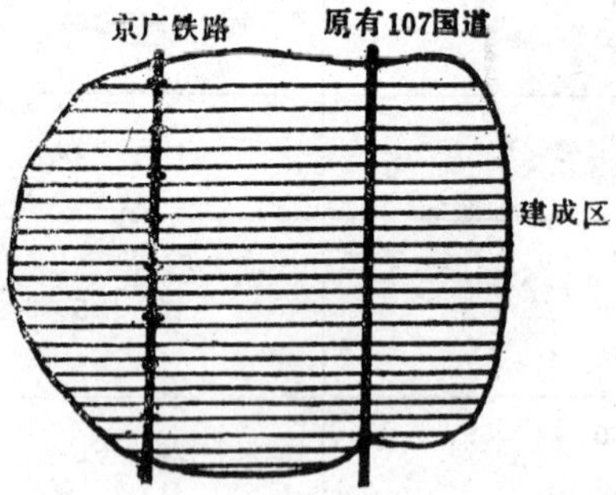

图 4-4 孝感肖家巷镇对外交通示意

二、铁路在村镇中的布置

铁路由铁路线路和铁路站两部分组成。

村镇所在的铁路车站大多是中间车站，客货合一，多采用横列式布置方式。它在村镇中的布置与货场的位置有很大关系。由于村镇用地范围小，工业、仓库较少，为了避免铁路分隔村镇，互相干扰，原则上铁路站场应布置在村镇一侧边缘，并将客站和货站用地均布置在村镇同侧。货站接近工业、仓库用地，而客站接近生活居住用地。

当车站客、货部分不能在村镇一侧而必须采用客货对侧布置，村镇交通不可避免地跨越铁路时，应保证建成区以一侧为主，货场和地方货源、货流同侧，以充分发挥铁路设备和运输效率。并在村镇用地布局上尽量减少跨越铁路的交通量。

除此之外，铁路选址需考虑到用地条件，工程造价，经营费用，发展余地与村镇其他要素之间的关系等。

三、公路在村镇中的布置

公路运输是城乡居民普遍采用的对外交通运输方式。各种公路按其在国家公路网中的地位分为国道，省道、县和乡道三类，按其使用任务和通过能力又分五级。

高速公路：具有特别重要的经济意义，年平均（量）昼夜通车量大于10000辆。

一级公路：具有重要的经济意义，年平均昼夜交通量大于5000辆。

二级公路：联系重要的政治、经济中心和大工矿地区的主要干线，年平均昼夜通车量达2000～5000辆。

三级公路：联系县以上城市的一般干线，年昼夜平均交通量小于2000辆。

四级公路：联系县以下的乡村支线，年平均昼夜交通量小于2000辆。

高速公路具有独特的交通运输特性，而对村镇没有什么影响，其余四级公路对村镇的建设和发展都存在不同程度的影响。公路的选线和设计是从更大的区域经济联系的角度来考虑，如国道、省道是从全国、全省的范围来确定，它要求交通运输快速、便捷，安全、运输费用低，因而，在村镇规划中，不可能擅自改线，搬迁。正确的做法是：合理利用并尽量减少相互干扰。选址新建的村镇应避免过境公路从村镇中心穿越，原址改建、扩建的村镇，应采取一定的措施，解决过境公路和村镇建设之间的矛盾。

（一）公路线路与村镇的联系

公路线路在村镇中的位置分两种情况：即公路穿越或者绕过（切线或环形绕过）村镇。采用哪种布置方式，要根据公路的等级，过境交通和入境交通的流量，村镇的性质。规模等因素来确定。

1.公路穿越村镇

过境公路对村镇建设和发展有很大影响，有时直接造成村镇的兴旺和衰落。因此，人们常习惯“依路建镇”。出现这种情况主要是由于村镇趋向交通方便的道路沿线发展的利于对外交通联系和增加对外的经济吸引力，达到活跃经济的目的。但由于村镇建设往往缺少资金，道路建设较困难，所建的道路质量一般较低，难以满足村镇内部交通的要求，从而造成借用公路跨路建设的局面。当然，沿公路对活跃市场起到一定的作用，也是产生这一情况的基本原因。所以，对过境公路不能盲目外迁，要根据实际情况综合考虑。对交通量不大的过境公路，可适当地拓宽路面，改过境公路为城市型道路，做到一路两用，既为镇内街道，又为过境通道，同时加强市场管理。严格控制在公路两侧摆摊设点，搞好村镇用地布局，减少两侧建设项目的交通联系，尽量避免利用公路作为村镇生活性主街的现象发生。

2.过境公路绕过村镇

等级较高，交通量过大的过境公路一般应绕过村镇，与村镇的联接方式有以下两种：

（1）将过境公路以切线方式通过村镇。如天津青光镇津霸（天津—霸县）公路横穿镇中心，穿越长度达2500米。高峰小时机动车辆达200辆，与马车、自行车混行，对居民生活干扰很大，因此规划时商请交通部门决定改道，将津霸公路改从青光镇边缘通过，既改善了居民生活环境，又提高了交通运输能力。如图4-5所示。

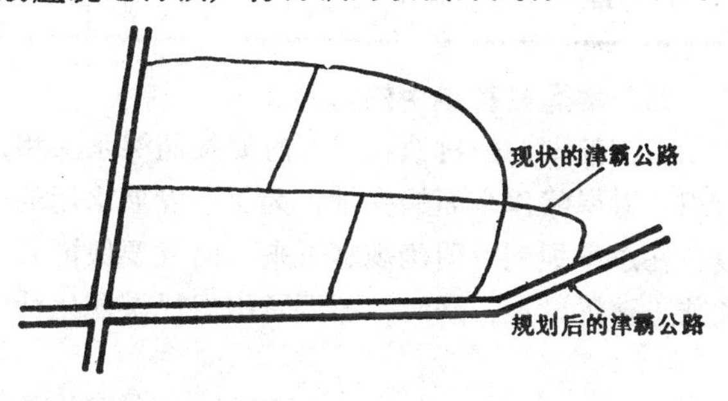

图 4-5　天津青光镇过境公路的处理

（2）一般来说，公路的等级越高及经过的村镇规模越小，则在通过该集镇的车流中入境的比重越小，因而公路宜离开村镇为宜，其联接采用辅助道路引入。

各级公路主要技术指标　　表 4-6

公路等级	汽车专用公路								一般公路					
	高速公路				一		二		二		三		四	
地形	平原微丘	重丘	山岭		平原微丘	山岭重丘	平原微丘	山岭重丘	平原微丘	山岭重丘	平原微丘	山岭重丘	平原微丘	山岭重丘
计算行车速度(km/h)	120	100	80	60	100	60	80	40	80	40	60	30	40	20
行车道宽度(m)	2×7.5	2×7.5	2×7.5	2×7.0	2×7.5	2×7.0	8.0	7.5	9.0	70	7.0	6.0	3.5	
路基宽度(m) 一般值	26.0	24.5	23.0	21.5	24.5	21.5	11.0	11.0	9.0	12.0	8.5	8.5	7.5	6.5
路基宽度(m) 变化值	24.5	23.5	21.5	20.0	23.0	20.0	12.0	—	—	—	—	—	7.5	4.5
极限最小半径(m)	650	400	250	125	400	125	250	60	250	60	125	30	60	15
停车视距(m)	210	160	110	75	160	75	110	40	110	40	75	30	40	20
最大坡度(%)	3	4	5	5	4	6	5	7	5	7	6	8	6	9

注：此表选自交通部于一九八九年五月一日施行的《公路工程技术标准》

（二）站场的位置选择

公路车站又称为长途汽车站，其位置的选择应结合村镇特点和村镇干道系统进行。总的原则是：汽车站场既要使用方便，又不影响村镇的生产和生活，并要与铁路站场，轮船码头有较好的联系，便于组织经营。

（三）公路规划设计的技术要求

村镇总体规划中，对过境公路的处理和村镇之间互相联系的乡村道路除满足以上所述的要求外，还应符合交通部门的有关规定，并分别按表4-6和表4-7执行。

乡村道路主要技术指标　　表4-7

道路分级	路面宽度（m）	最大坡度（%）	路面质量	注
乡　路	5～7	≤8	砂石路面	乡镇域内主要交通道路
村屯路	4～6	≤8	粒料加固土路	村屯间交通道路

四、水运在村镇中的布置

沿江河湖泊的村镇在规划时要按照深水深用，浅水浅用的原则，综合村镇用地的功能组织。对岸线作全面的安排。为保证发展水运的优势，首先必须将适宜于航运的村镇岸线，在总体规划时明确规定下来，而且要保证有一定的纵深陆域，用以布置仓库、堆场以及陆上疏远设施。同时，还要留出居民游憩生活需要的生活岸线。

第七节　村镇总体规划中其他主要项目规划

一、村镇生产基地的安排

农村经济已从过去单一的农业经济转向包括农业、工业、商业、畜牧饲养、庭园经济在内的复合型经济，这种转化促进了农村经济的发展，吸收了农村大部分剩余劳动力，为村镇的建设和发展创造了有利条件。

生产基地是指独立于村镇建设用地以外的，从事各种生产活动的地段，一般设置在生产基地上的生产性建筑包括就地取材的工副业项目；对居住环境有严重污染的项目；生产本身有特殊要求，不宜设在村镇内部的；以及在生产中有较大运输量的农业生产基地。各类生产基地应根据原料来源，生产特点，建设条件及对环境的污染程度进行合理布置。

（一）就地取材的工副业生产基地

就地取材的工副业生产基地因受原料、交通条件的影响，不宜布置在村镇范围内，而应设在独立的地段。如砖瓦厂，采石场，采矿场，石灰厂等，应靠近原材料产地安排相应的生产性建筑和公用设施。

（二）有严重污染的生产基地

对居住环境有严重污染的项目，应独立设置在适当的地段。如水泥厂对大气污染严重，宜布置在村镇下风向，位置既不影响工厂生产，对周围村镇的污染尽可能减小。又如印染、造纸、化工等厂的废水排放，会严重污染水体，按照布局原理，应布置在水源下游。从村镇体系的范围来看，甲村的下游，就是乙村的上游，如果乙村的生活用水取自地表水时，就要研究生产基地对乙村的污染程度，影响范围，从而确定生产基地的合理位置，排放方式和排放标准。

（三）有特殊要求的生产地段

有些生产基地有本身的特殊要求，如大中型的养鸡场，养猪场，养羊场等，要求有高度的防疫条件，必须设立在阳光充足、通风良好，交通方便，又不污染村镇的独立地段。又如有爆炸，火灾危险的工厂也应离开村镇并有一定的防护间距。

（四）运输量较大的农业生产基地

这类生产基地，为避免交通流量引进村镇内部，造成交通混乱，干扰村民生活，可在远离村镇的田间设置作业站，进行农作物的脱粒，贮存。

生产基地的布置，在满足生产要求和布局原理的前提下，应具体分析用地的建设条件，包括用地本身的工程地质条件，道路、运输条件，供水排水条件以及电力供应条件等。在选择和安排生产基地中，应以现有条件为基础。如果用地本身的条件合适，其他如水、电、路的条件还一时难以具备的，可以通过经济技术比较，选择较（疏）佳的用地布置方案。

独立布置的各类生产基地，可以单独设置生活设施，也可考虑充分利用集镇或中心村的福利设施。因此，工厂位置应尽量考虑和附近村镇的联系方便，如果职工为周围村民，还要考虑职工上下班的问题。

现有的生产基地，在村镇总体规划中做为现状统一考虑。对那些适应生产和对环境影响少的，可以考虑扩建或增建；对那些严重影响环境而又靠近村镇的，应在总体规划中加以统一调整或采取技术措施给予解决。

二、村镇主要公共建筑的配置

村镇主要公共建筑的配置，是解决乡或镇范围内各个村庄和集镇的主要公共建筑的合理分布问题。一个乡(镇)范围内的村镇数量较多，而且规模大小，所处位置等都不同，不可能在每个村镇上都自成系统地配置和建设齐全、成套的公共建筑，特别是对一些大型的公共建筑，要有计划地配置和合理的分布，既要做到使用方便，适应村镇分布分散的特点，又要尽量达到充分利用，经营管理上的合理目的。

主要公共建筑的配置和分布应考虑以下因素：

（一）根据村镇的类型，规模大小和所处位置的不同，分别配置作用和规模不同的公共建筑。

集镇是乡（镇）范围的中心，不同于一般村庄。因此，在主要公共建筑的配置上，不仅要考虑为本集镇的居民（包括居住在镇上的农、林、牧、渔业人口、非农业人口和流动人口）服务，还要考虑为全乡（镇）范围内的居民服务，有的甚至要考虑为附近的乡(镇)的部分居民服务。一般配置的项目有：卫生院、普通中学、农业中学、农业科技试验站、供销社、邮电所、银行、旅社、饭馆、照相、理发、公共浴室、书店、阅览室、影剧院、文化活动站、集贸市场以及乡（镇）办公用房等。有条件的集镇，还可以考虑开辟小型运动场地，随着村镇经济的不断发展，可以根据当地实际生活的需要，逐步增加一些项目。建设一些现代化的工程设施，不断适应生产发展和人民生活提高的需要。

中心村的公共建筑配置，应结合具体情况，配置为本村或附近村庄服务的生活福利设施，一般设有分销店，合作医疗站，小学等。

不同层次，不同类型的村镇，公共建筑的配置可按表4-8进行。

村镇公共建筑项目配置　　表 4-8

类别	项目	中心集镇	一般集镇	中心村
行政经济管理	1.乡(镇)政府、派出所	○	○	
	2.区公所、法庭	△		
	3.建设、土地管理所	○	○	
	4.农林、水电管理所	○	○	
	5.工商、税务所	○	○	
	6.粮管所	○	○	
	7.居委会、村委会	○	○	○
教育	8.高中、职中	○	△	
	9.初中	○	○	△
	10.小学	○	○	○
	11.托幼	○	○	○
文体科教	12.文化馆、青少年之家	○	○	△
	13.影剧院	○	△	
	14.灯光球场	○	○	
	15.体育场(馆)	○	△	
	16.农研站	○	△	
医疗保健	17.中心卫生院	○		
	18.卫生院(所)		○	△
	19.防疫、保健站		△	
	20.敬老院	△		
商业服务	21.百货	○	○	△
	22.食品	○	○	△
	23.生产资料、建材、日杂	○	○	
	24.粮店	○	○	
	25.煤店	○	○	
	26.药店	○	○	
	27.书店	○	○	
	28.饭馆、饮食、小吃	○	○	△
	29.旅馆、招待所	○	○	
	30.理发浴室	○	○	△
	31.洗染	○	○	
	32.照相	○	○	
	33.综合修理缝纫加工	○	○	△
	34.邮局	○	○	
	35.银行、信用社	○	○	△
	36.骨灰堂、殡仪馆	○	○	△
集贸市场	37.粮油、土特产	○	○	
	38.蔬菜、副食	○	○	△
	39.百货	○	○	
	40.燃料、建材、生产资料			
	41.牲畜	○	○	

注：○表示应该设置项目，△表示可设置项目。

（二）公共建筑的配置要考虑经济效益

公共建筑的配置，是提高居民的物质文化生活水平必不可少的设施，因此，公共建筑的配置，一方面要为居民创造方便实用的生活条件，满足居民对物质和精神上的需要。一方面，要考虑公共建筑设置的经济问题，这就要求公共建筑的布局，规模要考虑建设的经济效益。从当前各地村镇规划与建设的实际情况看，在村镇公共建筑的配置和分布上，不要贪大求全，忽视使用效果和经济效益。如有的乡，几个大队的村庄相距不到一公里，而每个大队都各自建设一个规模较大的影剧院，结果是卖座率低，实际使用效果差，造成极大的浪费。大型公共建筑都应该从一定的区域内统一考虑，才能取得理想的经济效果。如医院不可能在每个乡（镇）、中心村都配一套较完善的医疗设备及设立住院部，这样既不经济也不利于医疗水平的提高，必须几个乡（镇）设一个医院，规模可大一些。一般医院则以门诊为主，规模可小一些。

为了提高公共建筑的经济效益，可以把一些规模较小的经常性使用的服务设施，运用一定的建筑技术有机地组合在一起，这样不仅可以节约资金，降低造价，而且方便顾客。这种形式较适合村镇的实际情况。

公共建筑过多，不仅浪费人力，物力、财力和土地，而且使用效率低，也不经济。但是，过少或不设也不行，不能满足人民日常生活的需要，更不能满足生活水平提高的要求。这些问题都应在村镇规划中，加以科学的，合理的解决。

（三）合理利用原有的公共建筑，逐步建设，不断完善

村镇建设绝大多数是在原有村庄或集镇上进行改建或扩建的。其公共福利建筑，在改建或扩建规划中，应合理地利用，不要轻易拆除。对于结构尚好而外表有些破旧的可以加强维修；对于使用价值不高的可以改变功能另作它用。在原有规模较大的村庄中，如确实需要新建的项目，也要根据不同项目和不同要求，在标准上要有所区别。学校建筑，应从保证和提高教学质量，保护青少年、儿童的身心健康出发，合理的加以规划设计、建设标准，也可以适当高于其它的项目。

公共建筑的建设要随着生产的发展和生活水平的提高，逐步进行改善，使公共福利建筑逐步完善。在主要公共建筑的建设顺序上，要根据当地的财力，物力等情况，对哪些项目需要先建，哪些可以缓建，作出统一安排，逐步建设，不断完善。

三、电力、电讯等工程设施规划

合理规划乡（镇）域或村镇电力电讯系统是村镇总体规划的重要内容之一，其规划要点是：

（1）要选择好电源。根据电力部门的规划，从较大范围内考虑电源的选择和布局，确定自建发电站还是从国家或区域电网中引进。

（2）要根据各个村镇或生产地段的用电负荷，合理安排配电室及配电线路。

（3）对高压走廊、电讯线路的走向及其他工程线路的相互距离等要符合各项专业工程的有关规定。

（4）各种线路的布置均应贯彻节约用地的原则，对原有设施要充分利用，逐步改造。

四、供水、排水工程规划

改善农村的饮水条件 排水状况，是建设现代化农村的重要任务，在村镇总体规划中

应予以考虑。供水规划中应重点选择好水源，根据当地情况确定是选用地面水还是地下水为水源，或者是二者兼而有之。根据村镇的人口规模和生产状况，估算各村镇的用水量和乡（镇）域总用水量。再根据村镇分布状况和地形等条件，确定是采用集中供水还是分散供水，并确定合理的配水系统及管网布置。排水规划应结合当地地形条件、污水性质、污水量及供水状况等来确定排水系统，一般村镇均采用分流制，雨水一般用明沟排除。在工业污水较多的乡（镇）要考虑兴建可行的污水处理设施。

思考题

1.村镇总体规划的内容是什么？

2.住宅建筑用地和公共建筑用地选择有何要求？

3.什么是耕作半径？影响村镇布点有哪些因素？

4.什么是村镇性质？分析拟定村镇性质有哪两种方法？

5.村镇过镇公路有哪几种处理方法？

第五章　村镇建设规划

第一节　村镇建设规划的任务、内容和编制

一、村镇建设规划的任务和内容

村镇建设规划是在村镇总体规划（村镇体系规划）的指导下，对一个村庄和集镇的近期建设和长远发展目标作出具体规划。村镇建设规划的任务是：根据村镇现状条件，有关各行业的发展计划和村镇本身发展的可能性，确定村镇近远期的建设范围和发展方向，合理利用村镇土地，协调村镇空间布局及各项建设综合部署和具体安排。包括确定村镇人口及住宅建筑用地，公共建筑用地、生产建筑用地、道路、公共活动中心用地等布局，同时还要进行供水、排水、电力电讯等各项公用设施进行用地竖向规划，安排绿化、防灾、能源、环境等工程项目；选定技术经济指标；确定各项建设用地的控制性指标和标高；提出建筑群体平面布置和空间组合及艺术处理方法，为各项建筑设计，工程设计和建设管理提供依据。

村镇建设规划的内容和深度应因地因事制宜，视各地具体情况以及村镇职能类型，规模等级而定。一般情况下，对于二万人以上的中心集镇可以按照城市规划的作法分两步进行，即先作镇区总体规划，后作局部地段的详细规划。而对于规模较小的中心集镇和一般集镇以及村庄则可将以上两步合二为一，内容也可采取远粗近细的办法适当简化，即远期目标和项目只作控制性规划，可粗一些，对于近期建设规划和项目，应一步完成达到能指导村镇建设的深度——即建设规划。

村镇建设规划的具体内容如下：

（1）进一步论证和确定村镇性质、规模和发展方向。

（2）确定规划结构和动态发展目标。

（3）贯彻有关规划标准，确定各项技术经济指标，进行村镇各项建设用地的合理布局和功能组织，进行建筑物的平面布局和环境空间设计。

（4）确定村镇内部道路系统规划（包括道路红线宽度、断面形式、控制点估算、标高）及各项工程管线设施规划布置，并进行村镇用地竖向设计。

（5）对旧村镇房屋、设施和环境质量予以评价，制定旧村镇改造利用规划和环境保护规划。

（6）安排近期建设用地并具体落实近2～3年内的建设项目。

（7）制定规划实施阶段和分期建设措施，估算近期建设投资。

二、村镇建设规划方法和步骤

村镇建设规划的编制方法是以村镇总体规划为依据进一步调查搜集基础资料，在综合分析各类资料的基础上，确定村镇各项不同功能的用地布局及道路系统和各项工程设施；然后在所确定的各项用地上进行详细布置，最后绘制村镇建设规划成果图并写出说明书。

其具体步骤如下：

（1）原始资料的调查和分析，包括规划区和周围地区的经济发展资料，现状条件，建设条件，自然环境条件资料的调查和分析。

（2）根据以上分析，确定村镇性质和发展方向，计算人口发展规模，拟定各类不同功能建设项目的布局和总体艺术构图的基本原则。

（3）在上述基础上提出不同的用地布局方案。并对每个布局方案的各个系统分别进行分析，研究和比较。其内容为：村镇形态和发展方向，道路交通系统，工副业生产用地，居住用地的选择，商业、行政、文教卫生用地选择，园林绿化系统的布置等，逐项进行分析比较。

（4）在各方案进行经济技术分析和比较的基础上，提出相对经济合理的用地布局方案。

（5）在用地布局方案基础上进行各类建筑物的造型和空间布置景观设计。

（6）制定各项工程管线布局和用地竖向规划。

（7）估算近远期建设投资和工程量。

（8）编写村镇建设规划的说明书。

三、村镇建设规划图纸和文件的组成

（1）村镇区域位置图。图上主要表示村镇在区域中的位置与周围地区的联系。

（2）村镇现状分析图。在地形、地貌、地物的地形测量图上表示村镇现状各项用地情况和各种现状的建筑物、构筑物、工程设施状况等。

（3）村镇建设规划图。表示村镇建设规划的各项用地位置及各类建筑物的详细布置，并明确分期建设项目。

（4）村镇道路系统规划图。标明各级道路的走向，纵横断面设计；停车场、加油站及各类活动中心的位置；主要道路交叉口，转弯点，桥涵等控制点的标高和坐标；重要交叉口，弯道应注明转弯半径和控制用地范围。

（5）供排水规划图。绘出供排水系统的布置方式和平面走向；标明供排水系统设施的位置；坡度及管段的长度，管径大小及接点或转点的标高和坐标；标明水源位置，水厂的防护范围；标明污水处理设施，排水泵站等的位置及用地范围。

（6）电力电讯规划图。明确电源位置，电力线来源方向；标明变电站位置，规模，等线以及高压线走向；标明各类通讯设施的位置及各种通讯线路的走向。

以上（4）、（5）、（6）可以画在一张图上，称公用工程规划图。村庄或集镇的建设规划内容可以分别画在两张图上，一是建筑规划图，一是公用工程规划图。

（7）说明书，村镇建设规划说明书，要简明扼要，突出重点。说明村镇自然情况和现状情况及存在的问题，规划的指导思想，村镇性质，规模和规划年限；用地功能布局；列出土地利用平衡表和主要技术经济指标；估算近远期建设投资和工程量；提出规划实施的步骤和措施。

以上各图的比例、除区域位置图可采用五千分之一或二万五千分之一外，其它图纸比例一般均采用千分之一或二千分之一。

四、待建区段的详细规划图纸内容及比例

在村镇建设规划中，根据建设计划，投资情况，要作出某个区段（待建区段）的详细规划，如一条街规划，镇公共中心规划，集中改造局部，或建设小区。一般有以下图纸：

（1）待建区规划的现状图。分别标注建筑物（决定保留，还是拆迁，质量情况），道路、供水、排水管线，供电、通讯等现状情况。比例五百分之一或一千分之一。

（2）待建区段规划平面图。注明各类建筑的用地范围，保留建筑与规划建筑，道路及工程管线位置和走向，园林绿化系统的位置，比例五百分之一或一千分之一。

（3）主要建筑群的平面规划图，透视图或鸟瞰图、道路沿街立面图和平面布置图。比例五百分之一或一千分之一。

第二节　村镇用地分类及用地标准

一、村镇用地的分类

村镇用地是指村镇建设规划区内的所有土地。建设规划区包括村镇建设的现状用地，发展用地和规划应控制的区域。村镇用地按土地使用的主要性质进行分类，划分为七大类，二十三小类。如表5-1。

村镇用地的分类和代码　　表5-1

数字代码	字母代码		类别名称	说明
	大类	小类		
010	A		住宅建筑用地	指各类住宅建筑及其间距用地，不包括宽3.5米以上能通行消防车的道路
011		A1	村民住宅用途	指村民户宅基地及其间距、进户小路用地。不包括自留地及其它生产性用地
012		A2	居民住宅用地	指居民户的住宅及其间距用地
013		A3	其他居住用地	指不属于A1、A2的居住用地，如单身宿舍、敬老院等
020	B		公共建筑用地	指各类公共建筑物及其附属设施、内部道路、场地，绿化等用地
021		B1	行政经济用地	指行政、团体、经济贸易管理机构及邮电、银行等
022		B2	教育机构用地	指幼儿园、托儿所、小学、中学及各类高、中等专业学校、成人学校等用地
023		B3	文体科技用地	指文化图书、科技、展览、娱乐、体育、文物、宗教等用地
024		B4	医疗保健用地	指医疗、防疫、保健、休疗养等用地
025		B5	商业服务用地	指各类商业服务业的各种店铺及其附属设施用地
026		B6	集贸设施用地	指集市贸易的专用建筑和场地，不包括临时占用街道、广场等摆摊用地
030	C		生产建筑用地	指独立设置的各种所有制的生产性建筑及设施用地
031		C1	工副业生产用地	指各种所有制的独立设置的工副业生产性建筑、设施、场地等用地
032		C2	农业生产设施用地	指集体和专业户的各类农业建筑，如打谷场、饲养场、农机站、育秧房、兽医站等及其附属用地；不包括农田、果园、鱼池
033		C3	仓库与堆场用地	指物资的中转仓库，专业收购和仓储建筑及其附属场地

续表

数字代码	字母代码		类别名称	说明
	大类	小类		
040	D		道路交通用地	
041		D1	道路用地	指村镇建设规划区内的干路、支路、宽3.5米以上的通行消防车的巷路和广场，停车场用地
042		D2	对外交通用地	指公路、铁路的站场、水运码头，及建设规划区内的过境路段、附属设施等
050	E		公用工程设施用地	
051		E1	公用工程用地	指供水、排水、供电、供气、供热、殡葬、防灾（消防、防洪、防震、防空等）、能源等工程设施用地
052		E2	环卫设施用地	指公厕、垃圾站、垃圾处理设施等用地
060	F		绿化用地	
061		F1	公共绿化	指为公众开放，有一定游憩设施的绿地，如公园等
062		F2	街巷绿地	指街巷中的绿地、道路人行道一侧宽5米以上的绿带
063		F3	防护绿地	指用于安全、卫生、防风等防护林带及绿地
070	G		其它用地	
071		G1	水域	指江河、湖泊、水库、沟渠、滩涂等水域，不包括公园绿地中的水面
072		G2	农业种植地	指以生产为目的的农业种植地，如农田、果园、苗圃等
073		G3	闲置地	指由于各种原因尚未使用的土地
074		G4	特殊用地	指军事、外事、保安等用地

表中字母代码用于规划图纸和文件的编制，数字代码用于村镇用地的统计工作。

二、村镇用地标准

村镇建设用地的规划标准，包括：人均建设用地、建设用地构成比例、人均单项建设用地等。

（一）人均建设用地

人均建设用地是指建设用地除以常住人口的平均值，其定额标准，分为6个档次，各档次划分如表5-2。

人均建设用地标准的档次划分　　表5-2

档次	一	二	三	四	五	六
人均建设用地标准（m^2/人）	45.1～60	60.1～80	80.1～100	100.1～120	120.1～150	150.1～180

现有的村镇，在编制规划时，应以现状建设用地的人均水平为基础，结合当地人均耕地状况，按表5-3选定具体的规划建设用地标准。其中第一档仅适用于用地紧张的地区；选址新建的集镇的人均建设用地标准，可在第二、三档内选定；人均耕地在2亩以下的地

区，不得选用第五、六档用地标准；人均耕地在3亩以下的地区，不得选用第六档用地标准。

人均建设用地标准选用表 **表 5-3**

现状人均建设用地（m²/人）	可采用的规划人均建设用地标准（m²/人）		
	档次	标准	允许调整幅度
≤45	一	45.1～60	0～15
45.1～60	一 二	45.1～60 60.1～80	0～10
60.1～80	二 三	60.1～80 80.1～100	-10～10
80.1～100	二 三 四	60.1～80 80.1～100 100.1～120	-15～5
100.1～120	三 四	80.1～100 100.1～120	-20～5
120.1～150	四 五	100.1～120 120.1～150	-25～0
150.1～180	五 六	120.1～150 150.1～180	-30～0
>180	六	150.1～180	≤-10

（二）建设用地构成

编制村镇建设规划时，应调整各项建设用地的构成比例，使之符合表5-4中的规定。

对于中心集镇，公共建筑用地所占比例宜取规定上限；对于乡镇工业型集镇，通勤人口超过常住人口50％时，生产建筑及设施用地允许超过规定的上限；设有铁路车站的集镇及现状绿化较多的集镇、绿化用地所占比例可高于本规定。

建设用地的构成比例 **表 5-4**

字母代码	项目	建设用地构成（%）		
		中心集镇	一般集镇	中心村
A	住宅建筑用地	30～50	35～50	55～70
B	公共建筑用地	12～20	10～18	7～12
C	生产建筑用地	13～30	11～25	6～15
D	道路交通用地	12～20	11～19	9～16
E	公用工程设施用地	1～4	1～4	1～2
F	绿化用地	2～6	2～6	2～5

（三）人均单项建设用地

各地应结合自己的具体情况，包括自然地理条件、土地利用情况、村镇建设现状、生产生活习俗，社会发展需求等方面的多项因素，细致进行区划，制定出地区性人均单项建设用地标准。

第三节　村镇建设用地布局及用地布局的方案比较

一、用地布局的基本要求

村镇建设用地布局是村镇建设规划的重要内容之一，在村镇规划工作中对现状、自然和技术经济条件的分析，村镇各种生产、生活活动规律的研究，各项用地的组织安排，以及村镇建筑艺术的探求等，所有这些成果，最后都体现到村镇建设用地的合理布局中。

（一）村镇用地布局应体现出科学性与合理性

村镇规划是一项充满了错综复杂矛盾的工作，要处理好许多关系，如近期与远期、需要与可能等。因此用地布局方案一定要具备科学性和合理性。按建设标准来说，一方面我国广大农村居民点的现状与城市相比或与国外发达国家相比，确实有一定的差距。而且中国是农业大国，底子薄、基础差，国家不可能拿出许多钱帮助建设。

但是另一方面我们应该看到，随着经济体制改革的不断深入，农民物质生活水平不断的提高，在江南、沿海发达地区的不少农民生活水平已经远远超过了城市一般生活水平。在确定村镇建设的标准问题上，既要反对盲目套用城市规划的标准和建设手法，避免给农民造成损失和浪费，也不能目光短浅，把标准定得很保守，结果一旦经济发展了，则一些新建不久的公用设施就会因标准过低而显的不适合，造成浪费。在具体布局中应多调查研究，进行分析论证，最终提出的方案应该既是立足于目前的实际情况，又具备一定弹性的适合远期发展的要求。

（二）村镇用地布局应体现村镇的性质特征

村镇的性质和规模是用地布局的主要设计依据，在村镇总体规划的工作内容和用地布局中应体现出村镇的性质和规模的特征，尤其是性质特征。

如河北省秦皇岛市山海关区马头乡，居民点主要分布在山海关区郊区。随着改革开放搞活经济，城市化水平发展很快，非农业劳动力已达70%以上，其中大街村自已就有投资2700万元的轧钢厂，产品被评为部优的啤酒厂，还有一些其它企业，1991年又要建两个投资2000万元的企业。虽然其经济如此发达，但由于其村镇性质是以古城保护为主，其范围内有许多处海内外闻名的文物古迹，因此在村镇规划的用地布局中，本着古城保护为主的原则，将工业用地选择在距离建成区较远的地段。

（三）村镇用地布局应体现出地方特点和延续性。

村镇居民点，尤其是集镇，大多是所在地区的政治、经济、文化、交通中心，与其周围地区有着千丝万缕的联系，具有明显的地方性。一个居民点的产生和发展自有其内在的规律性，今后仍然要沿着自身的发展的规律不断地延续下去，村镇用地布局必须继承并适应这种延续的规律并取得协调。同时在布局规划中要注意体现出地方特点。地区经济的发展速度是决定村镇发展延续步伐快慢的主要因素，村镇用地布局既不能超越当前经济水平、冒进和急于求成，否则将导致浪费；也不能落后于经济发展，那将造成村镇建设的缺口，村镇用地布局要求经济发展同步前进。

（四）村镇用地布局应体现出对现状问题的实际解决。

用地布局是村镇规划设计的一项关键工作，也可以说是最重要的一项工作之一，在调查研究阶段所发现的许多与布局有关的问题，应该在用地布局中得到处理。否则就失去了提出这些问题的实际意义。

如村镇建设发展中常遇到的过境道路穿越问题，公共建筑设施的配套建设问题等，均应该通过方案论证，采取划分道路性质进行交通分流，为配套的公共建筑预留发展用地等具体措施，给予实际解决、并应在规划图和说明书中得以体现。

二、村镇建设规划的用地组织结构

村镇规划工作内容很多、用地布局应综合考虑各方面的因素，并落实在用地上。规划用地组织结构是用地布局的核心。它指明了用地的发展方面，范围，规定了用地的功能组织与用地的布局形态。因此，它对于村镇建设与发展将发生深远的影响。

按照村镇的特点，村镇用地组织结构的基本原则应具备如下要求。

（一）紧凑性

村镇的规模有限，用地范围不大；一般以步行交通为主。对村镇来说，根本不存在城市集中发展的弊病。相反，村镇建设集中发展对完善公共服务设施、降低工程造价是有利的。因此，只要地形条件允许，村镇应该尽量以旧村镇为基础，由里向外集中紧凑地连成一串发展。

（二）完整性

村镇虽小，但犹如麻雀五脏俱全，必须保持用地规划组织结构的完整性，更为重要的是要保持不同发展阶段组织结构的完整性，以适应发展的延续性。正如任何生物的成长一样，只要正常健康的发育成长，不论何时，其机体结构都是完整的。村镇也是一个有机体，它每日每时都在发展。因此，合理的布局不只是指达到某一规划期限时是合理的，完整的，而应该在发展的过程中都是合理的，完整的。只有做到这样才能确保规划期限目标的合理与完整，也就是说，只有保持阶段组织结构的相对完整性，才能达到最终期限的完整性。

（三）弹性

由于目前村镇规划所具备的条件尚不充分，而形势又迫使我们不得不立即进行这项工作。同时规划期限的规定本身就是主观决定的，在这一期限内，可变因素，未预料因素均在所难免，因此，必须在规划用地组织结构上赋予一定的“弹性”。所谓“弹性”，可以从两方面加以考虑：其一，是给予组织结构以开敞性，即用地组织形式不要封死，在布局上留有出路；其二，是在用地面积上留有余地，能屈能伸。

紧凑性、完整性、弹性是在考虑规划组织结构时必须同时达到的要求。它们三者之间并不矛盾，而且是互为补充的。通过它们共同作用，因地制宜地形成在空间上、时间上都协调平衡的村镇规划组织结构形式。这样的结构形式即是统一的，又是有个性的。因此，它将能够担负起村镇发展与建设的战略指导作用。

三、村镇建设规划的用地布局的原则

村镇的活动有生产，生活、交通等几个方面，这些活动有的有联系、有的相互依赖，有的则有干扰和矛盾。因此，必须按照各类用地的功能要求及相互之间的关系加以组织，使之成为一个协调的有机整体。

当前村镇建设中，由于历史的、主观的、客观的多种原因，造成用地布局的混乱现象比较普遍，其根本问题是没有按用地的功能进行合理的组织，因此，在村镇规划用地布局时，必须明确用地功能组织的指导思想。

（一）提高效益

不少村镇用地存在着圈大院，搞大马路，低层低密度，浪费了大量的建设用地，同时也降低了用地的经济效益。因此，在村镇建设规划用地布局时，必须防止这种倾向，应该以满足合理的功能组织为前提，进行科学的用地布局。

（二）有利生产

用地功能组织要为组织生产协作，使货源、能源得到合理的利用，节约能耗，降低成本，为上下水，通讯，交通运输等基础设施建设创造条件。尤其对村镇来说，它是地区的物资交流中心，保证物资的交换通畅也是发展生产，繁荣经济不可缺少的环节，因此，在用地功能组织时也要给予考虑。

（三）方便生活

生产与生活是互相依存的，安排好生产是为了提高生活，安排好生活更有利于生产。在村镇用地组织中，这两项内容也是同时进行的。它的内容不仅仅是合理组织居民的居住与公共生活，而且要协调生活与生产的关系，为居民创造安宁，清洁，优美的生活环境。

总之，这几方面都是互相联系互相影响的，只有全面安排，统一协调，才有可能取得村镇的最高经济效益。

四、村镇总体布局形态

村镇用地布局形态是在政治、经济、自然、技术等各方面因素影响下，通过一段历史时期逐步形成的，而且还将不断的发展变化，因此，对村镇布局形态的分析将有助于村镇建设规划的战略性构思。

我国村镇用地布局形态一般有下列几种类型。

（一）集中式（同心圆式）

这种形式较常见，是在没有外部约束条件下，由一点核心随着经济发展、逐渐向外发展的结果。由于核心有较强的村镇功能、产生对周围的向心引力，促使它的发展尽量靠向核心。因此，这种形态的特点是：用地集中紧凑、交通由核心向外、均匀、便捷、单一中心，生产与生活关系紧密。在村镇的规模范围之内，这是一种既经济又高效的布局形态。要注意的是，防止有污染的项目在内部穿插，过境交通的穿越，以及在生产发展过程中生产与生活的层层包围。如能在建设规划中，按用地功能合理地进行组织，并控制在一定人口规模与用地范围之内，是村镇布局较好的形式，如图5-1所示。

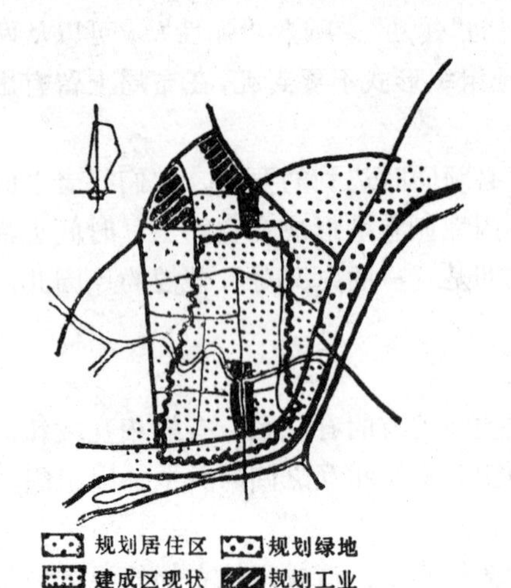

图 5-1　集中式村镇布局示意

（二）带形

这种村镇形态往往是受到自然地形限制而造成的，或者也有由于交通条件（如沿河、沿公路）的吸引而形成。这种形式的村镇用地形状纵向长度可达2～3km而横向只在几百米左右。它带来的突出矛盾是纵向交通的组织以及用地功能的组织。因此，在这种形态的村镇规划用地布局中，要加强纵向道路布置，至少要有二条贯穿村镇的纵向道路，并把过境交通引向外围通过，在用地的发展方向上，应尽量防止再向纵向延伸，最好在横向方向作适当发展；用地组织方面，尽量按照生产与生活相结合的原则，将纵向狭长用地分为若干段（片），建立一定规模的综合区，配置区生活中心，如图5-2所示。

（三）组团式

这种形式的形成往往由于地形限制，但也有因为用地选择的原因或者用地功能组织的原因。村镇由二、三片用地相对集中，相距不远，联系方便。每片生产与生活配套相对独立。虽不如集中式紧凑和经济效能好，但在发展上有较大的余地，解决了集中式布局发展与农用的矛盾。在用地功能组织上也能按照各片主要工业性质，形成不同功能特点的布局，只要保持相当规模，能达到生活配套，还是可取的。

（四）分散式

这种村镇布局形态实际上是受自然条件的影响而形成的分散布局，既不利生产，也不便于生活，造成整个村镇建设的浪费。因此，不宜作为村镇布局的一种合理的形态，具有这种形态的村镇布局，应在今后规划与建设中尽可能相对集中，逐步过渡为组团式的布局，如图5-3所示。

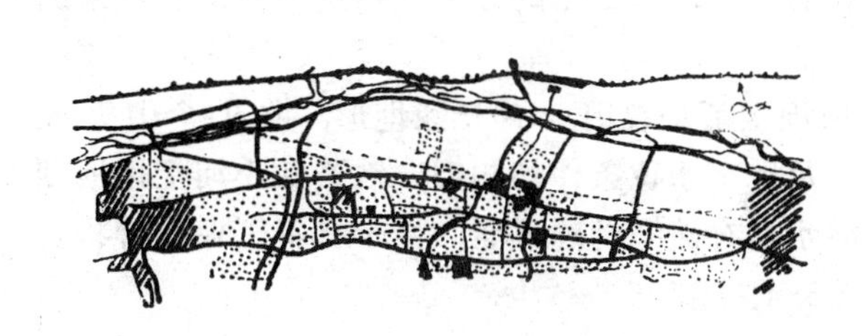

图 5-2 某集镇布局示意

图 5-3 分散式村镇布局

五、村镇用地布局方案比较

为解决某个问题，往往有几种可供选择的办法。制定一个总体规划，也不应满足于一个方案，而应尽量多做几个方案来进行比较，从中找出最合理的规划方案来。

（一）多方案比较的作用

集思广益，从各种不同角度、不同出发点提出意见，更全面深入地研究分析问题，为以后的规划修订工作提供各种参考资料。

（二）多方案比较的指导思想

敞开思想，从各种可能性入手；人人动手，甚至一个人做几个方案，在讨论、比较方案时，要看到否定方案的作用。它不仅有助于我们选出主要方案、而且所谓“一得之见”，可能包含对某一问题的独到见解，正好弥补主要方案的不足。

（三）做方案的出发点

不同方案的侧重点不同，提出的解决办法自然也相异，一般而言，规划方案的出发点大致有以下三种：

（1）从现状条件的可行性出发。如近期投资数量的可能：地形条件的可能性，拟建设地区动迁，征地的可能性等。

（2）从规划布局的合理性出发。如从道路系统的完整性出发；从居民就近工作、形成生产生活综合区出发；从消除三废污染出发；从近远期规划结构的完整出发等。

（3）既考虑现实条件的可行性，又考虑规划结构的合理性。这往往是较理想的方案，但也较难得到。

在进行方案比较时，如果能明确断定各方案的优缺点，当然很容易就能区分优劣，尽量选用较为理想的方案。但在实际工作中，优缺点往往互相关联，因而较难作出明确结论。尽管如此，只要过细分列出各方案的优缺点，还是可以比较出较为优秀的方案。另一方面，如果确实没有最佳方案，则可以在吸取各方案特点的基础上另做综合方案。

为了做过细的分析，经常采用"列表法"作为方案比较。在有可能时，最好把各比较项目尽量数量化、例如用地投资、修路以至每天多少人、花多少时间往返路途等，分别计算清楚，就更有说服力。另外，用"损益分析方法"可以把比较项目量化，更易决定方案的取舍。

村镇总体规划的最佳方案和某一个单项工程的最佳方案不同，整体规划的最佳方案往往从某一个单项工程来看并非最佳，但是考虑到各项工程的综合因素，这个方案却最能兼顾全面，所以作为最佳，这也就是规划工作"综合性"的表现。它要求规划人员对各项专业知识均有所了解，同时又能超越单项专业的范围，从整体的合理发展这一全局观点来综合平衡。

【例1】 某集镇现有人口30000人，旧城周围都是农田，为丘陵地形，除几个山头坡度过陡外，一般都可作建设用地，工程地质及地下水位条件均相似，铁路和小河把用地划分为四块，旧城西南到小河的北岸用地在洪水期有被淹没的可能，由于有新工业安排将发展为中心集镇，作了两个方案，比较，如图5-4、表5-5。

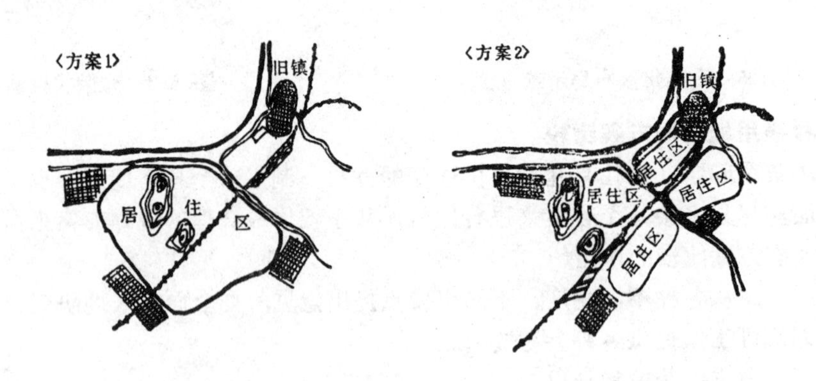

图 5-4 用地布局方案比较

第一方案脱离旧城，在西南边选择用地，根据是：新市区布置紧凑集中，不占用可能被洪水淹没的用地；第二方案则紧靠旧城按自然和现状条件分片布置、近期各片分别发展，不强调联成一片，以充分利用现状，结合地形，节省填挖土方，造价较经济。

比较结果：第二方案能充分利用现状，虽修防洪土方量较多1.5万方，但编组站位于较高地势，可节省2.1万方，为采用方案。

用地布局方案比较表 **表5-5**

序号	比较项目	第一方案	第二方案
1	利用旧城	离旧城3km，不便充分利用	紧靠旧城，可充分利用
2	防洪措施	修建4km防洪堤，其中2.5km为防止农田被淹，标准可略低些	4km防洪堤较第一方案多费土方1.5万方
3	铁路编组站布置	地势较低，须大量填方	地势较高，只需平整可节约土方1.5万方
4	用地布置形式	集中紧凑，形成一片，但地形起伏比第二方案大，土方较大	分片布置，比第一方案分散，但道路系统结合地形土方量小

【例2】 某集镇现有人口5000人，周围用地为产量相近的农田，地势略有起伏，离河岸愈远起伏愈大，地质条件良好，需建新工业（废气有污染性），将发展为中、小城镇。

规划中作了两个方案进行比较：第一方案将工业区布置在沿河一带，地势平坦，工程量小，工厂建设进度可以加快；第二方案将工业区布置在东部，能够把更多接近水面的用地作生活居住用地，如图5-5，表5-6所示。

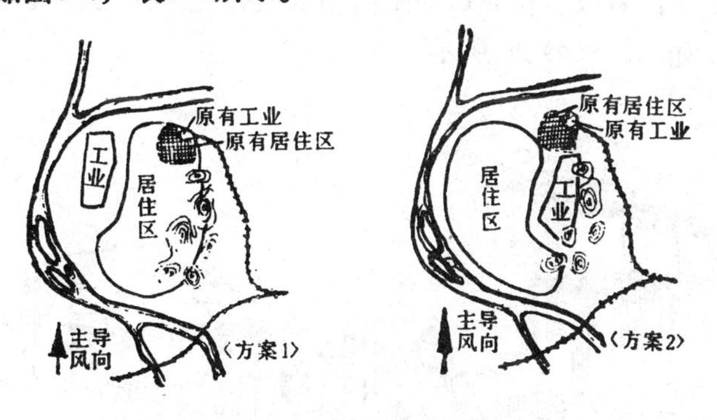

图5-5 用地布局方案比较

用地布局方案比较表 **表5-6**

序号	比较项目	第一方案	第二方案
1	工业区用地布置	地势平坦，符合建厂要求	地势起伏不大，须大量挖方，填方深度大的地方达数米，基础须作专门处理
2	生活居住用地布置	接近水面的少	大片生活居位区用地接近水面，居民生活与休息有良好条件
3	工业区对居民影响	工业区位于居住区下风	工业区位于上风有严重污染
4	铁路专用线	比第二方案长1.5km	比第一方案短1.5km

比较结果：第二方案对生产不利，地起伏不平，须挖大量土方、填方、深度大的地方达数米，基础须作专门处理。既不经济，又要推迟基建进度，对现状居住区又有严重污染；第一方案既满足了基建任务的要求，能加快建设进度，又较经济，生活要求也能满足，较好地贯彻了为生产为劳动人民服务的方针，因此采用了第一方案。

第四节　村镇住宅用地规划布置

一、村镇住宅

村镇住宅是广大农村集镇居民进行生活居住活动的最主要的建筑。良好、舒适的居住条件和优美安逸的居住环境是人们长期向往，并为之所努力追求的生活目标。随着社会经济水平的发展，人们对居住条件和居住环境的要求也会越来越高。在规划设计过程中，我们要充分考虑到村镇居民物质生活的变化和精神文化生活水平的提高，用超前的思想意识和先进合理的规划设计成果，改善村镇居民的生活居住条件，美化生活环境，创造出丰富、新颖、舒适、富有特色的生活居住空间，并以此来引导村镇居民逐渐向现代化生活方式迈进。

（一）村镇住宅的特点

长期以来，在我国辽阔的土地上，各族广大村镇居民在生产和生活实践中，创造了多种多样、丰富的住宅形式，在这些住宅中，凝聚着各地区、各民族居民传统的民族风俗，丰富的实践经验和特定的文化经济特征。其中：有北方的较封闭的独院式农宅；也有江南独具特色的水乡民居；有以石材建造的皖南山区农村住宅，也有具有热带特色的竹木结构的云南傣族民居，如图5-6(*a*)(*b*)所示。

(*a*)　　(*b*)

图 5-6　民居实例

(*a*)平江水乡民居；(*b*)瑞丽傣族民居

在使用功能和建造方法上，各地村镇住宅普遍具有以下特点：

（1）由于传统的小农经济和生产生活方式的影响，村镇住宅即是生活起居的地方，又是村镇居民从事家庭养殖和家庭副业生产的场所、即兼有生产和生活的二种功能。而且独门、独户、每户都有小院落。这是村镇住宅区别于城市住宅的最主要特点。

（2）由于各地住宅受自然条件、民族风俗、传统习惯的影响很深，有很明显的地方民族特色。

（3）受经济技术水平限制，各地住宅的选材大都因地制宜，就地取材。建造比较简陋，并形成了各自不同的建造方式和构造特点。造价也都比较低廉。

（二）村镇住宅的主要组成部分

1.堂屋

堂屋是村镇居民整个家庭起居活动的中心。是家庭文化娱乐，社交礼仪，宗亲会聚的主要场所，也是从事家庭副业加工生产的场所。因此，堂屋要求宽敞、明亮，通风良好，位置适中，与门户和其它房间要有方便的联系。

南方住宅由于气候原因，有将堂屋直接开向前廊或敞厅的。而北方村镇也有不设堂屋，而以主要卧室兼堂屋功能的。如图5-7(*a*)(*b*)所示。

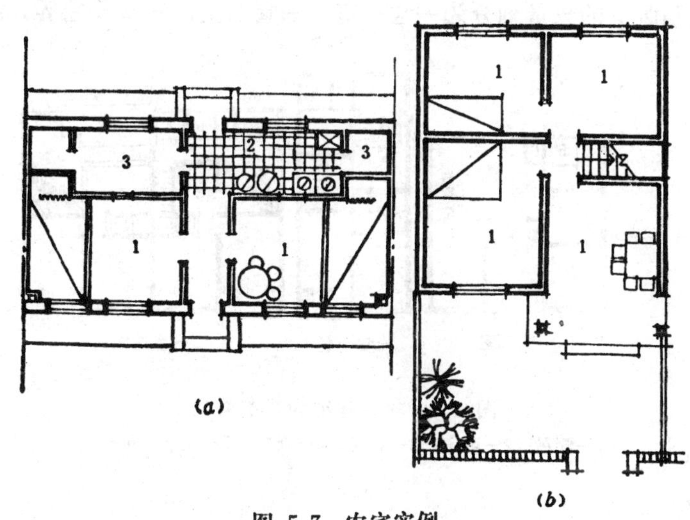

图 5-7 农宅实例

(*a*)辽宁农宅；(*b*)昆明地区农宅

1—居室，2—厨房，3—仓库

2.卧室

卧室是休息和睡眠的主要房间，也是家庭成员私密生活的场所，要求要静，不穿套。

北方村镇住宅的卧室都设有火炕和火墙。人们冬季大部分在室内活动，要求卧室有良好的朝向（朝南为主）。

南方气候炎热，潮湿，要求卧室应有良好的通风条件。

3.厨房

厨房是村镇居民家庭劳动的主要场所。它不仅要满足饮食服务的需要，还要加工家畜家禽的饲料；有时还要堆放薪柴燃烧和贮存杂物，因此，村镇厨房的面积要求较大，应不小于10m^2，要求具有良好的排烟通风条件，并且与院落有方便的联系。

4.其他房间

仓房：也有称下屋的。对于自给自足型的农村生活，仓房是必不可少的。它用于贮存大量的粮食、饲料、农具等。仓房的设置应满足通风，防潮要求，并要注意防尘、防鼠。

厕所：由于村镇一般没有供排水管网设施，大部分都采用户外独用旱厕。为减少污染，一般都设在院墙边或后院角落处，并与猪圈联在一起，以便集中肥源。

5.院落

院落是村镇居民生活起居和生产活动必不可少的场所，也是以土地为劳动对象的农民在生活起居中必不可少的室外活动空间。家庭生活劳动的内容，如种植自留菜地，家庭副业生产、养殖畜禽，晾晒粮食，堆放薪柴杂物等，都需要在院落内进行。因此，院落对于村镇居民的生活来说，是非常必要的。

（三）村镇住宅的基本类型和平面布置

1.基本类型

村镇住宅最基本的形式是横向长方形。有不同的开间，中间为堂屋，卧室和其它房间围绕堂屋布置。在我国北方，为了保温要求，村镇住宅的形式一般都是较规整的矩形。在南方，由于气候及通风要求，常有曲尺形或形成前廊的。

一般按堂屋与卧室的数量划分为一堂一室，一堂二室，一堂三室等。如图5-8所示。

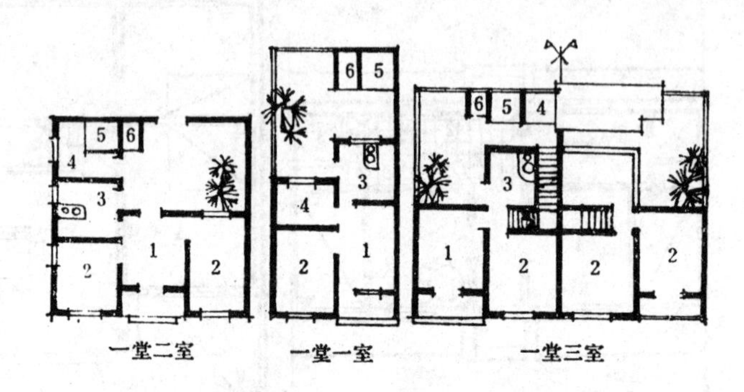

图 5-8 村镇住宅的基本类型

1—堂屋；2—卧室；3—厨房；4—杂物；5—畜舍；6—厕所

2.平面布置

我国地域辽阔，自然气候条件和地理环境差异悬殊，民族风俗，文化历史背景和各地传统习惯各不相同，形成了各地村镇村宅，在平面布置上，都有一些普遍的，最基本的要求，要根据当地的自然条件，经济状况和生活习惯等因素，来决定最基本的建筑空间和平面布置形式。

（1）建筑层数。我国村镇住宅大多数是平房。与楼房相对比，平房具有结构简单，施工方便，建造经济，各房间容易联系等优点，历来为广大村镇居民所接受和使用，也比较适用当前村镇的经济技术水平和居民的生活水平。在今后的小面积户型中，是一种仍然适于采用的形式。平房形式的主要缺点是占地面积较大。

楼房式住宅具有平面紧凑，功能分区明确，各房间相互干扰小，并均可获得良好的日照通风条件等优点。在今后，村镇居民的生活水平有所提高，居住面积有所增加的情况下，楼房住宅将成为村镇住宅的主要发展方向。目前，在一些经济发展较快的农村集镇，楼房住宅的建设有很大的发展。如福建、广东等地区的农民，新建了许多楼房式小住宅。在南方一些人多地少的地区，也早有建造楼房住宅的传统。尤其是今后，随着人口逐渐增多，土地越来越宝贵，能节省占地面积的楼房住宅建设更是值得重视的一个原则性问题。

（2）功能上的合理布置

1）堂屋的布置。堂屋即是村镇住宅生活起居的中心，又是住宅户内交通的枢纽。堂屋应与其它房间有方便的联系，但不能成为户内交通的过道、注意开门的位置，不要穿破堂屋，最好应在户内组织一个缓冲的交通枢纽空间，能直接联系堂屋、厨房、楼梯、卧室和其它房间，使其成为户内各房间联系的中心。尽量不要把太多的房门都开向堂屋，如图5-9、5-10所示。

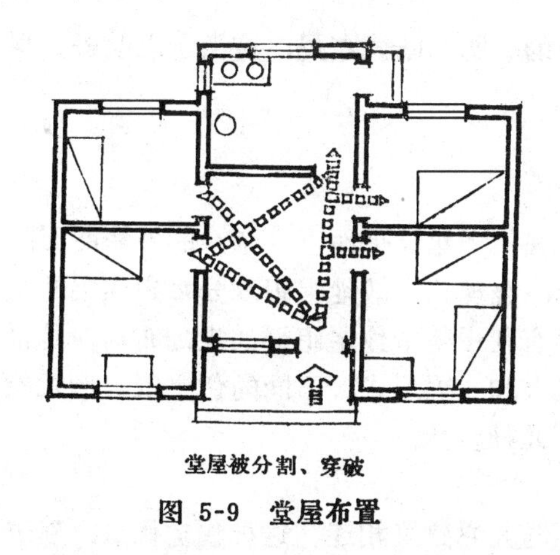

图 5-9 堂屋布置

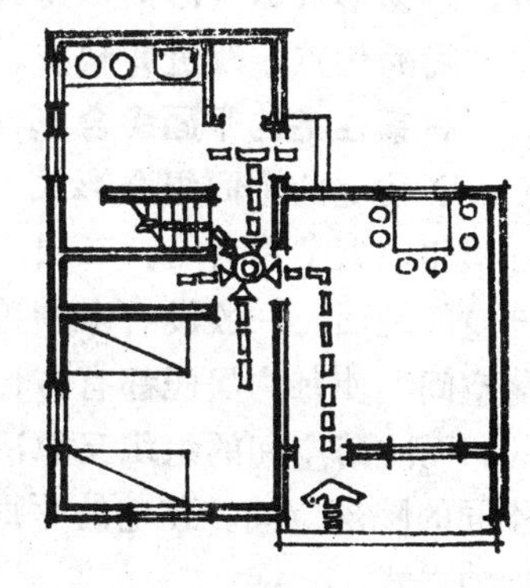

图 5-10 堂屋布置

随着生活水平的提高，堂屋所具备的家庭生产的功能将逐渐减少，而逐渐形成单一的起居、会客空间。应该注意堂屋前门及窗前院落所形成的外部空间环境，它是室内空间的延伸和过渡部分，对堂屋的空间环境质量起很重要的作用。南方住宅尤其如此。如图5-11所示。

图 5-11 外部空间环境

2）卧室的布置。村镇住宅中的卧室一般都围绕堂屋或与堂屋有直接联系的户内小方厅布置。卧室一般不允许穿套。在今后生活水平有所提高。配备卫生设备的情况下，卧室与卫生间应有方便的联系。

3）厨房的布置。即要与饭厅和堂屋有方便的联系，又要避免烟气对其它房间的影响和干扰。厨房在村镇住宅中的位置大致可分为三种情况。

a.独立式　这种形式大多数在南方采用。对住宅其它房间的污染影响最小、卫生条件好。但风雨天使用不便。

b.毗连式　一般在住房的山墙旁修建，可用前廊作联系，这种形式即能避免厨房对其它房间的干扰，相互联系也比较方便；利用山墙，修建也比较容易，是一种较好的布置形式。

c.在室内设置　布置在室内，与堂屋或卧室有直接、方便的联系，并能够利用“一把火”做饭，取暖、节约燃料。在东北、华北地区，基本上都采用这种布置方式。但如果组

织不好，容易形成烟气污染。尤其是东北地区传统的一明两暗式布局，应当予以改进，保留传统布局的优点，改进其缺点。

二、村镇住宅的平面组合形式和院落布置

（一）住宅的平面组合形式

村镇住宅大多数有一、二层，进深都比较小，在住宅建筑平面上，每户的外墙所面临的外部空间地面，一般没有多户重叠的情况，因此，合理、有效地组织划分每户住宅的室外院落空间，使每户居民都有方便的生活条件，又有利用整个住宅组群的规划布局，是很重要的。而院落空间的组织又取决于住宅的平面组合和布置形式，不同的住宅组合形式能形成不同的院落空间。住宅的平面组合形式有以下几种。

1.独立式

即每户住宅自成一栋，座落在自家院落中，不与其它建筑相连。这种住宅优点：建筑平面布局灵活；可获得很好的通风采光条件；干扰小；院落内布置灵活、方便；住宅的前后左右都能进行灵活、机动的布置安排。但这种建筑的外墙面多，在北方对保温节能不利；每栋分散布置，对于市政管网的建设将增加投资。更重要的是，占地面积大，浪费土地，从综合效益来考虑，一般情况，不宜采用，如图5-12所示。

2.双联式

在独立式住宅的基础上，将二户住宅连在一起，共用一面山墙，并以山墙为界划分二个院落。这种布置方式具有独立式住宅的优点。是目前采用较多的一种布置形式。但在墙体保温和用地方面，虽然独立式住宅稍有改进，却仍然占地过多，如图5-13所示。

3.联排式

多户住宅以山墙横向连接（最少四户以上）即为联排式。每户住宅前、后二面开敞。每户都有与自己住宅面宽相同宽度的院落，住宅的平面布局在通风、采光等方面，都能得到基本满足，安排得当，使用也很方便。这种方式能有效地节省用地，并有利于市政管网的建设。

联排式住宅拼接的长度要根据实际用地情况和基本的布置原则来确定。一方面不宜拼接过长，否则住宅的通风条件会受到影响。前后两侧的交通联系也不方便；另一方面，如果拼接过短，达不到节约用地的目的，也失去了联排式住宅的一些优点。如图5-14所示。

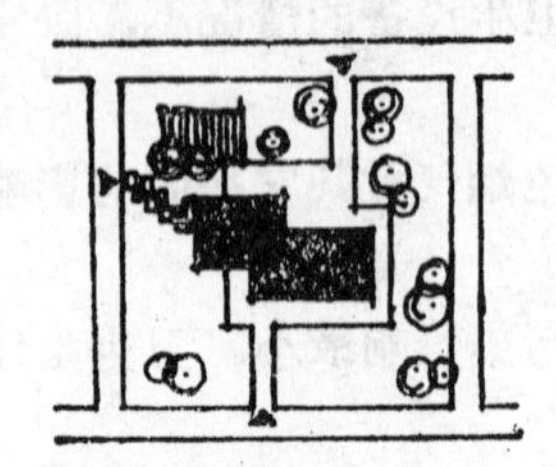

图 5-12　独宅独院

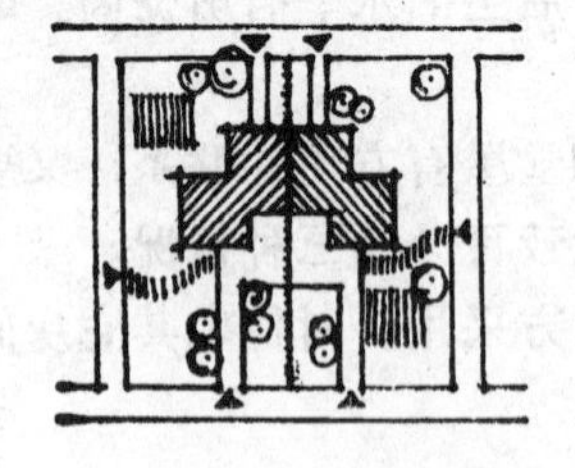

图 5-13　二户联立独院

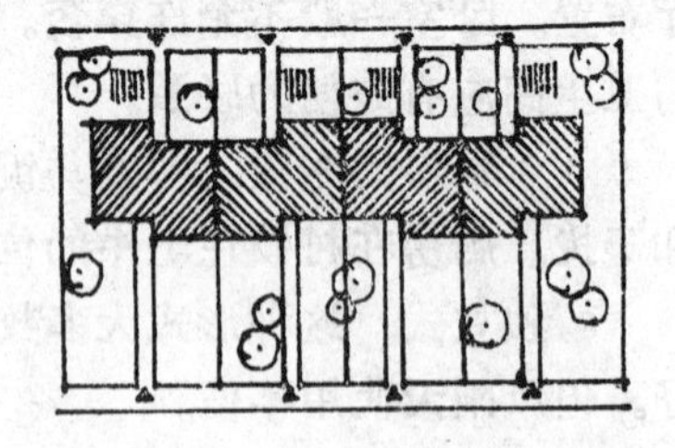

图 5-14　联排式住宅

（二）住宅的院落布置

1.院落的组成

院落是村镇居民的日常生活空间的重要组成部分，主要用于日常生活起居，家庭副业

生产和家务劳动。我国绝大部分村镇住宅都有自己独用的庭院。这也是村镇住宅环境与城市住宅的主要区别。过去，农村住宅的庭院都比较大，尤其是在我国北方，每户都留有较大的自留菜地和宽敞的活动庭院。但是随着人口增多，土地更加受到重视和珍惜，节省土地已成为我国的一项重要国策。这种情况下，村镇住宅的庭院就要相应地缩小规模，尽量减少占地面积。而重点在其内部功能使用的安排上多下功夫，挖掘空间利用的潜力，合理、紧凑、有效地组织各种院内活动和用地安排。

住宅院落由以下几部分组成：

（1）仓房。仓房俗称"下屋"，习惯上一般修建在住宅前或后院落的一侧。面积一般10～20m²，也有与住宅的山墙修建在一起，形成耳房形式。在南方有的地区把仓房与住宅合建在一起，用以节约院落空间。

（2）圈舍。其位置要考虑与住宅居室之间的卫生要求，而且要饲喂方便，易于起肥运土。猪圈、鸡舍有一定的日照要求，应选择在不受遮挡有较好朝向的地方，以利于防寒保温和猪的肥育。

（3）厕所。农村厕所一般都是旱厕，为减少污染，最好把厕所和猪圈放在相邻的一处，方便统一积肥。

（4）燃料堆。我国大部分地区烧柴草，少数地区烧煤，都需要在院内堆放，其位置首先要注意防火，应远离住宅，在庭院边缘布置。

（5）自留园地。村镇居民用来种植零星的蔬菜果木的地方。目前农民对此比较重视，家里人可利用早晚时间种植自己喜爱的果菜，吃用方便，新鲜。一般把菜地布置在住宅前面阳光充沛的地方。还可起到庭院绿化、改善环境的作用。

（6）沼气池。沼气是新能源之一，有广阔的发展前途。北方冬季寒冷，为保证沼气池所需的温度，有的把沼气池建在厨房或卧室的火炕下面；有的在院内沼气池上搭建塑料棚，里面种植蔬菜；也有的在院内沼气池上堆放柴草防冻。在南方，为有利于集运粪便，常将沼气池设在厕所和猪圈的附近。而且在院墙外设置掏粪口，尽量减少对庭院的污染。

（7）活动庭院。

2.院落的布置

住宅院落是每户住宅用地的基本单位。院落布置的面积大小和方式，对整个村镇的住宅组群和居住用地的规划布置都有直接影响。对住宅院落布置有影响的主要因素有：住宅的平面形式，住宅在院落中的位置以及村镇街坊、建筑组群对院落的要求。鉴于今后村镇街坊的发展趋势应以联排式住宅方式为主，下面就以联排式（双联式和多户并联式）住宅为主，叙述院落的布置方式：

常见的院落布置方式有以下几种：

（1）前后院布置。即在住宅的前、后各形成一个院落，二个院落通过住宅来联系。一般情况宜将厨房、圈舍及厕所都设置在与后院直接相连的地方，使后院成为进行各种家务和存放杂物的空间。而将阳光充足，干净整洁的前院作为生活用地和自留菜地。一般门户也设置在前院或侧面。这种方式，将院落根据生活起居功能的需要来安排组织不同的活动内容，相互间干扰小。但是院落分散布置，用地不够经济，每户占地较大。一般在前院或后院都可开门，有利于住宅组群的安排布置；如图5-15所示。

（2）单向院的布置。只在住宅的一侧（前面或后面）设置院落即为单向院。住宅的另一侧直接面临街道。

在我国北方，为避免寒冷季节北风吹入室内，以及北侧院落常处于建筑阴影之中不便使用，有些只在住宅的南侧设置单向院落，住宅北面临街。

单向院落由于形成了较完整，规则的用地而便于充分利用院落面积。但居民的生活起居，家务活动和副业生产同在一个院落中，就需要认真仔细地安排和组织各种功能之间的位置关系，避免相互混杂和干扰。如图 5-16所示。

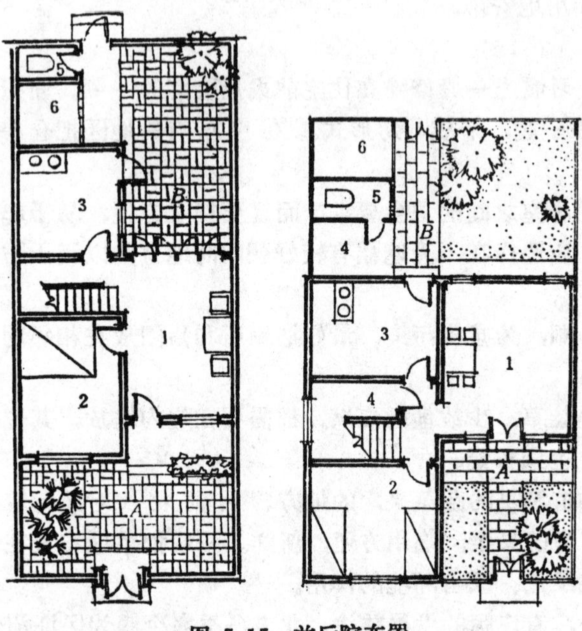

图 5-15　前后院布置

A—前院；*B*—后院

1—堂屋；2—卧室；3—厨房；4—杂物；5—厕所；6—猪舍

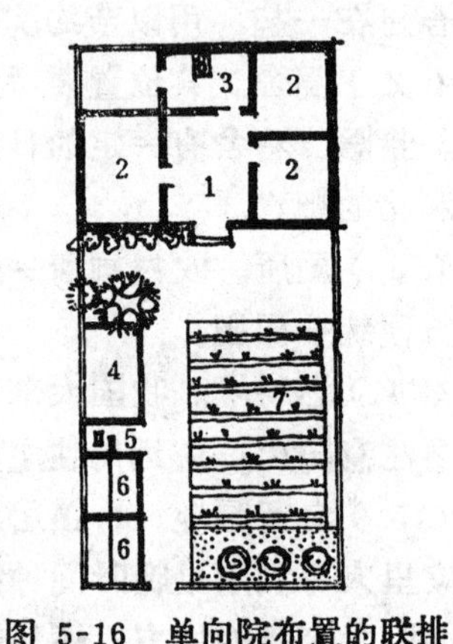

图 5-16　单向院布置的联排式住宅

1—堂屋；2—卧室；3—厨房；4—仓库；5—厕所；6—猪舍；7—菜园

（3）内院式布置。就是由住宅与辅助用房、围墙、门房所围合而成的院落。

内院一般面积较小，用地比较节约。在使用上，内向，隐蔽，安静。有较强的封闭感。在夏季，受阳光直接照射时间短，比较阴凉。在有限的空间内，也可以组织家务、生活，种植等。在我国华北的四合院，江浙、四川等地的三合院和三、四合院的混合型院，都是内院形式。

内院式布置由于墙面较多，造价有所增加。在空间感觉上封闭有余而开敞不足。但内院式布置用地较少，能有效地节约土地。如图5-17所示。

在南方少数地区，也有不设置院落的村镇住宅。其住宅建筑大多是联排式，沿街成行列式布置。其布局紧凑，用地节约。居民的吃菜集体菜地解决。缺点是没有独用的院落，不利于家庭的生产及家务活动。目前，在我国大部分地区，采用这种方式的较少，如图5-18所示。

总之，院落的布置即关系到每户村镇居民生活的方便，舒适，还关系到住宅院落组群的组合方式及街坊、道路的布局，还关系到有效合理地组织生活空间。节约土地。庭院布置的方式和内容又反映了一定时期内的社会经济发展水平。前述的有关院落布置的内容是符合当前及今后一定时期内的村镇居民生活需求的，而从长远发展的角度看，社会经济水平将有大幅度的改变；商品化、工业化的水平也将有不同程度的提高；即使在农村，科学、文化和教育水平都将得到很大的普及和推广，这些，都会使村镇居民的生活内容和生活方式发生深刻的变化，从根本上改变过去小农型经济形式和封闭、单调的生活方式，从而使村镇居民从满足于温饱型的生活水平提高到追求较高层次的精神文化生活的水平上来。届时，村镇住宅院落中的圈舍、厕所将会消失，宅前的仓房和棚厦将被造型优雅的为居民休闲、娱乐用的亭廊所代替，而自留菜地将变成居民们为怡情养性而设置的万紫千红的、丰富多彩的小花园。事实上，目前我国的一些经济发达地区如沿海地带，已经有少数富裕的村镇居民兴建了别墅式的住宅，它的平面布置和环境设计就是以美化生活为主要的功能要求。在规划设计中，我们应充分认识到这一必然的发展趋势。

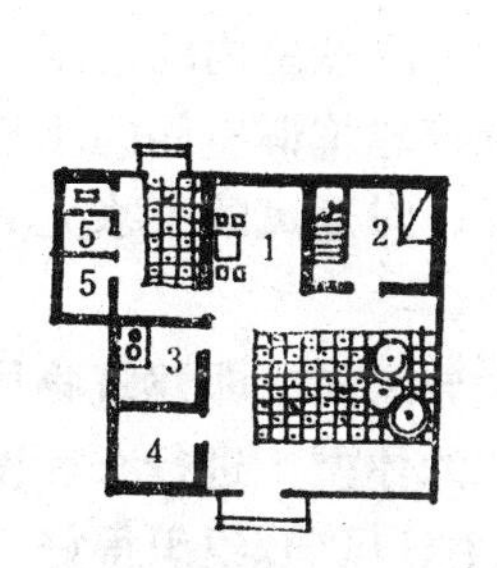

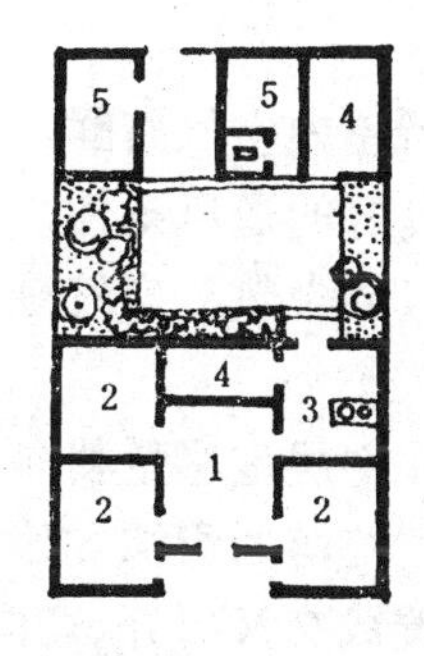

图 5-17 内院式布置

1—堂屋；2—卧室；3—厨房；4—贮藏；5—猪、牛舍

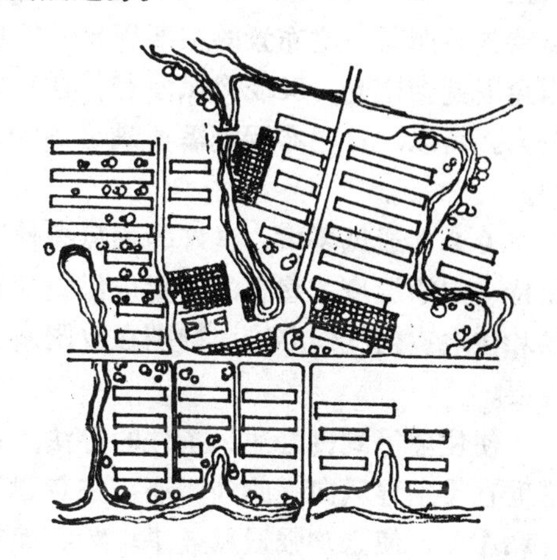

图 5-18 行列式布局

三、村镇住宅群规划

（一）住宅群规划的基本要求

1.居住建筑类型的选择

居住建筑是村镇居民日常生活活动的基本空间场所，也是进行村镇住宅群规划设计的最基本单元。要为村镇居民创造方便，舒适的居住生活环境，首先就要进行住宅的选择设计，要根据不同地区的气候特点，风俗习惯和居民的家庭人口情况以及家庭副业生产等各种活动情况，选择合适的住宅类型。

合理的选择住宅户型，并根据不同类型的住宅户型，组合成各种不同的栋型，这些不同的住宅栋型，是住宅群规划布置的基础，也是规划设计的基本单位、各种户型在住宅组群或规划区内所占的比例，应根据各地居民家庭的结构型式，人口构成情况以及当地的风俗等进行合理拟定，并注意综合平衡。

各种户型的综合平衡一般有两种方法：一种是选用各种不同的户型组合成栋型，使各种户型在住宅栋型中得到平衡。二是由单一户型的住宅组合成栋。各种不同户型的栋型在规划区或住宅组群中进行综合平衡。有时也可采用二者综合的办法进行平衡。

在进行户型选择中应注意各种户型互相连接组合。尤其是在联排式住宅更应注意各户型间的搭配连接。组合后的栋型，在其长度、宽度、层数等方面，应有所变化，尽量避免单调，雷同。独院式、双联式住宅占地比较浪费，不提倡大量成片布置。

2.卫生要求

每户住宅都应有良好的日照、通风要求，并不受噪声、空气污染，粉尘污染等的侵害。为保证居民的生活居住环境不受污染，应有明确的法规条文限制污染源。并且应有切实可行的措施防止和治理污染。村镇居民住宅相对于城市来说，最大的优点就是接近于自然，阳光明媚，空气清新。山清水秀。而如果不注意村镇住宅的卫生环境，就会失去了村镇住宅的这一得天独厚的优势特点，影响村镇居民的居住生活质量。

（1）朝向要求。住宅建筑的朝向是指住宅内主要居室的朝向。在规划布置中，应根据各地的自然条件：不同的地理纬度，太阳辐射强度及主导风向。进行综合分析，从而得出较佳的建筑朝向。以保证住宅获得较好的采光和通风条件。在北方寒冷地区，冬季能获得必要的日照是住宅布置的主要因素，因此，住宅应尽量争取向南的朝向，避免北向布置，以免既遮挡阳光，又受冷风侵袭。在南方炎热地带，气候炎热潮湿，夏季西晒对住宅影响较大。所以，住宅布置既需要满足冬季日照的要求，又要注意避免西晒和良好的通风条件。

（2）通风要求。良好的通风条件不仅能保持室内空气新鲜，还能降低室内的温度，保持一定的湿度。建筑的布置应保证住宅居室有良好的通风条件，改善建筑群空间的小气候和住宅室内气候环境。特别在我国南方，夏季气候炎热，空气潮湿，对通风的要求尤其重要。

使住宅得到良好通风条件的办法，通常是将住宅居室尽量朝向主导风向，即建筑物尽量垂直于主导风向。此外，还应注意建筑的排列，院落的组织和建筑的体型，进行合理设计和布置。使之加强通风效果。如将建筑排列布置成交叉错开，迎向主导风向。组织得好，相当于加大了房屋间距，使通风顺畅。

在北方一些寒冷地区，住宅建筑及院落布置主要考虑防止寒风侵袭，减少积雪和防风沙的要求。应采用比较封闭的布置方法。另外，要注意充分利用绿地树木的种植，来达到引风和防风的要求。

（3）防止噪声及空气污染的要求。噪声对人体能产生多种不良影响，如使人烦恼、疲倦、影响人体新陈代谢、影响睡眠、降低劳动效率、损害听觉等。一般认为住宅建筑室外的噪声不应超过40～50分贝。在住宅的规划布置中，必须要考虑避免噪声干扰的因素。噪声的来源一般有工厂企业、道路交通的车辆、汽车站场、嘈杂的市场等。

空气污染除来自工副业的废气，粉尘污染外，交通车辆带来的尾气，灰尘，生活区中产生的废弃物，垃圾，炉灶的煤烟等也都不同程度地污染着空气。不言而喻，被污染的空气对居室和人体的不良影响也是多方面的和具有较大危害性的，应尽量避免其干扰。

对噪声和空气污染，可采取综合治理的办法进行防护处理。首先，在规划布置时，应使住宅尽量远离噪声污染和空气污染的污染源，如有害的工副业生产厂家，交通繁忙的道路等地方。另外，用隔离的办法处理污染，一般可采用建筑后退红线，用绿化隔离以及用布置其它类型的建筑进行隔离等办法，来减少污染干扰。

3.安全要求

村镇住宅的规划布置除应满足正常情况下居民的生活活动，休息、交通等有条不紊地进行外，还应满足因可能发生的灾害，如火灾、洪灾、地震等所引起的特殊情况，居民的安全、疏散等要求。应严格按照有关的规范和规定，进行建筑，道路的布置，并采取相应的安全和防范措施。

（1）防火要求。为防止发生火灾及火灾的蔓延，并保证居民在可能发生火灾时的安全、住宅之间以及住宅与其它建筑物间要按规定留出一定的防火间距。防火间距的大小与建筑物的耐火等级和建筑外墙门窗洞口的开设情况有关。应按具体的规定进行布置安排。

（2）防震要求。在地震设防地区，为了把地震灾害和由此而引起的次生灾害降低到最小程度，在住宅群规划设计时，要注意以下几点：

1）要注意住宅用地的选择。不同类型的建筑场地、对减轻地震对房屋所造成的破坏有很大的作用。

2）由地震所引起的火灾、水灾、海啸、山体滑坡、有害物质的蔓延等，都是地震的次生灾害。次生灾害具有极大的危害性，要注意水库，堤坝的抗震检查，沿海地区要警惕海啸的袭击，尤其注意住宅的布置要远离工矿企业中的易燃、易爆和有毒物质及设备。

3）住宅区内的道路应通畅、平缓，便于紧急疏散，并且尽可能布置在房屋倒塌范围之外，一般情况下，房屋的倒塌范围，其最远点与房屋的距离大约为房高的一倍半。

4）应结合住宅组群中的绿化用地，游戏场地等室外场所，安排适当的安全疏散用地、避难用地和灾害发生时用于抢险、救护的临时场地。

5）住宅的体型，结构强度，建筑层数，建筑间距，建筑密度等都要进行全面考虑，并按有关设计规范和抗震要求进行必要的抗震设防措施。

4.用地和经济要求

节约村镇建设用地和降低建设费用，是住宅群规划设计的基本要求。二者是相辅相成、互为因果的。除了按国家有关的规范标准为依据进行控制和规划布置之外，还要在有限的用地和有限的经济条件之下，对各地区的不同的自然条件、社会因素等进行认真，具体的分析研究，创造出既能满足居民的生活环境要求，又能节约用地，经济合理，切实可行的居住生活环境。

5.环境景观要求

一个优美、舒适的居住环境的形成，不是某个单栋建筑所能办到的。而是取决于建筑群体的组合效果。把居住建筑及周围的空间环境作为一个有机的整体进行综合的规划设计，已经成为当代规划设计的必要方法。在规划设计中，将住宅建筑结合其它要素，如道路、绿化、公共服务设施以及建筑小品等，运用规划、建筑和造园等手法，组织设计出优美，丰富的建筑空间和立面景观，创造出具有浓厚生活气氛的生活环境，从而展示出具有时代特色的村镇面貌。

（二）住宅日照间距的确定

建筑间距的确定，涉及到许多因素，如建筑的日照，通风、采光、防火、防震、道路交通，室外工程管线的布置，庭院绿化布置及居民的室外活动等。其中日照是诸因素中所要考虑的主要因素。

1.日照间距

日照间距是指前后两排房屋之间，为了保证后排房屋在所规定的日、时条件下，其阳光不被前排房屋所遮挡而获得所需的日照量，所要保持的一定距离。

一般住宅的日照间距，主要指建筑沿长方向多数居室正面窗户所面临的距离。

日照量有两方面衡量标准，即日照时间和日照质量。从卫生学角度看，日照需持续一定时间，才能发挥其作用。但多长时间，与各地区的地理纬度，气候、建设用地情况等有关。日照质量是指每一小时在地面和墙面上，阳光投射的面积的累计值以及太阳光中紫外线的效用。

目前我国村镇住宅用地尚无统一的日照标准规定。可参照国家制定的有关城镇的居住区设计规范标准来执行。一般情况下以满足夏至日正午前后二小时日照标准来确定其日照间距。

2.日照间距的计算

为了简化和说明日照间距计算的原理，试以房屋长边向阳，朝向正南，正午太阳照到后排房屋底层窗台为依据，如图5-19所示。

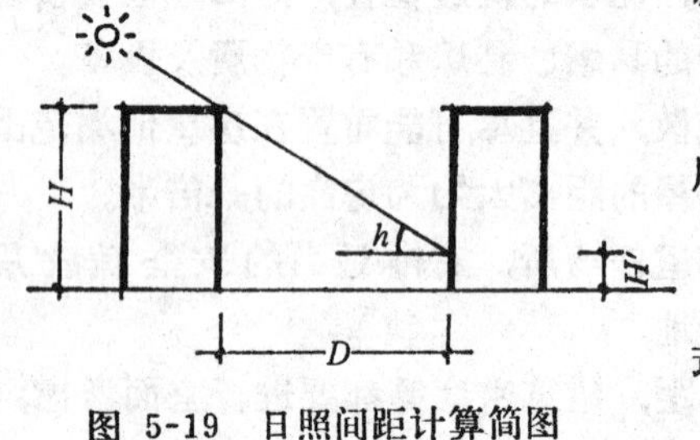

图 5-19 日照间距计算简图

从图示关系可知：

$$\tan h = \frac{H - H_1}{D}$$

所以，日照间距

$$D = \frac{H - H_1}{\tan h}$$

式中 h——正午太阳高度角；

H——前栋房屋檐口至地面高度；

H'——后栋房屋窗台至地面高度。

【例】 某地日照要求为大寒日正午前后二小时满窗日照。其大寒日正午前后一小时（即上午十一时或下午十三时）太阳高度角为19°28′，前栋建筑房檐高度为6.6m，后栋建筑窗台高度为1.6m，求该建筑日照间距。

【解】

已知：$h = 19°28'$、$H = 6.6$、$H_1 = 1.6$

求：$D = ?$

$$D = \frac{H - H_1}{\tan h} = \frac{6.6 - 1.6}{\tan 19°28'} = \frac{5}{0.3535} \approx 14\text{（米）}$$

在实际应用中，常将D值换算成其与H的比值，以便根据不同建筑高度算出相同地区，相同条件下的建筑日照间距。

则
$$\frac{D}{H} = \frac{14}{6.6} = 2.1$$

即这个地区在大寒日正午二小时日照标准的条件下，其建筑日照间距$D = 2.1H$

（三）住宅群平面规划布置的基本形式：

住宅群的规划布置方式一方面受自然气候、地形、现状条件等因素的影响，另一方面受到住宅本身不同的体型，住宅组合方式等的制约。村镇住宅一般都是一、二层的联排式建筑，其平面规划布置有以下几种基本形式：

1.行列式

住宅按一定朝向和合理间距成排布置成行列式。这种布置能使所有的住户都获得较好的日照及通风条件，能形成整齐、规则的街道环境。而且便于市政设置的布置和施工建设。是目前各地广泛采用的一种布置方式。但这种方式容易造成整片地段环境单调、呆板的感觉。为避免这种缺点，在规划布置时，常采用山墙错落，单元错开，成组改变朝向等手法，形成许多经过变形的行列式，既保留了行列式布置的优点，又避免了其单调，呆板的缺点，使空间景观丰富，变换。如图5-20所示。

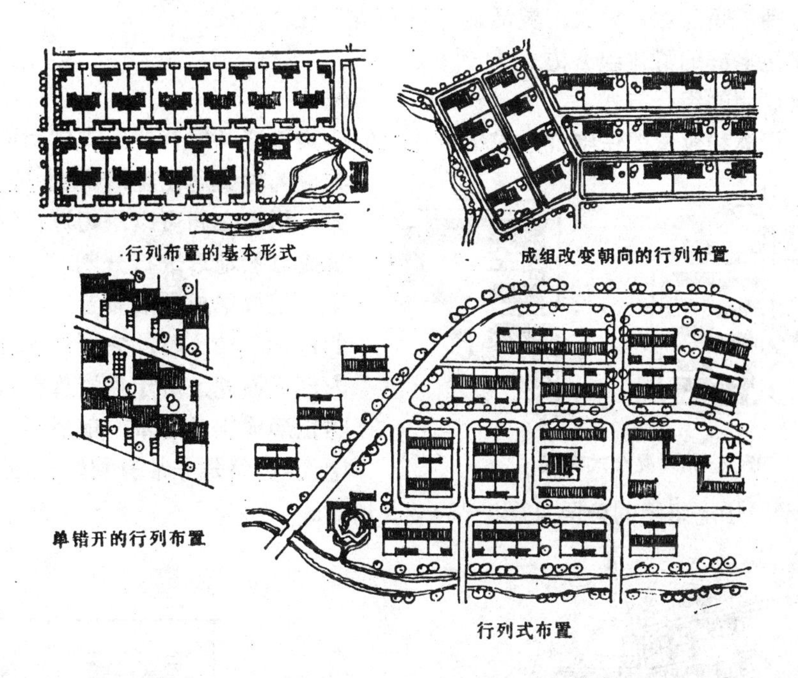

图 5-20　行列式布置

2.自由式

建筑结合自然地形，在满足日照，通风等要求的前提下：利用道路、山坡、河湾等用地平面空间的变化，较为自由，灵活地布置安排。这种方式可以突出村镇的自然山川风貌，体现村镇所特有的自然美的景观环境。

自由式布局并不是毫无规律的散乱布局，而是按自然所形成的一定的趋势，或人为地、有意识地创造某种可利用的条件，按着这种趋势和条件有规律地，逐渐改变每栋建筑的位置和朝向，形成自由式布局。如图5-21所示。

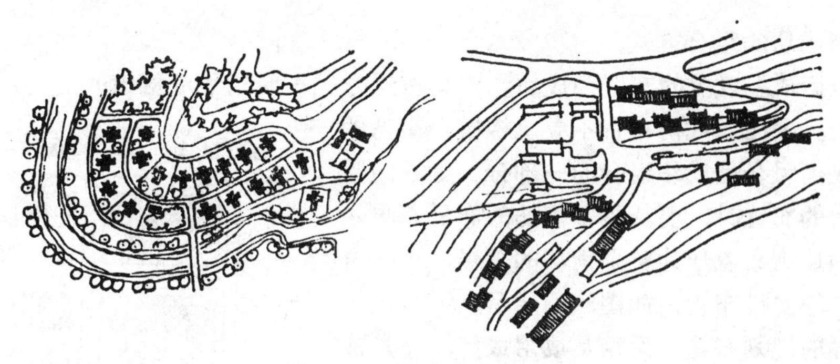

图 5-21　自由式布置

3.混合式

是以行列式布置为主，部分建筑沿周边布置所形成的布置方式。这种布式保留了行列式的优点，加上周边式布置手法形成了半开敞的公共空间。它可以改善街道景观和居住环境，尤其在北方，可以减少寒风的侵袭。只有少部分建筑朝向不够理想。如图5-22所示。

以上几种形式只是住宅群平面布置的典型方式，在规划设计时，要根据具体情况，创造性运用各种不同的布置方式，灵活地进行安排布置。

（四）住宅群的群体组合方式

1.成组成团的组合方式

由一定规模和数量的住宅群，或结合少量的公共建筑，组合成组或成团进行布置，使其成为村镇居住生活用地的基本组合单元。组团之间可以用街道、绿地、公共建筑或自然地形进行分割。

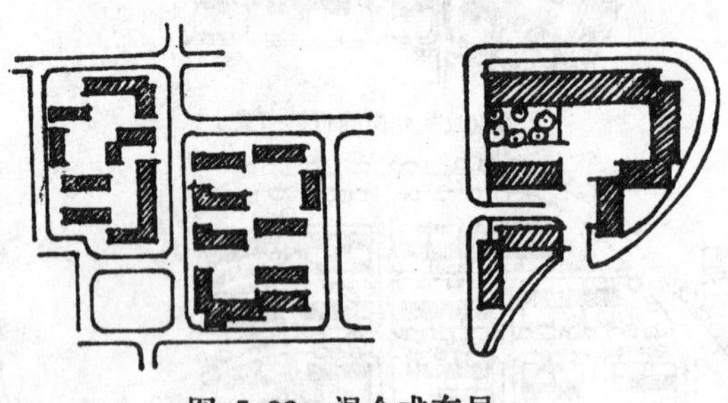

图 5-22 混合式布局

用成组成团的布置方法，当村镇住宅的建设量较小时，它可以使建筑群在短期内形成面貌，对于投资规模较小的村镇，防止形成杂乱无章、前后不统一的村镇住宅面貌，将是非常有利的一种方式，如图5-23（*a*）所示。住宅组团的分隔见图5-23（*b*）所示。

图 5-23 成组成团布置

（*a*）住宅群布置方案；（*b*）住宅组团的分隔方式

1—用绿化分隔；2—用公共建筑分隔；3—用道路分隔；4—用河流分隔；5—利用地形高差分隔

2.成街成坊的组合方式

住宅沿街成组成段的布置为成坊。成街布置方式一般用于沿村镇的主要道路沿线和用于带形地段。要注意成街布置不要忽视整个街坊的完整性，成街组合是成坊组合的一部分。如在沿重点街道街坊的布置时，要从整个街坊的布局着眼，把沿街段的成街布置作为整个街坊的重点，进行全盘考虑，统一安排布置，如图5-24所示。

住宅群的规划布置，无论是成组成团，还是成街成坊，各种形式都不是绝对的。在实际规划设计工作中，要根据实际情况灵活地掌握和运用这些方法。如在进行成组成团形式的设计布置时，也要考虑沿街段的要求。而在考虑成街成坊的组合方式时，要照顾到住宅成组的规模要求。

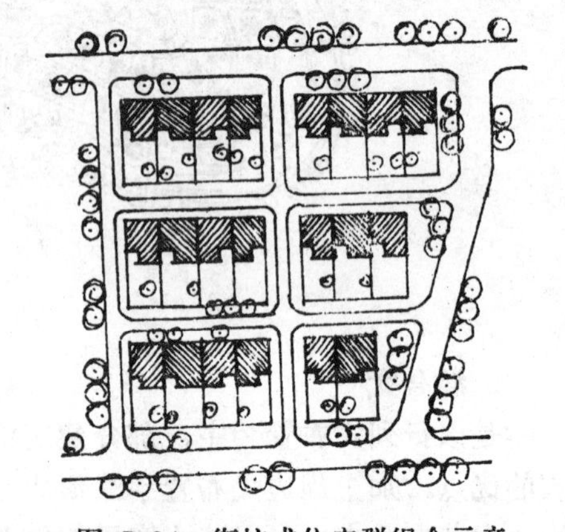

图 5-24 街坊式住宅群组合示意

第五节　村镇公共建筑用地的规划布置

在村镇建筑中，为村镇的行政管理及村镇居民日常必须的经济、文化生活服务的建筑设施，叫公共建筑。村镇公共建筑是村镇的重要组成部分。由于一般村镇的人口和用地规模都比较小，所以常常把村镇的行政管理、商业服务、文化娱乐等内容的建筑设施综合起来，布置在村镇中心范围内一个比较集中的地段内，形成村镇的公共建筑中心。在这个地段内，集中体现了村镇的建筑风格面貌，并且也形成村镇居民的公共活动中心。

一、公共建筑的基本项目

根据村镇的规模、性质以及村镇周围的自然、经济环境，在村镇规划中，结合村镇的使用需求和经营、管理上的经济、合理性要求、进行公共建筑的项目、规模和布局分配等的布置。

村镇公共建筑的基本项目有以下几类：

1.行政经济系统

各级党政机关、社会团体、经济管理机构、银行金融机构、邮电局、通讯部门等。

2.教育系统

高级中学、职业中学、初级中学、小学、幼儿园、托儿所等。

3.文体科技系统

文化站、青少年之家、影剧院、科技站等。

4.医疗卫生系统

中心卫生院、卫生院、防疫、保健站等。

5.商业服务系统

百货店、食品店、生产资料、建材、日杂店、粮店、药店、书店、旅馆、招待所等。

6.贸易系统

粮油、土特产市场、蔬菜、副食市场、百货市场等。

二、公共建筑定额指标的确定

（一）影响因素

村镇公共建筑定额指标，是村镇社会经济发展水平的一个表现方面，也是村镇经济建设和有关管理的依据。确定公共建筑定额指标，是村镇规划中经济技术工作的内容之一，也是进行村镇公共建筑规划布置，公共建筑建设量的计划测算，以及公共建筑单体设计和建设管理的主要依据。

影响公共建筑定额指标的主要因素有

1.村镇的性质和规模不同

村镇的性质和规模是影响村镇公共建筑定额指标的主要因素之一。不同规模、不同性质的村镇，对商业服务、文化娱乐等公共建筑需求的侧重点和规模要求会有所差别，所需的公共建筑的项目和数量的要求也会有所不同。

2.经济条件和村镇居民生活水平的不同

各地区的社会经济状况和村镇居民的实际生活需要，是影响村镇公共建筑规模的主要因素。如果所制定的公共建筑指标过高，超越了当地经济发展水平和村镇居民的实际需要，就会造成建设上的浪费和经营上的不利。如果降低标准，落后于村镇居民的生活水平要求，就会带来居民生活的不便，没有充分起到公共建筑应起的作用。

另外，村镇社会经济水平的发展，村镇居民物质生活和文化生活水平的改善，都是客观的、不断变化的因素，都会对村镇公共建筑项目的内容和规模的改变起一定的作用。在制定和参照实行有关公共建筑定额指标时，对这种发展变化的趋势应给予充分的估计和注意。

3.各地区风俗习惯不同

我国地域辽阔，民族众多，自然地理条件差异很大，各地的民族风俗、生活习惯等也都有很大差别。因此，各地的公共建筑指标的项目、规模等应有所不同，以适应不同地区的需要。

除上述三项以外，尚有许多社会、经济、自然、人文等因素影响到公共建筑指标的确定，要在实际发展需要的基础上，认真调查研究全面、合理地制订出具体可行的村镇公共建筑标准。

（二）村镇公共建筑指标的制定方法

1.公共建筑是为人服务的

大部分公共建筑的指标，可以通过人口规模和人口的发展变化情况，通过计算来确定。如：中小学和托幼的定额指标的确定，要通过村镇总人口及人口年龄构成的现状和发展变化资料，按相应年龄组人数和有关的入学率、入园率指标、（即入学、入园人数占总的相应年龄组人数的百分比）计算出中、小学和托幼的入学、入园人数、再按中、小学、托幼的合理规模和规划要求确定出中学、小学和托幼的具体规模和数量。

2.根据实际需要确定公共建筑定额指标

通过调查、统计与分析，并在此基础上预测今后的发展情况，从而确定出公共建筑定额指标。有许多与居民日常生活密切相关的服务设施，其设置的项目、规模以及居民的需求等，都是客观的因素，必须通过调查研究，才能得到切合实际的具体情况，从而为制定指标提供正确依据。

3.根据各类专业服务系统和有关部门的规定来确定指标

有一些公共服务设施，如邮电、电讯、银行金融等，由于其本身的业务技术性和专业特点需要，都有各自的一套具体的专业指标和标准，来保证自身系统在经营管理和技术运行的经济性和合理性。对于这类公共建筑设施，可以参考其专业部门的指标规范，结合具体情况，综合考虑确定其定额指标。

由于各地建设标准不一，经济发展水平也不平衡，村镇的公共建筑定额指标也就不可能一致。目前，全国还没有统一的标准。在进行规划设计的时候，应根据本地区的具体情况和发展水平，参考同类地区的指标或建设经验，切合实际地具体拟定。

各类公共建筑用地面积标准可参考表5-7、5-8进行选用。

三、村镇公共建筑的规划布置要求

（一）服务半径的要求

从居民对公共建筑设施使用的方便和频繁程度，以及公共建筑的合理规模与经营管理的经济与合理性两方面来考虑确定。最基本的要求是应将公共建筑尽量布置在所服务范围的中心地带或使用方便的地带。公共建筑的使用对象、使用的频繁程度、交通条件、人口密度等因素都影响到服务半径的大小。不同类型的公共建筑，有不同的服务半径。这里指的服务半径，主要是地理上的空间距离概念。在有的情况下，也泛指某些方面的一定的区域或范围。如，以人口规模为标志的一定的人口范围，或以行政建制为标志的行政范围等。

各类公共建筑用地面积标准　　表 5-7

村镇层次	规划人口规模（人）	各类公共建筑用地面积标准（m^2/人）					
		行政经济	教育设施	文体科技	医疗保健	商业服务	集贸设施
中心集镇	10001以上	0.3～1.5	2.5～10.0	0.8～6.5	0.3～1.3	1.6～4.6	根据赶集人数经营品种计算用地面积
	3001～10000	0.4～2.0	3.1～12.0	0.9～5.3	0.3～1.6	1.8～5.5	
	3000以下	0.5～2.2	4.3～14.0	1.0～4.2	0.3～1.9	2.0～6.4	
一般集镇	3001以上	0.2～1.9	3.0～9.0	0.7～4.1	0.3～1.2	0.8～4.4	
	1001～3000	0.3～2.2	3.2～10.0	0.9～3.7	0.3～1.5	0.9～4.6	
	1000以下	0.4～2.5	3.4～11.0	1.1～3.3	0.3～1.8	1.0～6.4	
中心村	1001以上	0.1～0.4	1.5～5.0	0.3～1.6	0.1～0.3	0.2～0.6	
	301～1000	0.12～0.5	2.6～6.0	0.3～2.0	0.1～0.3	0.2～0.6	

（二）道路交通条件的要求

公共建筑的布置应与村镇道路交通组织相配合、相协调。公共建筑是车流、人流汇集的地方，应该从其使用性质要求和村镇的道路布局情况统一结合考虑。使居住用地的主要街道和其它街道与公共建筑用地有直接方便的联系。这样能缩短公共建筑的服务半径，方便使用，并能进一步突出公共建筑。在南方河网化地区，公共建筑常与水上交通结合考虑。沿江或沿河一条街往往成为公共建筑中心。如图5-25所示。

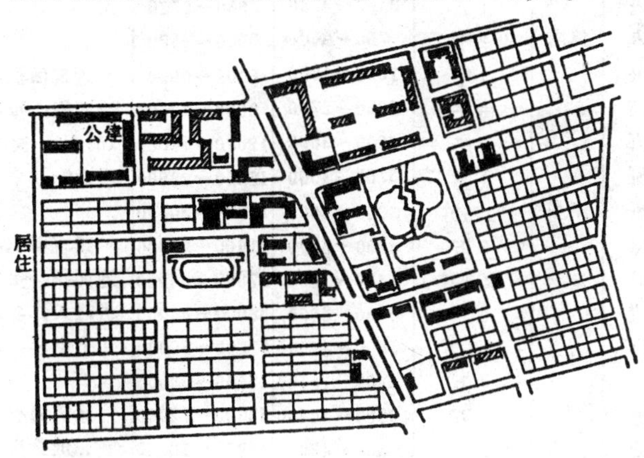

图 5-25　公共建筑的布置与道路交通布局相协调

（三）对用地和环境的要求

由于不同的性质和不同的活动内容，各类公共建筑对用地环境都有不同的要求。如：学校用地要求有足够的操场面积，医院要求清静的环境气氛，公共浴池要求有通畅的供排水设施等。同时，也要防止各类公共建筑自身之间的不良干扰，根据各类公共建筑的不同性质进行安排布置。如：图书馆不应与影剧院或集贸市场相邻；学校不应与农机站相邻等。

黑龙江省集镇规划公共建筑定额指标 **表 5-8**

系统	序号	名称	计算单位	服务范围	人口规模	建筑面积 (m^2)	用地面积 (m^2)	备注
行政经济管理	1	乡政府	每处	本乡		450～680	1500～2200	建筑面积：每员15～17m^2 用地面积：每员50～55m^2
	2	镇政府	每处	本镇		600～850	2000～2750	同上
	3	乡派出所	每处	本乡		80～126	200～315	建筑面积：每员16～18m^2
	4	镇派出所	每处	本镇		128～216	320～540	同上
	5	工商所	每处	本乡		60～114	200～380	建筑面积：每员15～19m^2
	6	税务所	每处	本乡		90～190	180～380	同上
	7	银行	每处	本乡		168～288	336～576	建筑面积：每员14～16m^2
	8	乡邮电所	每处	本乡		90～153	180～306	建筑面积：每员15～17m^2
	9	镇邮电所	每处	本镇		135～204	270～408	同上
文化教育	10*	科技文化活动中心	每处	本乡		800～1300	2000～3250	
	11*	影剧院	400座	本乡	1.5万以下	520～600	1000～1200	建筑面积：每座1.3～1.5m^2 用地面积：每座2.5～3m^2
			600座		1.5～2万	780～900	1500～1800	
			800座		2～3万	1040～1200	2000～2400	
	12		1000座		3～5万	1300～1500	2500～3000	
		广播站	每处	本乡		50～75	125～187	
	13	托幼所	6班	镇内	2千	432～756	1512～1944	建筑面积：每座4～7m^2，用地面积：每座14～18m^2，人托率25～35%，千人定员38～53人，每班18人
			12班		4千	864～1512	3024～3888	
			18班		6千	1296～2268	4536～5832	
			24班		8千	1728～3024	6048～7776	
			30班		1万	2160～3780	7560～9720	
	14	小学	6班	镇内	2千	750～900	3000～4500	建筑面积：每座2.5～3m^2，用地面积：每座10～15m^2，千人定员153人，镇内人口规模大于4千人可设2～3个小学，每班50人
			12班		4千	1500～1800	6000～9000	
			18班		6千	2250～2700	9000～13500	
			24班		8千	3000～3600	12000～18000	
			30班		1万	3750～4500	15000～22500	
	15	中学	20班	本乡	1.5万	3000～4000	15000～20000	建筑面积：每座3.0～4m^2，用地面积：每座15～20m^2，千人定员71人，各地根据实际情况可分设几个中学，每班50人
			28班		2万	4200～5600	21000～28000	
			36班		2.5万	5400～7200	27000～36000	
			44班		3万	6600～8800	33000～44000	
			50班		3.5万	7500～10000	37500～50000	
			58班		4万	8700～11600	43500～58000	
			72班		5万	10800～14400	54000～72000	
	16*	运动场	每处	镇内		300～420	14000～18000	建筑面积内容为：办公、乒乓球室、健身房、仓库、体育用品供应室、综合训练室等
医疗卫生	17	卫生院	15床	本乡	1.5万	525～675	1320～1680	建筑面积：每床35～45m^2，用地面积：每床88～112m^2，每千人设1个床位
			20床		2万	700～900	1760～2240	
			25床		2.5万	875～1125	2200～2800	
			30床		3万	1050～1350	2640～3360	
			35床		3.5	1225～1575	3080～3920	
			40床		4万	1400～1800	3520～4480	
			50床		5万	1750～2250	4400～5600	

续表

系统	序号	名称	计算单位	服务范围	人口规模	建筑面积（m²）	用地面积（m²）	备注
商业设施	18	百货商店	每处	本乡	2万	200~250	1080~1500	仓库按建筑面积的35~50%另设
					3万	250~300	1350~1800	
	19	日杂店	每处	本乡	2万	150~200	810~1200	同上
					3万	200~250	1080~1500	
	20	副食品店	每处	本乡	2万	150~200	800~1120	仓库按建筑面积的30~40%另设
					3万	200~250	1040~1400	
	21	五金交电建材店	每处	本乡	2万	100~150	560~1100	仓库按建筑面积的40~50%另设
					3万	150~200	840~1200	
	22	油漆化工商店	每处	本乡	2万	60~80	336~480	同上
					3万	80~100	448~600	
	23	医药商店	每处	本乡	2万	80~120	160~240	
					3万	120~160	240~320	
	24	书店	每处	本乡	2万	60~80	200~266	
					3万	80~100	266~333	
	25	农副产品收购站	每处	本乡	2万	280~320	933~1066	建筑面积千人指标为14~16m²每处服务1000~1200户，根据镇内人口规模可设1~2处
					3万	420~480	1400~1600	
	26	粮店	每处	镇内		140~180	280~360	
	27	煤店	每处	镇内		50~80	1000~1500	仓库按建筑面积50~70%另设
	28	物资站	每处	本乡	2万	140~200	560~800	
					3万	210~300	840~1200	用地面积：每人次0.8~1.0m²
	29	农贸市场	每处	本乡		100~120		
服务设施	30	饭店	每处	镇内		125~180	500~720	每个集镇可设3~6处
	31	旅社	30床	镇内		210~300	420~600	
			50床			350~500	700~1000	
	32	理发店	每处	镇内		80~120	160~240	每个集镇可设1~3处
	33	照像馆	每处	镇内		60~100	120~200	
	34	食杂店	每处	镇内		40~60	100~150	每个集镇可设3~6处
	35	服装店	每处	镇内		60~100	120~200	
	36	综合服务部	每处	镇内		100~150	200~300	每个集镇可设1~3处
	37	浴池	每处	镇内		200~250	400~500	
公用设施	38	供电所	每处	本乡		120~180	480~720	
	39*	环卫所	每处	镇内		80~120	350~450	
	40	客运站	每处	镇内		100~200	600~800	
	41*	消防站	每处	本乡		180~200	900~1000	
其他设施	42	敬老院	30床	本乡		450~540	3000~4500	定员8~14人
			50床			750~900	5000~7500	定员14~20人
	43	兽医站	每处	本乡	2万	180~240	720~960	
					3万	240~300	960~1200	
	44	公共厕所	每处	镇内		20~22	80~100	每蹲位2.0~2.2m²建筑面积；用地面积8~10m²，镇内人口5千人以内设3~5处、5千人以上设5~10处，每处10蹲位
	45	废品收购站	每处	镇内		40~60	300~500	

中心村规划公共建筑指标 续表

项目	规模										服务范围
	1000人		1500人		2000人		2500人		3000人		
	建筑面积（m²）	用地面积（m²）	建筑面积（m²）	用地面积（m²）	建筑面积（m²）	用地面积（m²）	建筑面积（m²）	用地面积（m²）	建筑面积（m²）	用地面积（m²）	
村委会	105～150	350～500	105～150	350～500	105～150	350～500	105～150	350～500	105～150	350～500	全村
托幼	152～371	532～954	228～560	798～1440	304～742	1064～1908	380～931	1330～2394	456～1113	1596～2862	全村
小学	383～459	1530～2295	575～690	2300～3450	165～918	3060～4590	958～1148	3830～5745	1148～1377	4590～6885	全村
文化站	90～120	225～300	135～180	337～450	180～240	450～600	225～300	562～750	270～360	675～900	全村
卫生所	40～50	160～200	40～50	160～200	30～60	200～240	50～60	200～240	50～60	200～240	全村
食杂店	20～30	80～120	20～30	80～120	30～40	120～160	30～40	120～160	30～40	120～160	全村
理发店	20～30	80～120	20～30	80～120	30～40	120～160	30～40	120～160	30～40	120～160	全村
综合服务部	40～50	160～200	40～50	160～200	50～60	200～240	50～60	200～240	50～60	200～240	全村
供水站	30～40	120～160	45～60	180～240	60～80	240～320	75～100	300～400	90～120	360～480	村内
配电室	10～15	40～60	20～30	80～120	30～45	120～180	40～60	160～240	50～75	200～300	村内
公厕	20～22	80～100	30～33	120～150	40～44	160～200	50～55	200～250	60～66	240～300	村内

四、各类公共建筑用地的布置要点

（一）行政办公建筑

是村镇的政治中心，同时也往往是经济、管理、行政中心。其位置宜选择在面向主要街道处。它的组成一般有：办公部分、会议接待用的公共部分，和厕所等辅助部分这三部分所组成。乡村大队的办公室往往是多功能的。将办公用房、医疗、广播、图书等文化卫生设施安排在一起。其平面布置有以下几种形式：

1.行列式

各栋建筑都朝向南、平行的排列，一般将主要的办公建筑正对主要入口，其它建筑安排在侧面或后院。前院可做花园、绿化、车库等。

2.三、四合院式

将几栋建筑围成一个院落，使办公等主要建筑朝南，次要建筑布置在东西方向。如图5-26所示。

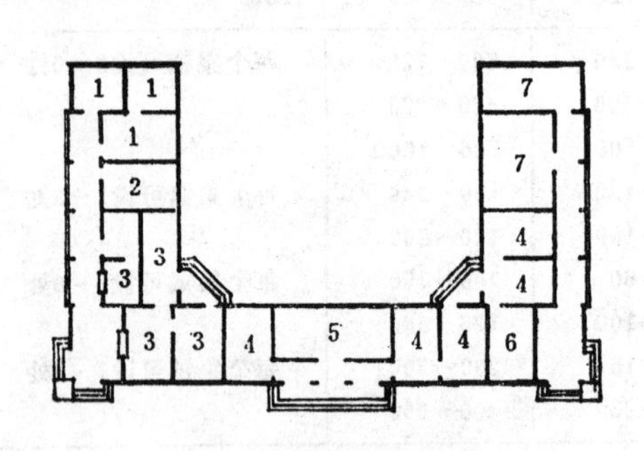

图 5-26　某大队队部

（二）文化、教育建筑用地：

包括托幼、小学、中学等。

1.托幼

托儿所、幼儿园可分别单独设置，也可联合设置。在村镇中，一般联合设置较多。托幼机构的平面布置一般有主体建筑、儿童活动场地、杂物院等几部分组成。

主体建筑的布置。应使儿童使用部分有良好的朝向和日照条件。儿童活动场地的布置要有充足的阳光。场地设备根据实际情况设置。托幼用地最好靠近公共绿地和比较安静的地带并方便儿童的接送。如图5-27所示。

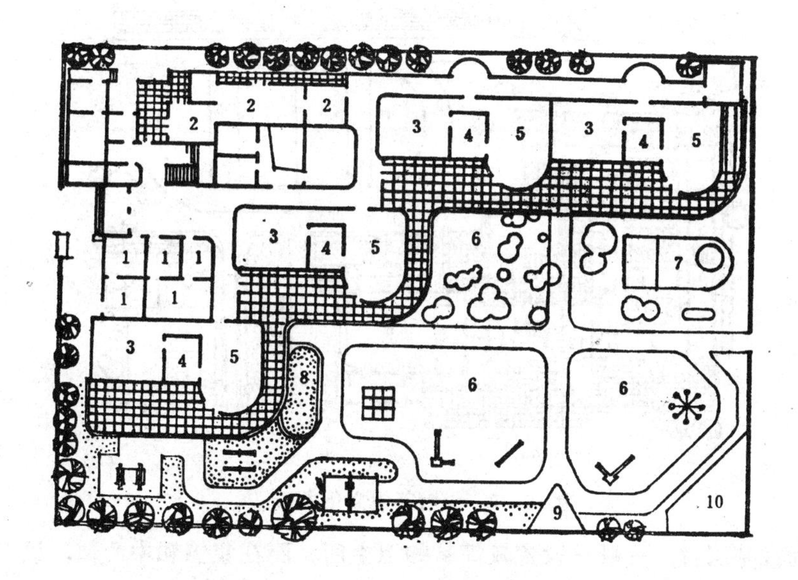

图 5-27　某幼儿园

2.中、小学校

小学用地应布置在次要道路边缘比较安静的地段，不宜邻近交通干道或铁路布置。应注意学校的活动对居民的干扰，与住宅建筑保持一定的距离。中学可以在居住用地范围外比较独立的地段布置。

学校用地主要由三部分组成：教学用的主体建筑用地、生活服务建筑用地及室外活动场地。

主要的教学及办公建筑应有良好的朝向、通风条件和安静的学习环境，生活服务用房如食堂、宿舍等不要与教学建筑及场地混杂、应自成一区或适当隔离。室外活动场地最好在教学建筑的南侧向阳地段，在活动场地和教学楼之间可适当绿化，以便隔音、隔尘，并起到美化教学环境的作用。如图5-28所示。

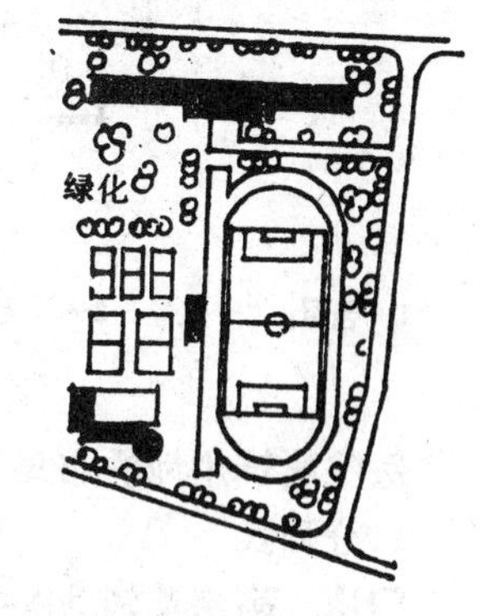

图 5-28　某学校

3.影剧院及文化中心

一般在中心集镇或一般集镇设置。应布置在主要商业街道附近及交通方便的地方。是集镇商业文化中心的重要组成部分。

其平面布置应安排好文化中心各功能之间的相互关系。如：影剧院、运动场、游艺室、展览厅等。应留出适当的人流活动的场地，尤其是影剧院入口处，要有足够的人流集散广场和自行车停车场。如图5-29所示。

（三）医疗卫生机构

村镇医疗卫生机构的位置应在比较安静的次干道上。要求阳光充足、空气新鲜，通风良好的地段条件。与其它建筑及街道都应有一定的距离。

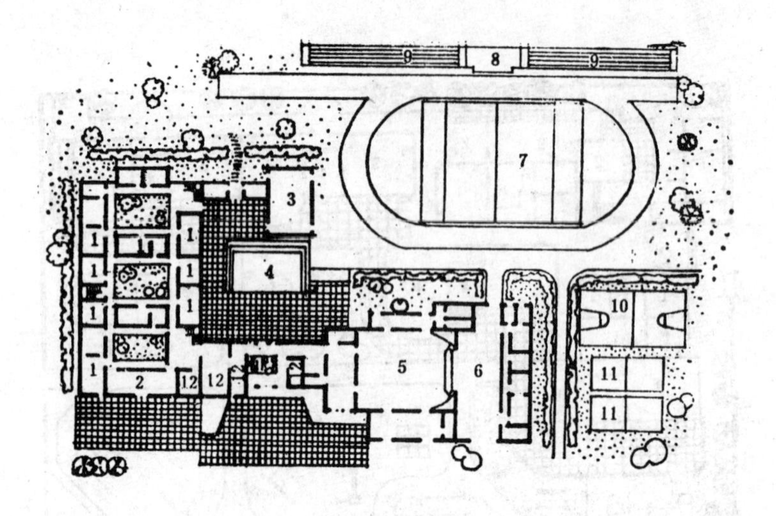

图 5-29 湖南某镇文化中心

在中心村或基层村，一般只设置较简易的卫生所。而在集镇和中心镇，设卫生院和医院。

在总平面布局上，主要有医疗用房和服务用房二大类。在医疗用房中，又可分为门诊、辅助医疗、住院部三部分。如图5-30所示。

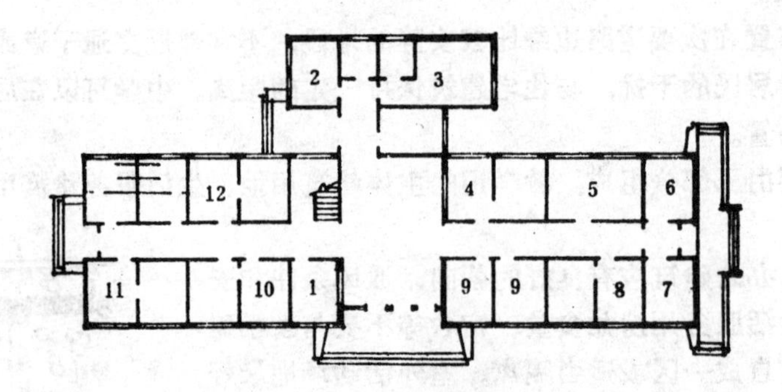

图 5-30 乡镇医院

1—挂号；2—化验；3—X光；4—药局；5—口腔科；6—观察；7—急诊；8—外科；9—内科；10—儿科
11—妇科；12—中医

医院建筑用地的布局形式主要有三种：

1.分列式

门诊、病房及辅助医疗等分栋布置。优点是隔离好、不宜交叉感染、便于分期建造。但占地多、交通路线长，适用于小型医院。

2.集中式

将医疗用房都集中在一栋建筑之中：一、二层为门诊及辅助医疗，上层为病房。这种方式联系方便、设备集中、用地节省。但相互干扰大。

3.混合式

取分列式和集中式的长处进行布置，即便于联系，又适当隔离。是采用较普遍的一种方式，缺点是连接体朝向差，有阴角。

（四）商业服务设施

商店的组成和布置应考虑不同行业或专业的特点，选择合适的建筑形式和建筑用地布置方式。营业厅与仓库、管理用房之间要有短捷、方便地联系，合适的位置及恰当的比例，如图5-21所示。

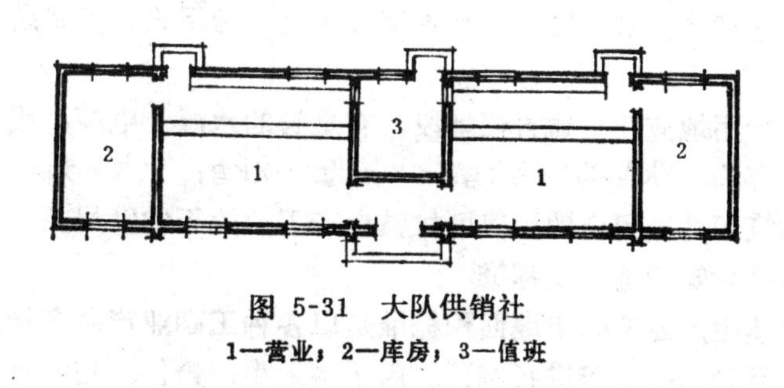

图 5-31 大队供销社
1—营业；2—库房；3—值班

第六节 生产建筑用地及仓库用地规划布置

生产建筑及仓库用地是村镇的形成和发展的重要因素之一；同时也是决定村镇性质、规模、用地范围及发展方向的重要依据。它们在村镇布置中直接影响村镇的结构和轮廓。生产建筑及仓库有一定的人流、交通运输，对村镇的交通流向、流量起决定性影响，不论是新建或原有调整都会带来村镇交通运输的变动。某些生产建筑产生的“三废”及噪声，仓库的防火、防爆等，均将引起村镇的环境变化。所以在用地安排正确与否对建造投资、建设速度、建成后的经营管理及以后的发展，都会起着一定的影响作用；同时也与村镇交通组织、干道布置、市政设施投资密切相关。

总之，生产建筑及仓库的发展会相应带来村镇的发展，对村镇建设相应提出一系列要求，如市政公用设施、各种交通运输设施，以及各项配套服务设施等都应随着发展以保证生产顺利进行。

一、生产建筑及仓库用地选址原则和用地面积指标

村镇生产建筑用地的类别有工业、手工业生产建筑用地；农副业、畜牧、渔业等生产建筑用地。在选择这些用地时，不仅考虑本身对用地的要求，还应考虑它们和其他用地之间的关系，特别应注意和住宅建筑用地之间的关系。生产用地安排得当，能给生产创造有利条件和良好环境；否则会给生产与居住环境带来一定的危害。

（一）生产建筑及仓库用地选址原则

村镇生产建筑，一般规模不大，工艺生产过程较简单，属于轻型工业和密集性手工业为多，对厂址条件要求不高。但在具体规划选址时必须遵循以下原则：

（1）要有足够的面积，地形较平坦。过于狭长、零碎和复杂的地形则不适宜生产建筑用地。

（2）对大气、水体、土壤污染严重或有危害性的生产项目，其建筑用地应安排在远离村镇的独立地段，该地段内严禁布置住宅和宿舍。

（3）有轻度污染的生产项目，其建筑用地应选择在村镇盛行风向的下风向及河流的下游并符合现行的《工业企业设计卫生标准》的规定。

（4）不产生有害物质和噪音、且运输量小的生产项目，其建筑用地可以组织在住宅建筑和公共建筑用地中。

（5）生产中有易爆、易燃危害性的工业应远离住宅建筑和公共建筑、铁路、高压线等用地地段。

（6）在矿场埋藏区、采空区、文物古迹埋藏区、地下设备埋藏区不宜布置生产建筑用地。

（7）工业生产用地应在交通方便地段，有足够的水源、电源，用电量较大的工厂其所用电压的允许距离为：3kV为1～2kg，6kV为3～4kg；10kV为4～5kg。

（8）生产建筑用地应留余地，保证村镇生产工业的正常发展。

（二）村镇生产建筑用地面积标准

目前，我国村镇生产建筑的用地面积标准是以各种工副业产品产量、农业设施的经营规模、仓储物质的品种与数量等进行制订。由于各地生产条件、技术水平、发展状况差异很大，在具体规划设计时，应以各省、自治区、直辖市建设主管部门制造的各类生产建筑用地面积标准和定额指标为依据。也可按以下方法估算：

（1）一般工厂用地可按生产建筑面积的3～8倍估算。

（2）具有安全距离要求的生产建筑，按其建筑面积的10～15倍估算；

（3）生产建筑预留用地可按人均用地标准调增10～15%；也可按生产产品规模适当预留。

二、村镇生产建筑分类

村镇工副业生产的类别繁多，生产工艺和要求也各不相同，因此，对我国生产建筑，主要根据其特点和用途，大体可划分为以下三大类：

（一）村镇工业生产建筑

（1）支农工业：化肥厂、农药厂、农机制造修理厂等。

（2）轻工业：造纸厂、印刷厂、制鞋厂、针织厂、缫丝厂、塑料制品厂等。

（3）建筑工业：砖瓦厂、水泥制品厂、采石厂、石灰厂、木材加工厂。

（4）手工业：服装厂、刺绣厂、编织厂、竹木家俱厂、综绳厂、白铁、陶瓷厂等。

（二）农副业加工建筑

主要包括粮油加工厂、棉麻加工厂、鱼类加工厂、制糖、酱菜、酿酒、屠宰、奶粉、罐头厂等。

（三）农业生产建筑

主要指集体和专业户的各类农业建筑，如打谷场、饲养场、农机站、育秧房、兽医站等及其附属用地。

三、村镇生产建筑厂区总平面布置

总平面布置是在保证生产、满足生产工艺要求的前提下，根据自然、交通运输、安全卫生及生产规模等具体条件，按照原料进厂到成品出厂的整个生产过程，经济合理地布置厂区建筑物及构筑物；处理好平面和竖向的关系，组织好厂区内外交通运输等。做到生产工艺流程合理，总体布置紧凑、节省投资、节约用地，建成后能较快地投产发挥投资效益、节省经营管理费用。

（一）厂区的组成及工艺流程

1.厂区的组成

每个厂区都有性质不同、类型不一的建筑物、构筑物和各种设施，而不同类型不同规模的厂区，其各种建、构筑物和设施也多寡不一。但生产建筑的厂区按各工程项目的用途及性质一般由生产车间、辅助车间、动力设施、仓库设施、工程管网、绿化和行政福利建筑等组成。村镇生产建筑，多属小型工厂，对生产性质相近并在共同使用公用设施相互间矛盾不大的项目尽可能集中或合并，使生产建筑的项目减少，总体平面布置也随之简单。

2.生产工艺流程

从原料进厂到成品（或半成品）出厂，是一个完整的加工过程，常称为生产工艺流程。它是厂区总平面布置的基本依据之一。厂区的生产线（工艺流程）基本上可分为三种型式。

（1）纵向排列布置

即原材料与半成品依生产顺序，沿纵向排列的厂房（纵轴线）直线前进，如图5-33（*a*）所示；根据生产规模也可将其布置为两条或两条以上的工艺流程路线。这种单行或多行的纵向生产线布置厂房，适用于地形狭长的地段。

在纵向生产线布置系统中，有时也将一部分或全部生产建筑的纵轴垂直于主要运输道路或厂房布置。以这种布置形式形成L形、山字形、环形等生产线路，如图5-32（*b*）、（*c*）所示。这类生产线布置方式，适用于近似方形的厂区用地段。

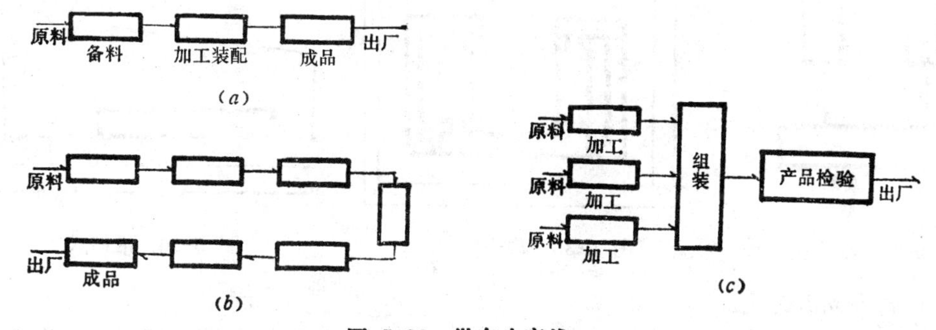

图 5-32　纵向生产线

(*a*)基本纵向生产线厂房单行排列方式；(*b*)环形生产线布置厂房方式；(*c*)山字形生产线布置厂房方式

（2）横向排列布置

即原材料与半成品流动是依横列布置的生产厂房横轴线方向进行，如图5-33所示。这种生产线的布置，适用于短而宽的厂区用地地段。

（3）混合排列布置

即材料和半成品的流动方向，一部分为纵向，另一部分为横向，如图5-34所示。在厂区用地不规则或山区村镇建设中经常遇到，因为车间布置或地形现状、地形坡度的限制，而因地制宜，采取混合式生产线路灵活布置。

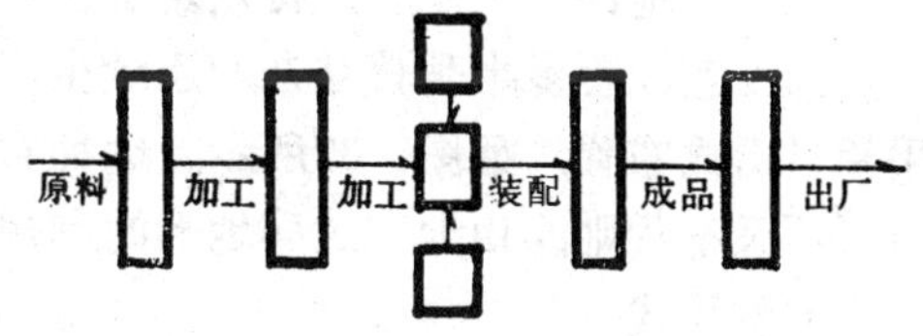

图 5-33　横向生产线排列厂房

（二）总平面布置要求

（1）总平面布置在生产工艺要求的前提下，尽量采用合并车间，组织综合体或适当增加建筑层数，切实注意节约用地。

（2）符合生产工艺要求，使生产作业线通顺、连续和短捷，避免生产线的交叉往返。

（3）厂区内建、构筑物的间距必须满足防火卫生、安全等要求，应将生产大量烟尘及有害气体的车间布置在厂区内的下风向。

（4）结合厂址的地形、地质、水文、气象等自然条件因地制宜进行总平面布置。

（5）考虑厂区的发展，使近期建设和远期发展相结合，并为远期发展留有余地。

（6）满足厂区内外交通运输要求，避免或尽量减少人流与货流路线的交叉。

（7）满足地下、地上工程管线敷设要求。

（8）总平面布置应符合村镇规划的艺术要求，生产建筑物的外形、层数、朝向及进出口位置、厂区总平面布置的空间组织处理等，均应和周围环境相协调。

（三）总平面布置形式

根据厂区的生产性质、建筑物的数量及层数、建设场地的大小和周围环境，工业生产建筑平面布置大致可分为三类。

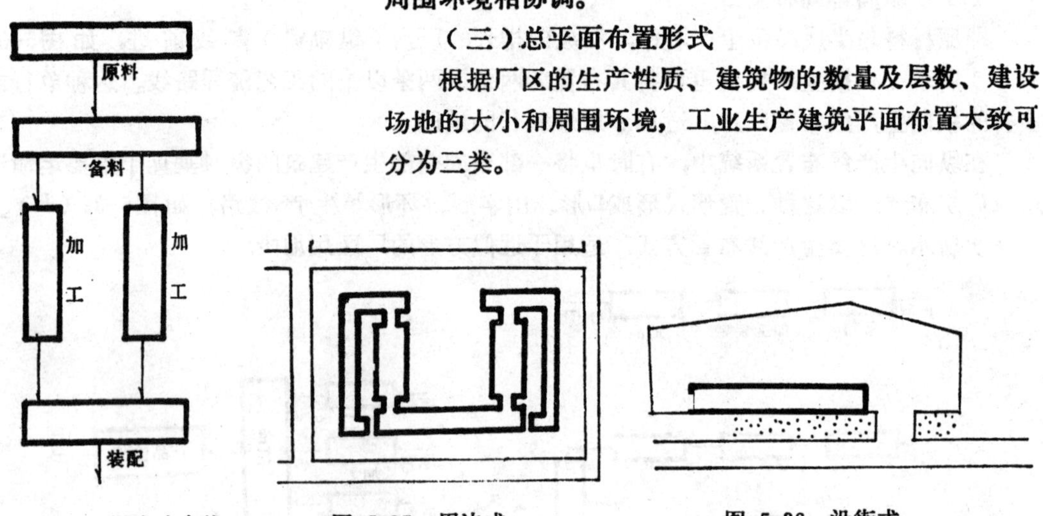

图 5-34　混合生产线　　图 5-35　周边式　　图 5-36　沿街式

1.周边或沿街式

主要适用于厂区用地较规整的村镇小型工副业生产建筑，如图5-35所示，生产建筑沿地段四周的道路红线或退后红线布置，形成内院，故称周边式。这种布置方式易造成部分车间采光条件差和通风不好，在南方炎热地区不宜采用。对村镇劳动密集型手工业，因这类工副业企业生产设备较少，产品又比较轻，可采取适当增加厂房层数沿街布置，如图5-36所示。这种布置方式不断能争取较好的采光通风条件，而且能改善村镇道路景观，是村镇内部生产建筑布置采用较多的一种布置方式。

2.自由式

能较好地满足工厂生产特点及工艺流程的要求和适应地形的变化。如化工厂、水泥厂等工厂的工艺流程多半是较复杂的连续生产，为了满足这些生产的要求，厂区各主要车间一般采用自由式布置，如图5-37所示。这种布置的缺点是不利于节约用地，且占地面积较大但对厂区不规则的用地和破碎地形的利用有较好的适应性。

3.整片式

将生产车间、辅助车间、行政管理设施用房等，尽可能集中布置在一个车间中，而形成一个连续整片的建筑物，其特点是总平面布置紧凑、节约用地、缩短各种工程管线、道路和围墙长度，从而节省投资。整片式布置工厂的示例示意图如图5-38、5-39、5-40所示。

图 5-37 自由式

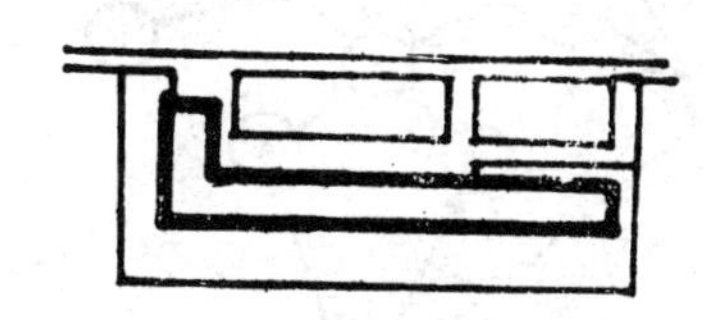

图 5-38 小型石棉水泥制品厂

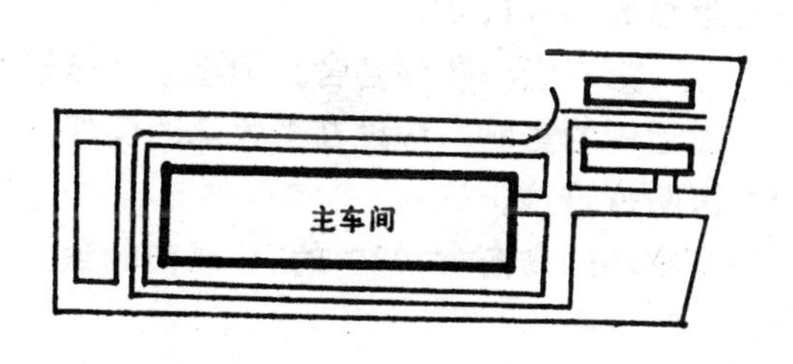

图 5-39 小型机械加工厂

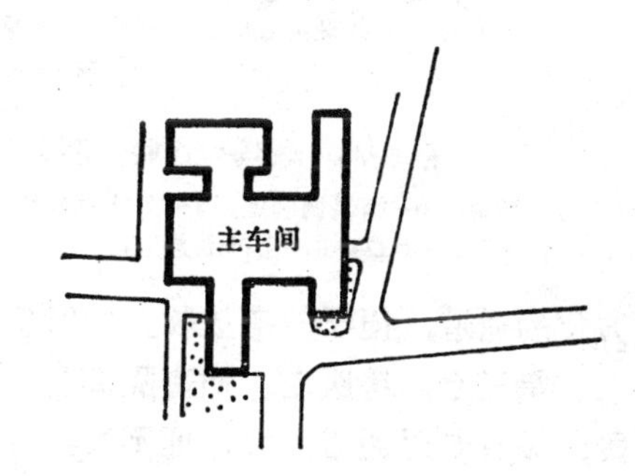

图 5-40 小型食品加工厂

四、村镇生产建筑厂区选址特点

村镇生产建筑厂区，在村镇规划中大体可分为四种情况。

1.远离村镇布置

由于经济、安全和卫生要求，有些生产建筑宜布置在远离村镇的独立地段，例如砖瓦、水泥、石灰厂、采石场及有爆炸、火灾危险的生产建筑与村镇保持一定的防护距离。

2.在村镇边缘布置

按它们相互协作关系，集中布置，以形成一个或二个生产建筑区。若为二个生产建成区时，可按其生产污染程度，分别布置在村镇相应地段。这种布置有利于减少村镇的环境污染，又有利于组织居民上下班。此外还可按二个生产建筑区的不同特点进行分期建设。

3.分别布置在村镇内部

布置在村镇内部的生产建筑主要是没有污染、运输量少，用地面积不大的副食品加工、小型轻织及日用手工业厂房。这类建筑限制条件少，灵活布置的可能性大，设在村镇内部，有利于缩短居民上下班的路程。

4.村镇原有工副业调整

对产生严重污染、影响村镇环境和危及居民健康的生产建筑，在规划时应考虑搬迁，对居民生活影响不大的则可保留或适当调整。

村镇生产建筑的选址，要注意其本身的特点。如目前有些企业产品方向还不稳定，要考虑将来的减产或今后采用现代化手段的可能性。

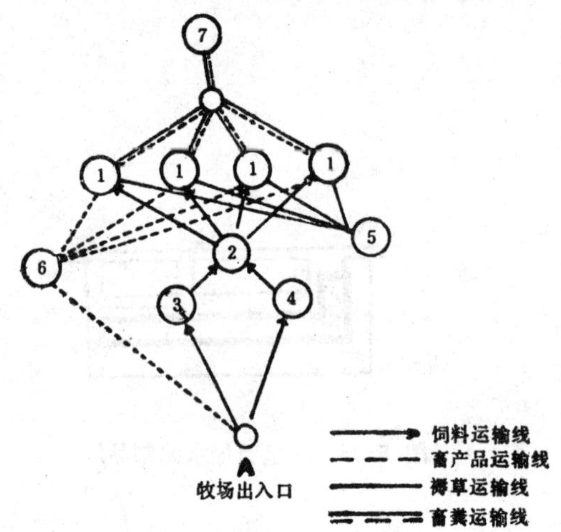

图 5-41 牧场生产联系图解

1—畜舍；2—饲料调制室；3—多汁饲料库；4—精料库；5—褥草；6—畜产品加工厂；7—畜粪池

五、饲养畜牧场用地规划布置

（一）畜牧场的生产过程及组成特点

畜牧场规划的目的，主要为畜牧场整个生产过程创造经济、合理方便的条件，进而提高劳动生产率。为此，必须了解饲养场的主要生产过程及其相互之间的关系。其牧场生产联系如图5-41所示。此图可分为四组。

第一组：饲料仓库及饲料调制室。这组因交通运输频繁，应布置在畜牧场靠近道路的出入口处。

第二组：各种畜舍。为避免受频繁交通运输的影响，应设在畜牧场的深处，有方便的通道，便于牲畜放牧。同时应有良好的兽医防疫措施。

第三组：兽医室、病畜隔离舍等。应设置在畜牧场的禽畜舍200m的下风向的独立地段，设有专用通道，以保证不受各种疾病感染。

第四组：办公室、宿舍、畜产品加工厂、服务于畜牧场的车棚和其它役用畜舍等辅助建筑，应设在畜牧场上风向及出入口处，便于场内经营管理和对外联系并保证工作人员有良好的工作和卫生条件。

（二）畜牧场建筑物布置要求

畜牧场建筑物的布置对整个畜牧场的平面形式、畜舍保温、采光以及投资等关系十分密切，在布置中应注意以下几点：

1.地形

为了减少建筑物的土方工程，畜舍的方向应使其长轴与等高线平行，如果考虑到采光、风向、机械化等要求时，可使其相互形成一定的角度如图5-42所示。

2.采光

阳光能增强牲畜的生理活动、牲畜的健康和消灭病菌、并能在冬季提高畜舍温度，故保证畜舍有一定的光照。其畜舍朝向以南或偏东南、偏西南15°最佳，在华南炎热地区力求避免西向。

3.风向

畜舍受主导风的吹袭会降低畜舍的保温性能；并会携带病菌，在我国北方地区为了保温防寒，畜舍的长边与冷风方向应保证一定角度(30°～45°)或以畜舍的短边垂直冷风方向。

图 5-42 畜舍布置与地形关系

4.兽医防疫和防火

为了满足兽医防疫和防火要求，在同类畜舍或异类畜舍之间均应有一定的间距，一般同类畜舍之间的间距为30m。畜舍的山墙间的距离为20m。而异类畜舍间的间距为50m。饲料调制间与畜舍的间距为30m。其畜牧场建筑物与设备的卫生间距见表5-9。

5.为了便于组织饲养和缩短兽医防疫运行路线，畜舍应有规律地紧凑布置。

畜牧场建筑与设备的卫生间距表　　表 5-9

建筑物名称	建筑物名称															
	产房和犊牛隔离室	成年牛牛舍	猪舍	羊舍	兔舍	马厩	禽舍和育雏室	交配间和人工授精间	集中乳室	精饲料仓库	多汁饲料库	有设备的厩肥贮存所	无设备的厩肥贮存所	日常粗饲料仓库	生产人员值宿舍	精饲料灶房
	卫生间距 (m)															
产房和犊牛隔离室	—	60	60	60	60	60	60			30	30	50	100	30	50	30
成年牛牛舍	60	—	50	50	50	60	60			30	30	50	100	30	50	30
猪　舍	60	50	—	50	60	60	120		100	30	30	50	100	30	50	30
羊　舍	60	50	50	—	50	50	60		50	30	30	50	100	30	50	30
兔　舍	60	50	50	50	—	50	120	50	60	30	30	50	100	30	50	30
马　厩	60	60	60	50	50	—	60		50	30	30	50	100	30	60	30
禽舍和①育雏室	60	60	120	60	120	60	—	50	50	50	30	50	100	30	60	50
交配间和人工授精间					50		50	—			30	50	100	30	50	
集中乳室			100	50	60	60	50		—		50	150	200	30		
精饲料库房	30	30	30	30	30	30	30			—		130	180	30		
多汁饲②料库	30	30	30	30	30	30	30	30	50		—	130	180			30
有设备厩肥贮存所	50	50	50	50	50	50	50	50	150	130	130	—	—		100	150
无设备厩肥贮存所	100	100	100	100	100	100	100	100	200	180	180	—	—		150	200
日常粗饲料仓库	30	30	30	30	30	30	30	30	30	30				—	30	30
生产人员值宿舍	50	50	50	50	50	50	50	50				100	150		—	50
精饲料灶房	30	30	30	30	60	30	50				30	150	200	30		—

说明：①建筑物有栅栏时，从栅栏起计算；
②指根茎类贮藏库、贮藏穴、贮藏壕。

（三）畜牧场畜舍的排列方式

畜舍的排列要考虑实现全部生产线（发料粪便清除、供水、采暖、供电和运输）的流水作业和工艺的相互联系，并为发展留有余地。

排列方式，一般为行列式和成组式两种，如图5-43所示。

若场内畜舍数量少，牲畜种类单一，一般采用行列布置，饲料加工和调制室常在几栋畜舍的一端。注意，饲养运输路线与排除粪便的运输路线不应重复和交叉，并按牲畜龄期来布置排列，以便随着牲畜增长，从一批畜舍依次转入另一畜舍的要求。

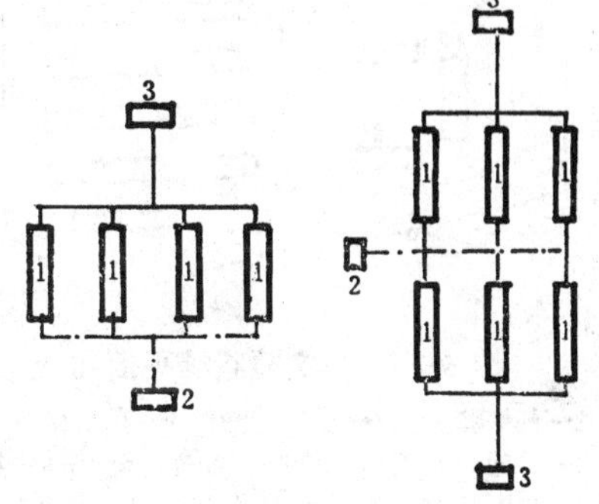

图 5-43

(a)行列式；(b)成组式

1—畜舍；2—饲料调制室；3—贮粪池

（四）畜牧场的规划布置

1.养猪场规划

养猪场规划决定于饲养管理方式即：闭式饲养

或敞开饲养——涉及猪舍形式和需不需要设置猪的运动场；猪的饲养和喂养方式是采用干饲料（干制料或颗粒料）、潮湿料，还是稀料，是无槽式定时定量饲喂，还是采用自动饲槽饲喂方式，其自动饲槽还涉及饲喂系统的机械化等；饲料仓库的容积与位置及饲料调制间与畜舍的相对位置等；舍内供水、采暖、照明等涉及管线网络布置，猪场的防疫卫生等其规划特点为：

（1）确定养猪场规模：规模的大小主要取决于饲料供应能否满足猪只在不同生长阶段的不同要求及市场需要情况；另一方面注意粪便的处理，考虑周围有多少可供施肥的耕地等因素来确定养猪场规模。其每只猪面积定额参见表5-10。

每只猪面积定额表　　表 5-10

猪只种类	猪栏面积 (m²)	运动场面积 (m²)	栏门宽度 (m)	栏高 (m)
种公猪	6～8	15	0.8～1.0	1.2～1.4
后备公猪	1.6～2.0	10	0.7～0.8	—
怀孕及妊娠前期母猪	2～2	5	0.8～0.9	1.2～1.0
哺乳及妊娠后期母猪	4.5	12～16	0.7～0.8	0.9～1.0
后备母猪	1.5	5	0.7～0.8	—
育成母猪	0.5～0.8	1～1.8	0.7～0.8	—
肥　猪	0.8～1.0	—	0.8～1.0	0.9～1.1

（2）猪场和居住区必须分开，一般至少在200m以上。为避免传染病，全场应设围墙，并有两个出入口，即人流、车辆出入口。出入口必须有消毒设施。场内设兽医室、解剖化验室、火化室等。场内设置粪便处理站时，一般应位于地势稍低的下风处，距猪场500m以上。

（3）加强防疫措施，一般场内外车辆分开使用。在出入口附近应有过渡地段，在此地段内布置饲料周转仓。

（4）机械化养猪场的猪舍分为公猪、母猪舍，产仔、幼猪舍和肥猪舍三种。为便于转群，猪舍排列时，应依次排列，如图5-44所示。

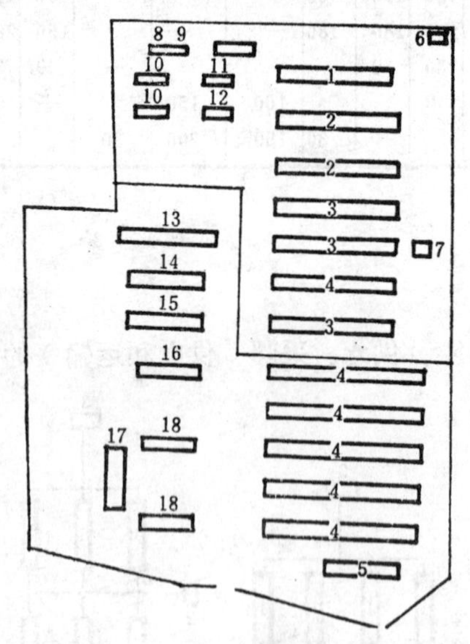

图 5-44　某实验猪场平面图

1—妊娠猪舍；2—分娩猪舍；3—育肥猪舍；4—扩建母猪舍；5—扩建公猪舍；6—锅炉房；7—兽医急宰火化；8—种公猪舍；9—授精室；10—妊娠种猪舍；11—后备种猪舍；12—分娩种猪舍；13—饲料仓库；14—汽车库；15—机修间；16—办公宿舍楼；17—食堂；18—宿舍

2.乳牛场规划特点

乳牛场内主要有各种牛舍（包括公牛、乳牛、青年牛、牛犊舍）、产房、奶品处理间、人工授精室、兽医室以及饲料库、加工间等生产建筑和附属建筑组成。在生产过程中它们之间的相互关系如图5-45所示。

从图5-46中看：牛场中建筑物较多，在规划中必须根据各建筑物间的联系，结合地形及主导风向、光照条件，将关系密切的建筑物相邻布置，做到科学合理。

正确进行乳牛场布置，应着重处理好防疫、乳品生产以及道路运输等主要问题。其布置特点为：

产房是母牛产后排菌的集中场所，应布置在下风向；公牛舍与人工授精室对防疫、防尘及无菌操作方面要求严格，两者间距离较近，公牛舍的位置应布置在人畜往来较少及各种生产建筑的上风向；犊牛由于抵抗能力弱容易感染疾病，要求远离乳牛舍，尤其要远离产房；乳牛场的产品主要是牛乳，为了将牛乳处理好尽快出场，要牛乳牛舍、挤奶间与乳品处理室间距近，与场外道路网联系方便；饲料库，加工间应相互靠近，并接近牛舍，与干草存放处应稍远，以利防火。具体布置如图5-46所示。

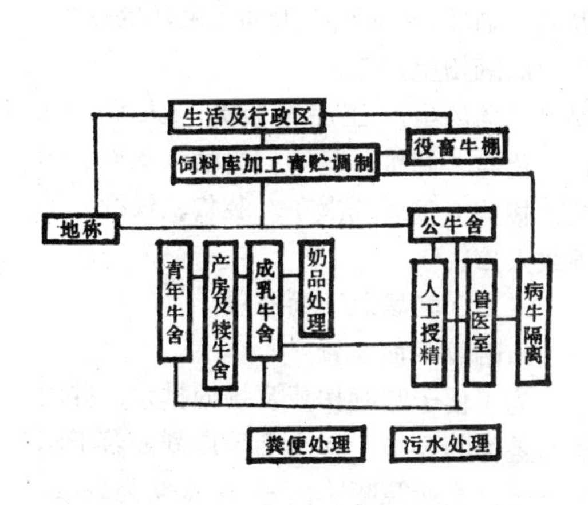

图 5-45　牛场各建筑的功能联系图

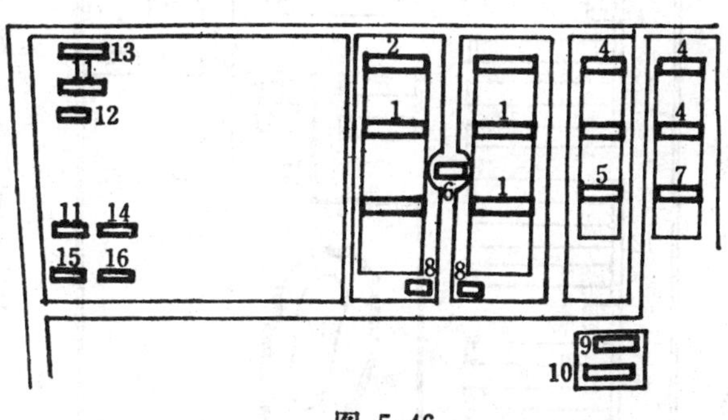

图 5-46

1—乳牛舍；2—产房；3—种公牛舍及人工授精室；4—成牛牛舍；5—犊牛舍；6—奶品处理间；7—饲料加工间；8—消毒更衣室；9—兽医室；10—病牛舍；11—役马厩及牛棚；12—仓库；13—农机库；14—职工宿舍；15—食堂；16—办公室

3.养鸡场规划特点

由于家禽体躯矮小，活动空间均在500mm以下，因此受地面温湿度影响较大，所以养鸡场最好选在向阳干燥的南坡。

家禽较神经质、生性短小，偶有惊吓，合群噪动、影响产卵。故鸡址应保持僻静的环境；同时也避免群鸡的啼鸣喧叫影响居民的休息。因此鸡场离居民生活用地及交通道路的距离一般在300m以上。

鸡场主要建筑物包括：孵化室、育雏室、种禽室。如办商品鸡场尚有成鸡舍（产卵鸡舍）、育肥鸡舍、辅助饲料加工间、锅炉房、库房等组成。根据生产联系，各建、构物之间的功能关系如图5-47所示。

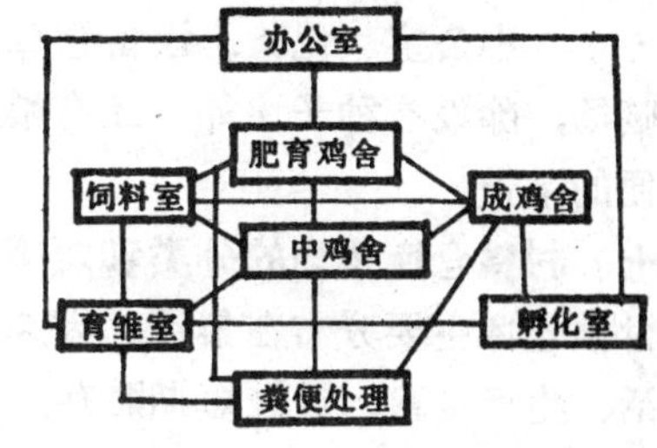

图 5-47　鸡场功能联系图

根据功能特点及防疫要求，在鸡场平面布置时应注意以下几点：

（1）与外界联系较多的肥育鸡舍和孵化室，应建在场内边缘地带，靠近办公室及出入口、对外交通运输方便的地段，以利出售种卵、雏鸡及育肥鸡。

（2）与各个生产环节联系都较密切的饲料调制室、水塔（水井）、锅炉房等需建在鸡场的中心，为鸡舍饲养提供方便条件。

（3）鸡场的各个生产环节既分阶段又有紧密的连续性，因此，规划布置鸡舍时，必须根据生产联系来考虑其位置是否有利生产的衔接。某鸡场平面布置如图5-48所示。

六、晒场规划布置

晒场是农业生产用地的必要设施，内容包括：晒场（土、混凝土晒场）、办公、化验室、凉棚、种子库（粮库或粮囤）、扬场机和精选机等设施组成。

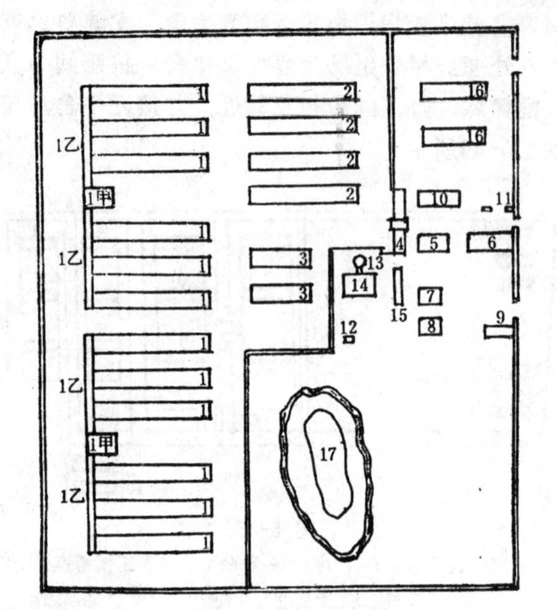

图 5-48 某养鸡场实例

1—蛋鸡舍(1甲：集卵间1乙：集卵走廊)；2—育成鸡；3—育雏舍；4—洗涤消毒间；5—食堂；6—车库；7—机修间；8—禽病；急宰间；9—配电室；10—办公室、宿舍；11—传达室；12—电瓶；13—水塔；14—锅炉房；15—鸡笼消毒；16—家属宿舍；17—污水池

（一）晒场的面积估算及生产工序

1.晒场的面积估算

土晒场面积约为种植面积的3‰左右；混凝土晒场，其面积一般为土晒场的一半。

2.晒场生产工序

晒场的生产工序大致为：入场、过称、化验、卸粮、扬场、摊晒、集堆、遮盖、揭盖（重复几次）、装货、过秤、出场或入库。

（二）晒场总平面布置

1.晒场平面布置

为了便于晾晒作业及场内排水，并考虑遮盖物的要求，整个晒场应划分若干晾晒小区。土场晾晒小区一般宽度为5～10m、长度40～60m、地面坡度为5%左右。混凝土晾晒场一般要满机械化作业要求，其宽度为20～25m，长度为40～90m，地面坡度在2～3%。

2.场内辅助设置

（1）晾棚：晾棚是为各晾晒小区服务的，其位置应设置在所服务的小区适中位置，并位于交通运输方便的地带，平行于小区的长边进行布置。

（2）办公室、化验、设备仓库：宜布置在晒场出入口处，并最好相邻布置。规模较大的晒场，除设有种子库外，还有粮库（粮囤），其位置可布置在晒场的一侧对外交通联系方便的地带。

七、村镇仓库用地的分类和规模估算

村镇仓库主要分布在集镇，因为农村集镇在一定区域内是物资集散地，它将从城市来的生活、生产资料，通过短期贮存，然后再分配到广大的农村中去，而农村的大量农副土特产品，又多是通过储存，输送到相应的城市。此外可能还有需要长期储备的物资仓库设在集镇内，如储备粮食仓库等。因此，仓库规划是集镇规划的一个主要组成部分。

集镇仓库是单独设置的仓库或堆场。它不包括生产工业厂区内部的仓库。

（一）仓库的用地组成和分类

集镇仓库用地由库房、堆场、晒场、运输通道、机修动力房、办公用房和其它附属建筑物及防护带等组成。一般可分为以下几类：

（1）储备仓库：主要存放国家、地区储备和战备物资，如粮食、工业品、设备等。

在农村集镇，主要以储备粮食仓库为主。

（2）转运仓库：主要是在车站、码头处存放中转物资及各种农副产品的临时集散仓库或场地。

（3）生活物资仓库：主要存放为本地区广大农民生活、生产服务的日常生活消费品和生产资料等仓库。

（二）仓库用地规模估算

集镇仓库用地规模估算，可首先估算近远期货物的吞吐量，而后考虑仓库的货物年周转次数，再按如下公式估算所需的仓容吨位数：

$$仓库吨位=\frac{年吞吐量}{年周转次数}$$

计算所得仓容吨位数，确定哪些入仓库，哪些放入堆场。仓库库房用地面积可按下列公式计算：

$$仓库用地面积=\frac{仓库吨位\times进仓系数}{单位面积荷重\times仓库面积利用率\times层数\times建筑密度}$$

堆场用地面积可按下式计算：

$$堆场用地面积=\frac{仓库吨位\times(1-进仓系数)}{单位面积荷重\times堆场面积利用率}$$

上述公式中的进仓系数——是指需要进入室内的各种货物存放数量占仓容吨位的百分比。

单位面积荷重——是指每$1m^2$存放面积堆放货物的重量。主要农业物资仓库单位有效面积堆积数量见表5-11。

农业物资仓库单位有效面积堆积数量参考数据　　表 5-11

名　称	包装方式	单位容积重量(吨/m³)	堆积方式	堆积高度(m)	有效面积堆积数量(t/m²)	储存方式
稻　谷	无包装	0.57	散　装	2.5	1.4	室　内
大　米	袋	0.86	堆　装	3.0	2.6	室　内
小　麦	无包装	0.80	散　装	2.5	2.0	室　内
玉　米	无包装	0.80	散　装	2.5	2.0	室　内
高　粱	无包装	0.78	散　装	2.5	2.0	室　内
大　豆	无包装	0.72	囤　堆	3.0	2.2	室　内
豌　豆	无包装	0.80	囤　堆	3.0	2.4	室　内
蚕　豆	无包装	0.78	囤　堆	3.0	2.3	室　内
花　生	无包装	0.40	囤　堆	3.0	1.2	室　内
棉　子	无包装	0.38	囤　堆	3.0	1.1	室　内
化　肥	袋	0.80	堆　垛	2.0	1.6	室　内
水果蔬菜	篓　装	—	堆　垛	2.0	0.7	室　内
小　米	无包装	0.78	囤　堆	3.0	2.3	室　内
稞　麦	无包装	0.75	囤　堆	3.0	2.3	室　内
燕　麦	无包装	0.50	囤　堆	3.0	1.5	室　内
大　麦	无包装	0.70	囤　堆	3.0	2.1	室　内

仓库面积利用率：是以仓库堆积物资的有效面积除以仓库建筑面积所得的百分数。一般地面堆积可达60％～70％；架上存放为30～40％；囤堆、垛堆为50～60％；粮食散装堆积为95～100％。

堆场面积利用率，是以堆场堆积物资的有效面积除以堆场面积所得的百分数。它与堆场内的通道或过道有关，而通道或过道的宽度，又由堆积物资的种类、堆场设备、运输工具和装卸方式等因素来确定，一般堆场利用率为40%～70%。

仓库建筑的层数，在村镇多采用单层仓库，多层仓库要增加垂直运输设备和经营管理费用，同时由于楼面荷载大，建筑物结构复杂，增加土建费用，故在一般情况下不宜采用。

仓库建筑密度，建筑密度的大小与运输、防火等要求有关，但主要受仓库建筑的基底面积和跨度的影响较大。在村镇由于受建筑材料和施工技术条件的制约，常以砖木、砖混结构为多，跨度大约在6～9m之间，因此，村镇仓库建筑密度（不含堆场）一般可取35～45%。

八、村镇仓库用地规划布置

村镇各种仓库用地应根据其用途、性质结合用地特点尽量减少村镇范围内的货物运输交通量及二次搬运费用等原则进行布置。

（一）满足仓库用地的一般技术要求

即地势较高、地形平坦，坡度为0.5～0.3%较好；地下水位低，避开潮湿或低洼地段；地基土壤应有较高的承载能力；当沿江、河、湖岸修建仓库时，应注意勘查堤岸的稳定性和土壤承载力。

（二）仓库用地必须有方便的交通运输条件

其位置应靠近主要交通干道、车站和码头。目前，村镇中，人力、兽力车和拖拉机是运输的主要工具，而这些车辆运输量小，车次多，加之村镇仓库运输季节性强，在规划时，要充分考虑运输高峰时的车流组织，以免造成车流阻塞。另外，由于兽力车不卫生，拖拉机噪声大，在选择用地时，应注意避免这些车流穿越村镇、住宅区或公共活动中心，干扰居民生活和影响环境卫生。

（三）尽可能将同类仓库集中，紧凑布置兼顾发展

既利于近期建设和便于经营使用，又应有利于远期发展和留有余地。对原有仓库用地过大，或多征少用的应通过规划加以调整，以提高土地利用率。

（四）注意环境保护，防止污染

仓库用地的布置必须满足有关卫生、安全、防火的要求。对易爆、易燃、毒品等仓库的用地应远离村镇布置，并有一定的卫生、安全防护距离。防护距离可参考表5-12，对易爆、易燃等仓库的防火安全要求详见附《农村建筑设计防火规范》GBJ 16—87。

仓库用地与住宅建筑用地之间的卫生防护宽度　　表 5-12

仓　库　种　类	宽度（m）
大型水泥供应仓库、可用废品仓库、起灰尘的建筑材料露天堆场	300
非金属建筑材料仓库、劈材仓库、煤炭仓库、未加工的二级无机原料临时储藏仓库	100
蔬菜，水果贮藏库，600吨以上批发冷仓库、建筑和设备供应仓库（无起灰材料）木材贸易和箱桶装仓库	50

九、仓库用地总平面规划特点

（一）粮仓区用地规划布置

1.村镇粮仓的种类

目前分布在村镇的粮仓大致分为以下两大类：一类是较坚固的永久仓；另一类是简易仓。

属永久性粮仓的有以下形式：

房式仓——分平房和楼房两种。适合大批粮食的贮存，可散装、围装及包装。便于粮食分类存放，既利于部分机械又适于人力灌仓，便于清扫、熏蒸、除害和翻倒粮堆。

拱形仓——屋顶呈拱形。分单向拱、双向拱两种，适于分类贮存，密闭条件较好，便于熏蒸除害。其缺点是单间拱的仓型较少，隔墙多，开设门窗受限制，粮仓进出仓不易采用机械化运输。

圆筒仓——分单圆式、双联式、联排式与地下式等。其特点是密闭较好、粮食堆积高度大，节约用地；大型联排式适合机械化灌仓出仓，但不适于多品种、多分类的贮藏。

简易仓有露天围囤、竹木构造、竹编圆筒仓以及土圆仓，其中又以土圆仓较多。

2.粮仓总平面布置

粮仓地段由仓库建筑、晒场、附属建筑（谷物干燥房、选种室、化验室、办公室、宿舍）、地坪和通道等组成。

粮仓总平面布置原则：

（1）各项建筑和场地设施的布置要满足功能联系的要求。如各类仓库的位置应根据库内贮存物品的运输量大小和周转次数作相应的布置；凡运输量大的仓库应靠近大门出入口及晒场布置；相反则可布置在地段的深处；地坪一般应布置在出入口的大门附近。

（2）晒场与粮仓的距离应满足晒场的日照、防火和车辆进出仓门回车等要求。其回车要求一般为12～20m。

（3）办公室、宿舍应布置在晒场的上风侧，以免受粮食、尘埃的污染。

（4）粮仓与其它建筑物的防火间距最小不应小于10m。若粮仓兼供销业务，则应分设独立出入口，以利安全保卫工作。

（5）在粮食、种子库周围不宜栽树，因为树冠会影响仓库通风，且易繁殖害虫危害仓库粮食，当落叶时还有碍于粮食的翻晒。

（6）当选用圆仓布置时，仓与仓之间的距离以1500mm左右为宜。间距过大，占地面积多；间距过小，不利通风和日照要求。各组圆仓库之间应考虑车辆运输机械的进出和防火需要，应留有6—7m宽通道。

（7）一般粮仓地段最好与粮油加工厂结合在一个区域内布置，以便共用场地设施，且提高劳动生产率，如图5-49所示。

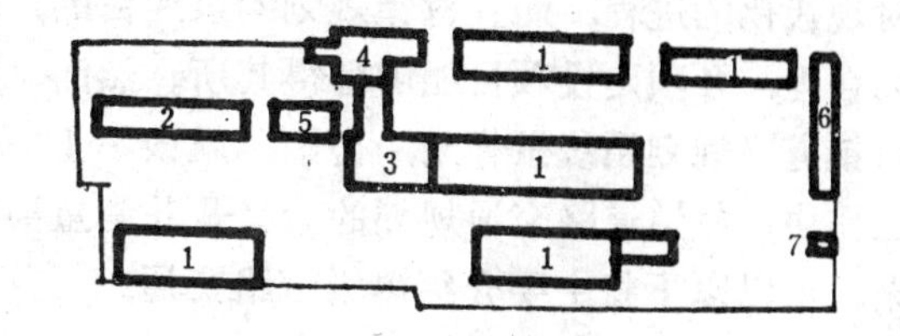

图 5-49 某粮仓

1—粮仓；2—榨油厂；3—米厂；4—收购站；5—办公室；6—宿舍；7—杂用房

（二）油库用地规划布置

油库是村镇拖拉机、联合收割机和汽车用来加油和贮油的地方。大型厂、站一般是一个区域的油料中转站，故规模稍大。村镇油库一般采用油罐，规模较小。但它们的共同点是，要求严格的防火和交通运输便利。

为了有利于防火，油库或油罐应独立设于村镇的下风侧，应满足防火规范要求。为净化空气和减少油料的挥发，油库周围可以适当绿化，较大型的油库四周应筑土坝，以防火灾蔓延。

拖拉机用油以柴油为主。油库容量按每台拖拉机每一耕作季节的耗油量计算（约2～3t），因一年中一般在春、夏、秋季三次进油，故贮油设备按年总用油量的1/3考虑）。储油多用金属油罐，露天放置。为防止挥发损失，炎热地区宜建棚或仓；严寒地区应有防冻措施。由于柴油在使用前须沉淀72小时以上，因此应有备用的油罐，并须分设，常用油罐、油桶尺寸如表5-13所示。

常用油罐、油桶尺寸表　　表 5-13

名称	容量	直径(mm)	长度(mm)	名称	容量	直径(mm)	长度(mm)
油罐	3t	1200	3600	油罐	80kg	470	700
	5t	1600	3300		95kg	520	800
	10t	1800	4000		170kg	560	860
	25t	2400	5900				

拖拉机除原油——柴油外，还有副油（副油用量占主油的百分比为：黄油2%；汽油1.5%；煤油2%；齿箱油7%）这些油料多用桶装、库存不同的油料应分组放置。

油库或油罐与建筑物之间应满足规划防火要求。

第七节　村镇道路系统规划

我国农村的村镇建设长期以来由于处于自流状态，发展一直比较缓慢。农村实行联产承包责任制以后，农民日趋富裕起来，迫切要求改善生活、生产条件。同时，农村整个经济也已从比较封闭的状态转向开放，商品经济有了较大发展，生活水平提高，观念也正在更新的农民也迫切需要有更方便的交通条件；开放中的农村商品，也需改善已不能适应新形势要求的原有村镇道路交通体系。村镇道路交通条件能否得到早日改善，将直接影响农村现代化的进程，而且村镇规划的最终目的，就是要使村镇的生产、生活设施在用地上布局合理，各项建设项目能够各得其所。然而，科学的村镇布局结构，必须要有一个合理的村镇道路规划系统做骨架，否则，就谈不上布局结构的科学性了。所以说，在村镇规划的工作中，村镇道路交通规划的意义是非常重要的。一般来说，集镇的交通要比村庄交通复杂，所以以下将主要介绍镇级道路交通。

一、村镇道路交通特征

（1）在交通结构中，来往机动车辆少，非机动车与行人多。

镇上的交通以本地居民为主，由于出行距离短，所以居民出行除使用自行车外，大部分为步行，同时也因此机动车交通比重小。

（2）机动车交通中，客运交通少，货运交通多。上面已经谈过，镇上的交通主体是本地居民、远途客流少，因此机动车交通以货运为主。

（3）机动车货运交通中，外地的多为快速机动车，本地多以慢速机动车。

这几年农民虽然富裕了，但一般买得起汽车的少，多数还是买拖拉机。所以，镇上的快速机动车货流，多数为外地过境交通。

（4）道路性质不明确，技术标准低，混行严重，集镇建设资金短缺，路面质量好的少，所以往往造成一条主要道路上的行人、机动车、非机动车一起用，快速与慢速交通一起行，本地交通，过境交通一起抢道的现象。尤其是过境交通穿越镇内中心，是目前集镇普遍存在的问题。既造成了过境车辆的通行困难，也严重损害了镇中心的生活环境。并危及行人的安全。

（5）道路交通在时间与空间上呈非平衡性分布，由于乡镇企业与商品经济的发展，许多离土不离乡的农民在镇上从事各种非农业工作，造成了镇内主要交通道路上的客流在早、晚高峰时呈钟摆单向运动，在一些较大的集日活动的镇，其集日的客流可大于平日的客流。

二、村镇道路分类

1.主干道

是村镇商业居住中心的主要交通汇集线，又是沟通各功能区之间的联系通道，若位于村镇的边缘并与对外公路相连接则有大量人流和自行车流汇集。红线宽度为24～32m。规模大的集镇红线可宽一些，计算行车速度可快一些。横断面为一块板式，个别大镇可考虑设三块板。

2.次干道

是仅次于主干道的干道，每逢集市日，有大量人流和自行车流汇集。平日它是一个功能区内部联系的通道，红线宽度可为16～24m，一般为一块板式。

人口规模一万人以下的集镇，可将以上两类合并成一类，做为主干道。

3.支路

级别在次干道之下，是为方便居民出行、交通疏散、满足消防、救护等要求的道路，红线宽度为10～14m，原则上不准过境车辆使用，以保证居住用地内部环境的安全、安静。

4.巷路

是联系村落住宅与主要交通路线的道路，红线宽为4～6m，考虑农村机动车进出农家院落的方便，车行道宜定为3.5m。

村镇道路的分级，应根据村镇规模大小而定，一般可参照表5-14执行，并且应符合表5-15的规定。

三、村镇道路红线的规划设计

村镇道路红线，即村镇中道路用地与其它用地界线。村镇道路横断面中各组成部分用地宽度的总和称为道路红线宽度。在村镇规划中考虑道路红线宽度是为了便于功能组织、控制村镇用地和布置沿街建筑。

（一）影响村镇道路红线宽度的因素

1.村镇性质和规模

村镇性质和规模不同，村镇道路红线宽度要求也不同。如人口规模多的商业型集镇的主干道红线宽度明显的宽于一般集镇的主干道。

村镇道路系统组成 表 5-14

村镇层次	规划人口规模（人）	道路分级 一	二	三	四
中心集镇	10001以上	●	●	●	●
	3001～10000	△	●	●	●
	3000以下		●	●	●
一般集镇	3001以上		●	●	●
	1001～3000		●	●	●
	1000以下		△	●	●
中心村	1001以上		△	●	●
	301～1000			●	●
	300以下			●	●
基层村	301以上			●	●
	101～300			△	●
	100以下				●

注：表中●——道路系统应设的级别
△——根据需要可设的级别

村镇道路分级标准 表 5-15

规划设计指标	村镇道路分级 一	二	三	四
计算行车速度(kg/h)	40	30	20	—
道路红线宽度(m)	24～32	16～24	10～14	4～8
车行道宽度(m)	14～20	10～14	6～7	3.5
每侧人行道宽度(m)	3～6	2.5～5	1.5或不设	不设
交叉口建议间距(m)	>500	300～500	150～300	80～150

2.交通情况与道路性质

村镇的交通量大小与交通类型和道路性质对道路红线宽度均有影响，当车辆行驶速度相差很大，尤其是非机动车多时，需设计一定宽度的分车带，不同类型的车辆所占用车道的宽度不同，生活性道路的人行道宽度明显的宽于交通性干道的人行道。

3.通风与日照

为使道路两旁的建筑物有足够的日照和良好的通风条件，道路宽度与沿街建筑应有适宜的比例关系，其比例关系的确定与各地区的日照要求、村镇所在地理位置（纬度）等有关，设计中可参考下列数据：

南北向道路宽度约为建筑高的 2 倍；

东西向道路宽度约为建筑高的 3 倍；

4.建筑艺术

建筑艺术对道路宽度的要求是力求保证有较好的欣赏建筑的视觉距离，当建筑物的高度超过或等于道路宽度时，只能看到建筑物的立面局部或较短一段街道建筑；当建筑物高度小于或接近道路宽度的一半时，就能很清楚地看到各座建筑的立面和相当长一段街道建筑。

5.战备防震

村镇道路红线宽度应满足战备和防震的要求，即在战时和发生较大的自然灾害时，必须保证房屋倒坍时应留有一定宽度的路面继续维持交通，因此道路红线宽度应大于建筑高度，主要干道应大于一倍以上。

考虑通风、日照、战备、防灾（主要是防震）和建筑艺术的要求，根据各地村镇建设的经验，建筑高度与红线宽度的比例关系为1:1.5～1:2为宜。

6.绿化与地下管线的埋设

道路绿化的种类与布置方式，对道路宽度亦有影响，村镇现代化的进程促进了地下管线种类，有些道路在确定红线宽度时要重点考虑地下管线的用地要求；

7.地形条件

村镇用地的地形条件不同，其道路的红线宽度亦有所不同，如地形起伏较大的山地村镇为适应地形特点，减少工程量，适当缩小道路红线宽度，采用平行干道分流交通的办法来满足村镇运输的要求。

（二）村镇道路红线宽度的确定

确定村镇道路红线宽度、必须按照有关方针政策，因地制宜，充分调查研究全局出发，综合考虑各种因素加以确定，而不能对所有的道路都只从交通运输方面的要求去考虑。

1.机动车道宽度确定

车道宽度　村镇道路上供各种机动车辆行驶的路面部分，称为机动车道，在道路上提供每一纵列车辆安全行驶的地带，称为一个车道；其宽度决定于车身宽和车辆横向的安全距离。

1）车身宽度　货车宽度一般为2.0～2.60m；牵引车为2.80m；大客车为2.27～2.60m；小客车为1.6～2.0m。计算时一般可采用货车2.50m，大客车2.60m、小汽车2.0m，偶然通过的大型车辆一般不作为计算的依据。

2）横向安全距离　横向安全距离是指车辆行驶时摆动、偏移的宽度及车身与行道侧面边缘的安全间隙。它与车速、路面质量、驾驶技术，交通秩序等有关。一般来说，村镇道路车速较低，可采用下列各值做为相应的安全距离。如图5-50所示。

对向行车的横向安全距离$x=1.0\sim1.2$m。

同向行车的横向安全距离$D=0.9\sim1.0$m。

车身与侧面间的安全距离$c=0.4\sim0.6$m。

在机动车与非机动车并行的路面上，自行车摆动幅度较大，与机动车车身横向间距离为1.3～1.5m（最少为1m），三轮车行驶稳定，其横向间距离为1m。如图5-51所示：

3）一个车道宽度的确定　综上所述，可得一个车道的宽度，即一侧靠边，另一侧为同向车道时为

$$b_1=c+a_1+\frac{D}{2}$$

一边是同向车道，另一边是异向车道时为$b_2=\frac{D}{2}+a_2+\frac{x}{2}$。

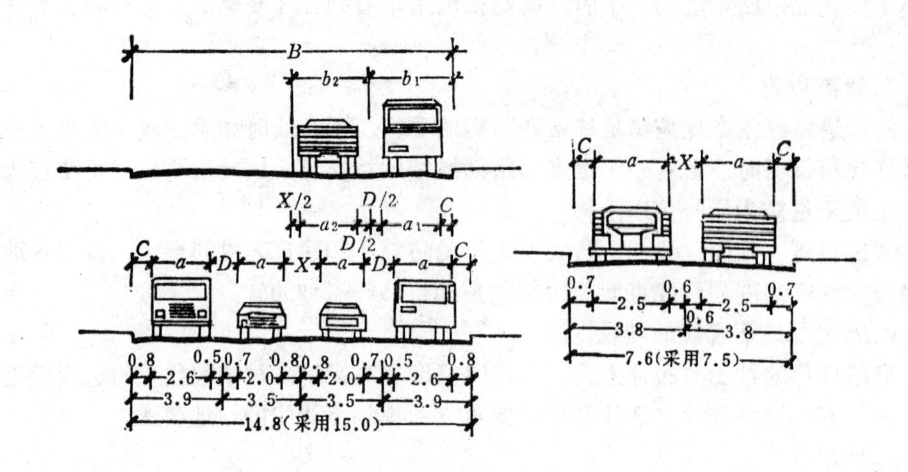

图 5-50 机动车道横向安全距离

将前述有关数值代入上式即可求出各条车道的宽度。一般以货车为主体的一个车道宽度大致为：

供沿边停靠车辆的车道宽度为2.5～3.0m。

车速受限时车道宽度为3.5m。

快速行驶车或行驶拖挂汽车时为3.75～4.0m。

在一般情况下，一条车道标准宽度为：以载重车、客车为主混行时，车道宽为3.25～3.50m，拖挂车运行取上限；供路边停靠车辆的取2.75～3.0m；车辆流量很小的次干道左转专用道及支路，容许取3.25m。

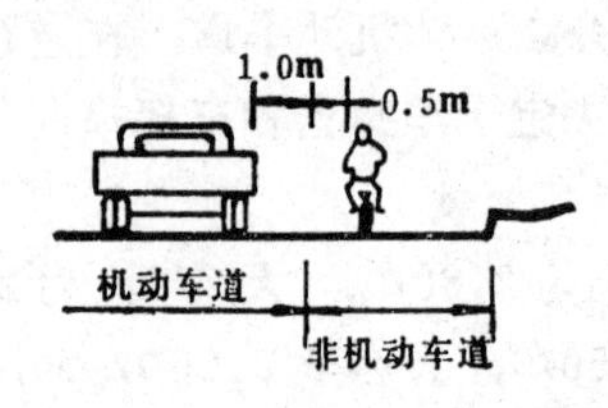

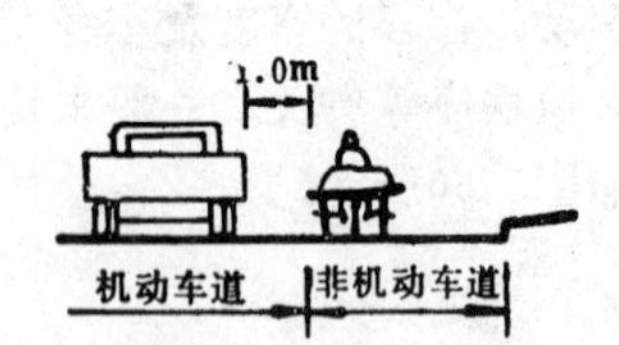

图 5-51 机动车道与非机动车道的横向安全距离

在进行机动车辆道路设计时，一般首先应根据设计交通量和车道的通行能力估算车道数，然后考虑行驶在该路上的车辆特点进行交通组织和横断面的组合，初步确定出机动车道宽度。把求出的总通行能力和要求通过的设计交通量相比较，如不适应则重新考虑交通组织方案或车道数的增减，调整到合适为止。

4）机动车道宽度的确定

A.车道的通行能力

道路或车道的通行能力即是指一条道路（或一个车道）在单位时间内，正常气候和交通条件下，保证一定速度安全行驶时，可能通过的某一种车辆的数量。通行能力是道路规划、设计和交通管理的重要指标。也是检验一条道路是否充分发挥了作用和是否会发生阻塞的根据，见表5-16。

在多车道的情况下，当几条同向车道上的车流成分一样，彼此之间又无分隔带时，由于驾驶人员惯于选择干扰较少的车道行驶，故靠近道路中线的车道通行能力最高，而并列于其旁的车道，通行能力则依次逐条递减，估算机动车道一个方向的通行能力，经过考虑拆减系数后，以各条车道的通行能力相加即得。

机动车道的宽度　　表 5-16

道路类型	车道线数	车辆运行组织	计算数值（m）		设计采用数值(m)	
			每条车道线宽	车道全宽	车道全宽	平均每条车道线宽
集镇街道	双车道线	机动车与非机动车隔离	3.8	7.6	7.6	3.75
		机动车与非机动车并行	4.1	8.2	8.0	4.0
	四车道线	机动车与非机动车隔离	小客车3.5 大型车3.9	14.3	15.0	3.75
		机动车与非机动车并行	小客车3.5 大型车4.1	15.2	15.0	3.75
郊区道路	双车道线	不需设非机动车道或隔离	3.6～3.7	7.2～7.4	7～7.5	3.5～3.75
		机动车与非机动车并行			8.0	4.0
	四车道线	机动车与非机动车隔离	小客车3.5～3.7 大型车3.5～3.6	14～14.6	14～15	3.5～3.75
		机动车与非机动车并行			15.0	3.75

B.不同类型机动车交通量的换算

因道路上行驶的车辆类型比较复杂，在计算混合行驶的车行道上的能力或估算交通量时，需要将各种车辆换算成同一种车，城镇道路一般换算为小汽车，公路上则换算成载重汽车，由于我国村镇的交通量是以载重汽车为主体，因此村镇是以载重汽车作为换算标准，见表5-17、5-18。

以小汽车为计算标准的换算系数表　　表 5-17

车辆类型	换算系数	车辆类型	换算系数
小汽车	1.0	5t以上货车	2.5
轻货车	1.5	中、小型公共汽车	2.5
3～5t货车	2.0	大型公共汽车、无轨电车	3.0

以载重汽车为计算标准的换算系数表　　表 5-18

车辆类型	换算系数
载重汽车(包括大卡车、重型汽车、三轮车、胶轮拖拉机)	1.0
带挂车的载重汽车(包括公共汽车)	1.5
小汽车(包括吉普、摩托车)	0.5

C.机动车道宽度计算

理论上机动车道的宽度等于所需要的车道数乘一条车道所需的宽度，其计算公式为：

$$机动车道宽度=\frac{单向高峰小时交通量}{一条车道的平均通行能力}\times 2\times 一条车道宽度$$

如车道数的计算值不是整数，则应采用略大于计算结果的整数值，机动车道设计时还应注意下列问题：

a.机动车道宽度不能完全依靠公式计算确定，应根据道路性质、红线宽度及有关的交通资料结合考虑路段上最合理的交通方案等因素进行具体分析确定，公式计算只能作为估算或核对时参考，特殊情况下，如考虑政治、军事等其他特殊要求时，确定机动车辆道路宽度并不完全依据于技术经济的理由。

b.过多的车道对于提高道路通行能力作用并不大，当某条路线的交通量特别大时，可通过调整交通集散点的布局或开辟平行的路线来分散交通，不宜用多开车道的方式解决，车道过多会引起行人过街不便、驾驶员紧张、行车因超车、抢道造成混乱。

c.一般车行道的两个方向的车道数相等，车道的总数多是偶数，在双向不均匀系数较大的道路上或是交通量不大但各类机动车混合行驶的道路上等情况，可采用三车道以便于交通量的调整。

d.由于同一路线各条路段在村镇中所处位置不同，因此各路段的交通量、交通动态和道路的定线条件也不一致，但是考虑行车要求在同一条线路上变化不易过多或过于突然，否则于行车不利。

2.非机动车道设计

（1）非机动车类型。非机动车在我国目前的村镇道路上，占有相当大的比重，为了满足这些交通运输工具的行驶要求和交通安全，在我国村镇道路系统规划与道路设计中，应考虑非机动车道的设置。

各种不同类型的非机动车资料如表5-19所示。

各种不同类型的非机动车资料　　表 5-19

车辆类型		自行车	三轮车	兽力车	大板车	小板车
尺寸（m）	车长	1.9	2.6	4.0	6.0	2.6
	车宽	0.5	1.1	1.6	2.0	0.9
速度(km/h)		13.7	10.8	6.4	4.7	4.7
最小纵向间距(m)		1.0～1.5	1.0	1.4～1.5	0.6	0.6
行驶横向安全距离(m)		0.8～1.0	0.8～1.0	0.4～0.5	0.4～0.5	0.4～0.5
单车占用车道宽度(m)		1.5	2.0	2.6	2.8	1.7

根据村镇规划资料，各种不同类型的非机动车资料。

非机动车超车或并驶时，力车与板车之间的横向安全距离为0.4～0.5m；车速较快的三轮车与自行车之间的横向距离为0.8m，非机动车与侧面的距离为0.7m。

（2）单一非机动车道的宽度和通行能力为最大，根据调查资料：自行车一条车道宽度为1.5m，两条车道为2.5m，三条车道为3.5m，并依此类推。

根据实际观测资料的整理，各种单一非机动车道的通行能量如表2-7所列。

对于非机动车混合车道（4.5或5.0m）平均通行能量，当干道口间隔为300～600m情况下，为400～600辆/h，自行车比例较大(60%以上，板车15%以下）时，系用上限；板车比例较大（15%以上）时，采用下限。见表5-20、5-21所示。

非机动车单一车道宽度　　表 5-20

车辆名称	自行车	三轮车	兽力车	大板车	小板车
车辆宽度(m)	0.5	1.1	1.6	2.0	0.9
车道宽度(m)	1.5	2.0	2.6	2.8	1.7

非机动车道的通行能量　　表 5-21

车辆名称	自行车	三轮车	兽力车	大板车	小板车
每小时的通行能量	750	300	120	200	380

（3）非机动车道宽度的确定。非机动车车种复杂；各种车辆行驶速度相差很大，并驶、错让、超车比较频繁，目前确定非机动车道的方法，是按非机动车辆的类型和各种非机动车辆的行驶要求，分析各种车辆可能出现的横向组合方式，根据最不利的行驶及超车情况的估算宽度。

按上述原则，当非机动车合成一条车道时，非机动车道的宽度有如下各种情况：

1）一辆自行车与一辆三轮车并行3.5m

2）一辆自行车与一辆兽力车并行4.0m

3）两辆自行车与一辆大客车停站5.5m

4）两辆自行车与一辆三轮车并行4.5m

5）一辆三轮车与一辆兽力车并行4.5m

6）两辆自行车与一辆兽力车并行5.0m

7）一辆自行车与一辆大客车并行4.5m

8）一辆三轮车与一辆大客车并行5.0m

9）两辆三轮车并驶　　4.0m

当有两条分隔带隔成三条通行道时，则按上例1-6项所列宽度另加0.5m。

设计非机动车道时，还常考虑在远景规划中非机动车道多发展成为自行车专用道或机动车道，在这种情况下，则以6.0～7.5m为宜。

3.人行道设计与道路绿化

人行道的主要功能是为了满足步行交通的需要，同时也用来布置绿化，地上杆柱，地下管线，以及护栏，交通标志，宣传栏，清洁箱等交通附属设施。

（1）人行道的宽度。一个人朝一个方向行走时所需要的宽度被称为“步行带”。人行道的宽度是以通过步行人数的多少为根据，以“步行带”作单位。一条步行带的宽度及其通行能力与行人性质（空手、提、背、扛、挑等），步行速度动和静人的比例等有关。

村镇道路上一般一条步行带的宽度为0.75m；在大车站、客运码头，大型商店集贸市场附近干道上则采用0.85～1.0m作为一条步行带的宽度。

一般行人步行速度为3.5～4.0km/h，这时一条步行带的通行能力为800～1000人/h；

在繁华地段，游览区为600～700人/h，这时的步行速度为2km/h左右，在体育场、剧院等散场，大量人流涌出时，可达1200人/h。

步行带的宽度等于一条步行带的宽度乘上步行带条数，由于实际情况复杂多变，与假定条件出入较大，所以人行道的宽度一般从以下方面去综合考虑：

1）根据经验，一般认为人行道宽度（指一边）和道路总宽度之比为1:5～1:7较适当。

2）在村镇主要干道上，单侧人行道步行带的条数，一般不宜少于6条，次要干道上不少于4条；住宅区道路和多房屋建筑的街场内侧不少于2条。

3）确定人行道的宽度时，还要考虑在人行道上植树，设杆柱和埋设地下管线等所需要的宽度。例如从保障行道树生长良好出发，人行道宽度不应小于5m；埋设电力、电讯、电缆和给水管三种管线所需有宽度为4.5m等。

（2）人行道的布置方式。人行道需要与车行道分隔，也要设法阻止行人在非规定的地点穿越街道。

人行道一般要高出车行道8～20cm，多对称布置在车行道的两侧。特殊情况下两边有不等宽或仅在一边布置，单边布置的人行道多见于傍山或靠河的窄路。人行道的布置应考虑沿街建筑的性质及红线宽度等因素的影响，如沿街为住宅，步行道宜离建筑3～5m以上；如属商店则宜紧靠或设两条平行的步行道，一条靠商店便于购货，另一条中间夹以绿带。沿车行道的人行道上布置绿化，可减少行人受灰尘的影响并保证行人安全。

人行道的设计应为行人创造安全、通畅、舒适的良好条件，以吸引行人。

人行道布置的基本形式如图5-52所示。

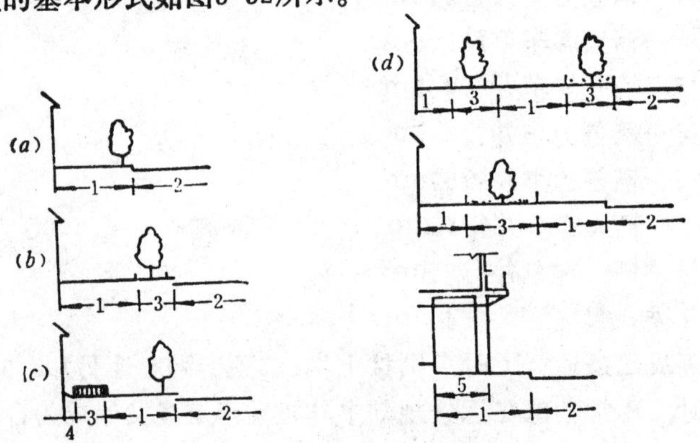

图 5-52 人行道布置

(a)人行道；(b)绿带；(c)车行道；(d)排水坡

1—步行道；2—车行道；3—绿带；4—散水；5—骑楼

四、道路横断面设计

（一）道路横坡类型及坡度

考虑道路排水的要求，在道路横向上应设置一定的坡度，一般用 i 表示道路横坡度。$i=\operatorname{tg}\alpha=h/d$ 如图5-53所示。

横坡值以%或小数来表示。

1.车行道横坡的类型

车行道横坡分为三种基本类型，即凸形，凹形双向横坡和单向横坡。如图5-54。

（1）凸形双向横坡。从路中心向道路两侧倾斜，雨水能迅速排向两旁的侧沟，并沿侧沟流入进水口，这种方式适用，便利，是道路上采用的基本类型。

（2）凹形双向横坡。当道路布置在路中心低，两侧高的地方，为减少土方工程量，和自然地形结合降低建设费用，有时采用这种类型。其优点是节省雨水口，检查井和连接管道的数量；另外，因雨水从道路两旁流入中间，车辆行驶时，泥水不致溅于行人。但这种横坡因呈“V”字形，相向行驶的车辆内侧上角有可能碰撞，同向行驶的车辆超车时，车辆需从路中间排水沟或进水口上通过，易被碾坏并使车辆振动，行车不便。因此凹型横坡一般只用于村镇的次要道路和街坊内部道路上。

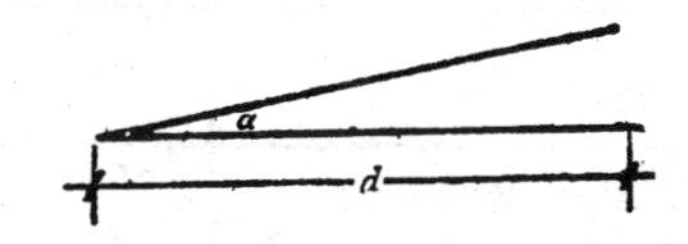

图 5-53 道路横坡坡度计算简图

图 5-54 车行道横坡类型

（3）单向横坡。当村镇次要道路和街坊内部道路的自然地形是从道路的一侧向另一侧倾斜时，可以结合自然地形将道路设计为单向横坡在一侧设置排水管及进水口。这样可节省土方及排水系统建设费用。因此，这种方式也可在有分隔带的非机动车道上采用。由于道路单向倾斜，地面流水将通过车行道整个路面，雨水排除较慢，沾污范围较大，所以，一般单向倾斜的车行道宽度不大于9 m。在较宽的道路及村镇主要道路上，不宜采用这种形式。

2.人行道的横坡

人行道与绿带的横坡一般都采用直线型向侧面方向倾斜，考虑排水要求和防止坡大行走路滑，人行道横坡值随铺砌材料和降雨强度不同，为1.5～3.0%；绿带的横坡过大，易使植物根部土壤被冲刷，一般取值为0.5～1.0%。

（二）路拱设计

车辆在表面有水的路面上行驶容易打滑，很不安全，路表水一旦渗入路基，将造成路面迅速破坏，大大缩短使用年限。为尽快排除地表水，车行道一般都采用凸形双向坡面，由路中线向两边倾斜。凸形双向横坡道路中间拱起部分叫做路拱。其基本形式有抛物线型，直线型和折线型三种。

从行车安全角度看，行车道横坡应尽可能平坦；但从路面排水要求，则路拱横坡就应做大些。所以设计路拱坡度时应综合考虑各方面的要求，合理解决这一矛盾。一般应按如下原则考虑：

（1）路面面层粗糙，平整度差，透水性强的应采用较大横坡；反之可选较小横坡；

（2）道路纵向坡度大的，横坡取小值，反之值越大；

（3）多雨地区横坡取大值；

（4）车行道愈宽，横坡应平缓些；

（5）车辆越多，车速越快，路拱横坡应小一些。

按交通部标准（1981年）的规定，路拱坡度可按表5-22采用。

（三）村镇道路横断面综合设计

村镇道路横断面综合设计主要包括下列内容：根据规划道路有关资料调查与研究；路段上交通组织方案的确定；道路横断面的具体布置。

路拱坡度　　表 5-22

路面类型	路拱坡度(%)
沥青混凝土、水泥混凝土	1～2
其它黑色路面、整齐石块	1.5～2.5
半整齐石块、不整齐石块	2～3
碎、砾石等粒料路面	2.5～3.5
低级路面	3～4

1.规划道路的资料调查与研究

为了能根据实际情况选择出恰当的横断面形式，并确定出道路横断面各组成部分的合理宽度，应事先通过现场踏勘，交通量观测，走访有关部门等方式进行调查研究，收集有关资料并对其进行深入的分析。其主要影响因素为：

（1）设计道路上的交通性质与交通构成。这是确定道路功能的主要因素。一般由道路在村镇中所处的位置来决定。交通性质是指道路上来往的车辆，行人的出行目的，范围和要求的速度，一般按交通目的和交通工具的类型区分为客运或货运交通；地方交通还是过境交通，行人是过路还是购物等，交通构成则是上述各项在数量上的相互比例。

（2）设计道路上交通量的确定。设计道路上的交通量是由村镇交通规划所拟定的该道路上的远景高峰小时交通量。是决定道路各组成部分宽度和横断面形成的重要依据。

（3）行车速度的计算。道路上的计算行车速度应根据道路的功能性质。当地的实际车速、限制车速等因素，并结合远期发展的需要来确定。一般远程和过境交通的速度要高于近程和地方性交通；交通性的道路上的车速高于生活性的道路；郊区道路要高于镇区道路。对某条道路的路段和交叉口所规定的车速，应在该路的全长上得到保证。

（4）与设计道路有关的沿线各项公用设施的影响。设计道路沿线的各项公用设施如公交站点照明系统和管理设施等。与道路各组成部分的宽度及横断面布置均有密切的关系。是设计依据之一，应该收集有关资料认真研究。

（5）周围环境的影响。在进行道路横断面综合时，还应考虑到与设计道路有关的道路性质，建筑性质，自然地形的变化，工程地质与水文地质等方面。

2.路段上交通组织方案的确定与道路横面布置

确定路段交通组织方案，应以人车分流，机动与非机动车分流，对向行驶分流为基本原则，充分利用路宽进行合理安排使各种交通都能安全、快速。

（1）道路横断面的基本形式与选择。车道上完全不设分隔带，以路面划线标志组织交通或不作划线标志，将机动车设在中间，非机动车在两侧，按靠右规则行驶规则行驶的，称为一块板断面。如图 5-55（*a*）示。

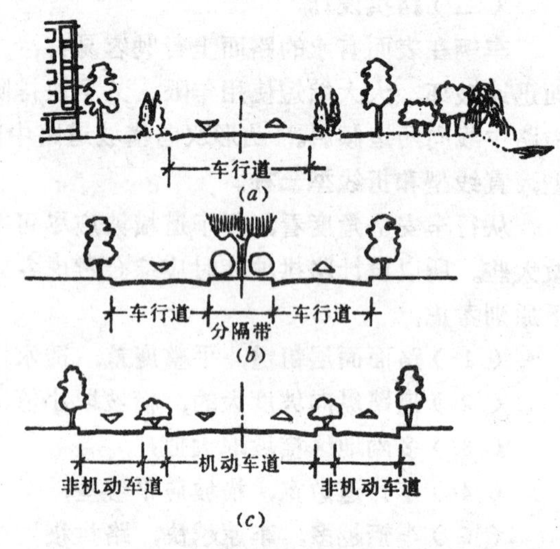

图 5-55　道路横断面的基本形式

利用两条分隔带分隔机动车与非机动车流，将车行道一分为三，称为三块板断面，如图5-55（c）所示。

利用分隔带分隔对向车流，将车行道一分为二的，称为二块板断面：如图5-55（b）所示。

利用三条分隔带使交通分向、分流称为四块板，如图5-55（d）所示。

我国目前村镇道路的横断面形式主要为一、二、三块板断面。其特点和适用条件为：

三块板的断面主要优点是解决了机动车与非机动车相互干挠的问题，分隔带又起了行人过街的安全岛作用，提高了交通安全程度，车速较一块板要高，易布置绿化和照明设施；便于远近期结合，分期修建，同时也有利于地下管线的敷设；其缺点是占地大，工程费用高，路幅宽度一般在40m以上，适用于机动车交通量大，非机动车多，车速要求高的主要交通干道。不适用于山地村镇和非机动车较小的道路。

一块板是我国目前道路上所普遍采用的断面型式，其优点是占地少，投资省，适用于路幅宽度在40m以内，交通量不大，双向交通量不均匀的路段。有时虽然路幅较宽，但为满足诸如旅行、战备等特殊功能要求，仍多采用一块板式。

两块板型式主要用来解决机动车对向行驶的矛盾，适用于机动车多夜间交通量大，车速要求高，非机动车类型较单纯且数量不多的道路，由于这种断面车辆行驶灵活性差，车道利用率不高，宽度不够时超车易发生事故，所以不太适合我国非机动车交通量大的村镇道路现状。

（2）机动车交通的组织。根据设计道路上行驶车辆的类型和各类车辆所占比重，在确定了横断面形式以后，要对道路上的交通进行组织，决定各种机动车辆是混行还是分流，是否允许超车等。交通组织方案不同，所需的车行道宽度亦不同。

由于村镇的机动车类型中载空型汽车占的比重较大，考虑到车行道使用的经济性，可以根据实际情况，采取各类型机动车混合行驶的方案。

3.横断面布置应结合道路性质和自然地形。

道路性质不同，其横断面布置方式亦不同。

处于村镇中心带的生活性干道，由于以客运交通为主，沿街建筑多为生活服务的公共建筑，一般禁止载货车辆入内，故在断面布置时；人行道亦宽，绿带占总宽度比例较高，有条件时还应考虑机动车沿街停靠的场地。

交通性干道则是货运为主，是联系村镇工业区，对外交通设施、仓库等的交通动脉，为保证道路畅通，交通安全快速，沿线不宜设置吸引人流的大型公共建筑，尤其应防止随便穿越横道的现象发生。在断面布置上应强调人车分流，对向分流，快慢分流。如路幅较宽，绿带占总宽度的比重可稍低。

以游览功能为主的林荫路和滨河路，则应注意组织好以绿化、建筑小品、水面等为内容的道路沿线景观，尤其要突出自然景观的特色，并注意为游人欣赏景色创造条件。

当地道路两侧的自然地形高差较大时可将车行道、绿地、人行道等部分设在不同的水平面上，成为阶梯形横断面，道路各组成部分可用土斜坡或挡土墙分隔。

五、村镇道路交叉口设计

1.平面交叉口类型

平面交叉口，是指各相交道路中心线在同一高程相交的道口。

交叉口主要有下面几种类型

十字型交叉口，如图5-56(*a*)所示

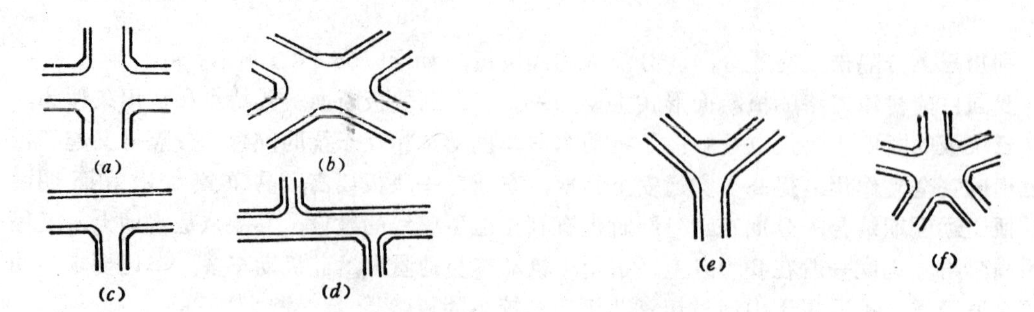

图 5-56 道路平面交叉口类型

a.十字形交叉口；*b*.X字形交叉口；*c*.T字形交叉口；*d*.错位交叉口；*e*.Y字形交叉口；*f*.复合交叉口

（1）两条道路相交互相垂直或近于垂直是最基本的交叉口形式，其交叉形式简洁便于交通组织，适用范围广可用于相同等级或不同等级的道路相交。

（2）X型交叉口（如图5-56*b*所示）。两条道路以锐角或钝角斜交。当相交的锐角较小时，形成狭长形的交叉口对交通不利，故应尽量避免这种形式的交叉口。

（3）T型、Y型、错位型交叉口。如图5-56(*c*、*d*、*e*)，一般用于主要道路和次要道路相交的交叉口。为保证干道的车辆行驶通畅，主要路口应设在交叉口的顺直方向。

（4）复合交叉（如图5-56*f*所示）。用于多条道路交叉。用地较大，交通组织复杂，应尽量避免。

2.交叉口的视距

为保证交叉口上的行车安全，司机在进入交叉口之前的一段距离内应能看见相交道路驶来的车辆，以便安全通过或及时停车避免发生意外，这段必要的距离应不小于车辆行驶时的停车视距离。

由两相交道路的停车视距在交叉口所组成的三角形，称为视距三角形。在视距三角形以内不得有任何阻挡驾驶人员视线的物体存在。

此范围内如有绿化，应控制其高度不大于0.1m。

视距三角形是设计道路交叉口的必要条件。应从最不利的情况考虑视距三角形的组成。一般以最靠右的第一条直线车道与相交道路最靠中间的一条车道所构成的三角形。

各种设计车速和不同路面纵向摩擦系数的停车视距，如表5-23。

路口停车视距 S_1 表 5-23

通过路口的设计车速(km/h)	φ	停车视距(m)	通过路口的设计车速(km/h)	φ	停车视距(m)
15	0.2	17	25	0.2	30
	0.5	14		0.5	22
20	0.2	23	30	0.2	38
	0.5	18		0.5	27

3.交叉口的转角缘石半径

为了各个方向的右转弯车辆能以一定的速度顺利转弯，交叉口处的转角缘石应做成圆弧曲线（也有采用三心复曲线），圆曲线的半径为缘石半径，如图5-57所示。

如缘石半径过小，则要求转弯时行驶车辆降低速度，不然右转车辆就会侵占相邻车道，这样既影响其他车道上车辆的正常行驶，也容易引起交通事故。右转弯车道一般为3.8m。

道路等级不同，交叉口的缘石转弯半径也不同。在一般的十字型交叉口，缘石半径的取值为：主要交通干道$R_1=20\sim30$m；交通干道及居住区道路$R_1=10\sim15$m；住宅区广场道路$R_1=6\sim9$m。

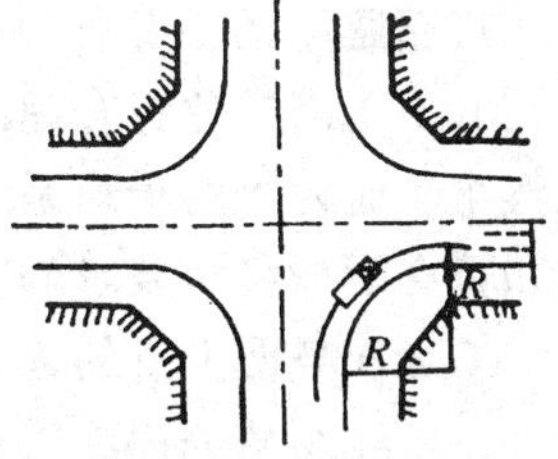

图 5-57 交叉口转角的缘石半径

由于各类车辆的机械性能不同，因此，所要求的最小转弯半径亦不同。我国目前，各种车辆的最小转弯半径如下，小汽车5～8m；载重汽车为8～11m；大客车为10～15m。

由于村镇交通运输的车辆将向着载重量增大，车辆尺寸增长，行车速度增快的方向发展，为了避免右转弯车辆的速度降的太低，并考虑今后交通发展需要，应尽量争取采用较大的缘石半径。

4.交叉口的人行横道与自行车道布置

交叉口行人去向很多，为了避免交通事故的发生，尽量减少行人对交叉口通行能力的影响，一般是在路面上画出人行横道，用来组织交叉口过横道的人行交通。

交叉口转角处，人行道尚应适当加宽。在交叉口及交叉口附近的人行道上，除道路标志，交通信号，照明设施，护栏等交通设施外，不应有其他设施。一般人行横道线后退3～5m。

如交叉口人流、车流较多时，可考虑在转角园曲线切点以外设置，这样可扩大交叉口交通面积，并可以使行人在较短的距离以内通过。停车线应在人行横道线之后，至少留有1m的距离。

人行道的宽度决定于单位时间内过路行人的数量。最小宽度一般为4m，如为6～8m的窄路，人行道宽度可采用2m，当人行横道的长度超过行人在红灯期间所走的距离(15～20m)时则应在路中心设置安全岛，安全岛的最小宽度为1.25m，最大面积为5m²。

交叉口自行车道的布置有两种形式：

（1）将机动车候驶区与自行车候驶区并列布置，而将右转弯的机动车道合并设置在最右侧，左转弯或直行的机动车与自行车同时经过交叉口，这样布置的方式的特点是，直行的机动车与左转停候的自行车不互相干扰，但左转弯的自行车行程长。

（2）将自行车候驶区布置在机动车候驶前面，同时在不妨碍交叉口横向机动车行驶的前提下，应尽量使自行车候驶区接近交叉口，右转弯的机动车的机动车道与自行车道仍合并设置在最右侧。其特点为左转弯自行车通过交叉口的行程短，但机动车辆直行时将影响左转弯自行车进入候驶车道。

六、村镇道路系统规划基本要求

村镇中各项组成部分，如村镇中心区、工业的建筑用地、住宅的建筑用地和交通枢纽，借助于村镇道路系统构成一个相互协调、有机联系的整体。村镇干道系统为合理组织村镇功能用地为前提，而在村镇用地功能组织的过程中，应当充分满足村镇交通的要求。两者紧密结合，才能得到完满的方案。

村镇干道系统规划是以交通规划为基础，同时也是交通规划的重要组成部分与主要成果。因此，现代化村镇干道系统必须满足交通方便安全，快速和运输经济要求，同时也要求满足村镇环境宁静，清洁朴实和美观。

1.交通流畅、安全和迅速

（1）街道位置合理，主次分明，功能明确，组成一个合理的交通运输网。它由全镇性汽车交通为主的干道系统和街区内部街道系统所形成，使村镇各项用地有流畅安全、迅速和符合运输经济要求的交通系统。

（2）务使大量的客、货流沿着最短的路线通行，达到运输工作量最大，交通运输费用最省。路线短捷的程度采用曲度系数来衡量。曲度系数也称作非直线性系数，为街道起、终点间实际交通距离与两点间空中直线距离的比值。一般应使主要干道的曲度系数尽量接近于1，而次要干道的曲度系数也不能超过1.4。即不出现迂回曲折的路线。

（3）村镇各项用地之间的干道数量（和宽度）要满足迅速疏散高峰车流量和容流量。如果村镇内某些吸人流地段的干道数量不够，就会影响全村镇干道网的合理布局。

（4）干道系统（干道网）的密度要适当。交通干道的数量、长度和间距能否与村镇交通相适应，通常用干道系统密度作为衡量的经济技术指标。

所谓干道系统密度是指干道总长度与所在地段面积之比，干道系统密度越大，交通联系也就越方便，但密度过大，则交叉路口增多，影响行车速度和通行能力，同时也造成村镇用地不经济，增加道路建设投资和旧城改造拆迁工作量，并给居民生活环境带来很大干扰。

干道系统密度一般从村镇中心地带向村镇郊逐渐递减，镇区高一些，镇郊低一些，以适应居民出行流量分布变化规律。目前旧村镇中心干道系统密度又密而路幅又窄，因此，在旧村镇改造工程中应注意适当放宽路幅，将某些过密过窄的街道改为禁止机动车辆通行的内部道路和封闭某些街道，以适当降低干道网密度。

（5）干道系统内要避免众多的主干道相交，形成复杂的交叉口。干道系统应尽可能简单、整齐，以便车辆通行的方向明确并易于组织和管理交叉口的交通。一般情况下，不要规划星形交叉。不可避免时，要分解成几个简单的十字形交叉，同时，应避免将吸引大量人流的公共建筑布置在路口，增加交通负担。

2.有利于改善村镇环境保护

在交通运输日益增长的情况下，对机动车辆噪声和空气污染的防治在规划干道系统时必须引起足够重视，一般采取的措施如：合理地确定村镇干道系统密度，以保护居民住宅建筑与交通干道间有足够的消声距离，过境干道终止于镇郊或限制过境车辆不穿越镇区；控制货运车辆进入居民住宅建筑用地以内；在街道宽度上考虑必要的防护绿地来吸收部分噪音和排出新鲜空气。

主干道走向应有利于村镇通风与沿街建筑物获得良好的日照。南方村镇的街道的走向一般应平行于夏季主导风向，对海滨、江边的街道需临水避开，并布置一些垂直于岸线的街道。北方村镇严密且多风沙、大雪，街道布置应与大风的主导方向成直角或一定的偏斜角度，以避免大风雪和风沙直接侵袭村镇。山地村镇街道走向要有利于山谷微风通畅。

从日照要求来看，南北街道有利于临街建筑物获得较均匀的日照。从交通安全来看，街道最好能避免正东西方向因为日照因素会导致交通事故的发生。但实际上，村镇干道系统有东西向干道也必须有与其相交的南北向干道来共同组成干道系统，显然，不可能所有干道都能符合通风和日照要求。为此街道走向宜在南北和东西的中间方位，并与南北子午线成30°～60°夹角，既适当考虑日照，又便于沿街建筑的布置。在建筑物不同间距的情况下，风向入射角为30°～60°时，自然通风较为有利。

3.充分结合地形、地质水文条件，合理规划道路系统走向。

自然地形对于干道系统的布局有很大影响，按交通运输的要求，村镇道路线形宜平而直。在地形起伏较大的山区村镇，就不易达到平直的线形，这时，干道的线型应结合地型、地貌与地质水文条件，适当调整街道的走向和位置，既要尽可能的减少土石方工程，又要有利于交通运输，建筑群布置和地面排水。一般说街道沿等高线修建较为合理，这样既能满足行车和建筑布置的要求，而工程量又较小。当主次干道线形有矛盾时，次要干道及其它街道都应服从主干道线形平顺的需要。有时对交通量很大的主干道，为了交通流畅和节约运营费用，也可考虑修建高架桥、隧道或护地等工程构筑物来保证线形的平顺。如山区村镇的主干道一般都沿较平缓的山地布置，或结合等高线自由布置，以斜割等高线的线形与主干道相通，在等高线较密的垂直方向，采用之字形相连接。为避免行人在之字形支路上盘旋而行走常在垂直等高线方向上修建人行梯道或缆车道连通上下两条街道。

选择街道的高度时，还应考虑水文地质条件对道路的影响，特别是地下水对路基路面的破坏作用。路面标高应至少距地下水最高水位0.7～1.0m的距离，以免破坏路面。

4.考虑村镇建筑艺术造型

街道不仅是村镇的交通地带，而且它与沿街道建筑群体，广场、绿地、自然环境、各种公用设施的有机协调，对体现庄严、宁静、整洁、丰富多采的现代村镇面貌起着重要作用。因此，干道系统在满足畅通、快速和安全的前提下，要赋予一定的综合造型艺术。所谓街道的造型艺术即通过线型的柔顺，曲折起伏，街侧建筑物的进退、高低错落、丰富的色调和多样化绿地，以及沿街公用设施与照明配置等等，来协调街道平面和空间组合，色调和艺术形式，同时还把自然景色（山峰、江河、绿地），历史古迹（宝塔、亭台楼阁、古建筑）现代建筑（纪念碑、雕塑，建筑小品、电视塔、民族建筑）等，贯通起来，形成统一的街景以体现社会主义现代村镇丰富多采的镇面貌和艺术风格。

干道走向应对向制高点、风景点（如高峰、宝塔、纪念碑、古迹，以及现代化高层建筑等），使路上行人和车上乘客眺望时视野开阔，景色深远。当街上的直线路段过长而感到单调时，可在适当地点布置广场大型建筑后退，配置建筑小品（雕塑、凉亭、画廊，花坛式喷水池，有民族风格的售货亭）或作大半径弯道，在曲线上布置丰富多采的建筑。人们远眺前方展现的景色，有不断新鲜，层出不穷之感。

5.节约用地，充分利用现状

道路用地一般为总用地的10～15%左右。在规划干道系统时要合理确定街道数量，并充分利用和改善原有街道，以达到节约用地和减少投资。

在对旧村镇进行干道系统规划时，要结合原有街道系统进行。充分利用旧街路面及管线等公用设施，对某些路段裁弯取直和拓宽，以致打通断头路，形成贯通村镇内的主要干道。因此必须与旧村镇整体改造相结合，慎重对待，避免拆迁量过大。一般应选择房屋稀少，而质量差的次要街道开辟为交通干道。

6.有利于地面排水和工程管线敷设

一般尽量使街道中心线的纵坡和两侧建筑线的纵坡方向取得一致，并使街道标高稍低于街区高程。干道如沿江水沟坎，对于两侧街区的排水和埋设排水管均有利。

村镇中各类管线工程随着村镇现代化而越来越多的埋设在地下，一般都沿着街道敷设，但各种管线的用途不同，性能和要求不一。如排水管为重力流管，其埋设较深，其开挖沟槽的用地较宽，煤气管道要防爆，须远离建筑物，当几种管线同时敷设时，它们之间要求有一定的水平距离以便在施工养护中时不致影响相邻管线的工作和安全。因此规划干道系统时对管道众多的干道要考虑给予足够的用地。一般管道不多的干道应根据交通运输等要求来确定街道的宽度。

七、村镇道路网的形式

（一）村镇道路网的形式

村镇道路系统规划是村镇平面规划的基础，它不仅要满足上述基本要求，而且在几何形状上也要有正确合理的布置。干道系统的形式一经确定，就使整个村镇的运输系统、建筑布置、居民点及街道区规划大体上也被固定。每个村镇的街道系统的形成，都是在一定历史条件和自然条件下，根据当地政治、经济和文化发展的需要逐渐演变而形成的。因此、规划和调整村镇干道系统时，采用的基本形式也要根据当时、当地的具体条件，着眼于“有利生产，方便生活”而灵活掌握，决不能生搬硬套某种形式。

根据国内外的实践，常用的干道系统从几何平面图形上可归纳为四种形式：方格式（棋盘式）、放射环式、自由式和混合式。前三种是基本类型，混合式干道系统是由几种形式的干道系统组合而成。

1.方格式（棋盘式）干道系统

方格式干道系统的最大特点是街坊排列比较整齐，有利于建筑物的布置和识别方向，如图5-58所示。这种干道系统不会形成复杂的交叉，交通组织简单便利，车流可以较均匀分布于所有街道上，不会造成对镇中心区的交通负荷过重。在重新分配车流量方面具有很大的灵活性。当某条街道受阻，车辆绕道行驶的路线不会增长，行程时间不会增加。此外对街道定线比较方便。

方格式干道系统也有明显的缺点，交通分散，不能明显的划分主干道，限制了主次干道的明确分工。同时使对角线方向交通不变，行驶距离较长，曲度系数高达1.2～1.41。

方格式干道系统适用于地形平坦地区，交通量不大的城镇。这种形式应注意结合地形，现状与分区布局来进行，不宜机械的划分方格，为适应汽车交通的不断增加，方格式交通的干道系统的干道间距宜为30～60m，分区内再布置生活性的街道。

2.放射环式干道系统

放射环形式干道系统是由放射干道和环形干道所形成，如图5-59所示。放射干道担负着对外交通联系，环形干道着重担负各区域间的运输任务，并连结放射干道以分散部分过境交通。在充分利用周围旧城区街道的基础上，由旧城中心地区周围引出放射干道，并在外围地区敷设一条或几条环形干道，组成一个连结旧镇，新发展区，并且与对外公路相贯通的干道系统。环形干道有周环，也可以是半环或多边折线式；放射干道有的从旧城镇区内发射也可与环形干道切向放射。要顺从自然地形和现状，不要机械的强求几何图形。

这种形式的优点是使镇中心区和各功能区以及镇区和郊区有直接的交通联系，同时环形干道可将交通均匀分散到各区。路线有曲有直，较易于结合自然地形和现状，曲度系数不大，一般在1.10左右。

其缺点是易造成镇中心区交通繁忙，其交通机动性较方格式差，如在小范围内采取此种形式，则易造成一些不规则的小区和街坊。为分散镇中心地区的交通，对放射性干道的布置应注意终止于镇中心地区的内环路线或二环路上。严禁过境交通进入镇区。有些较大集镇采用这类干道系统，常布置两个镇中心，以改善镇中心地区的交通状况。

3.自由式干道系统

自由式干道系统一般是由于村镇地形起伏。干道依地形而形成，路线弯曲自然，无一定的图形，见图5-60。

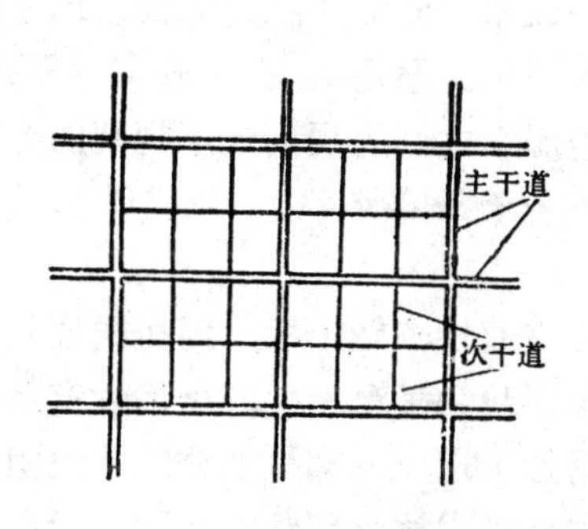

图 5-58 方格网式

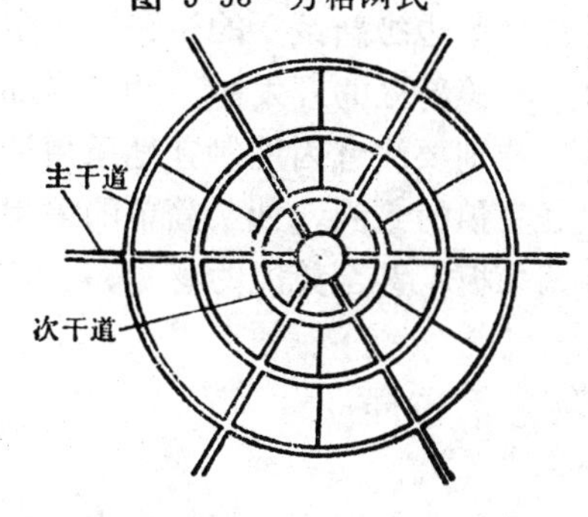

图 5-59 环形放射式

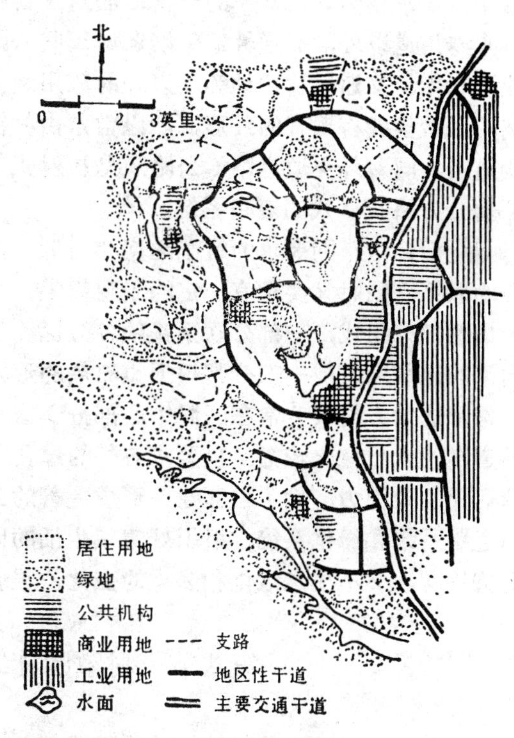

图 5-60 自由式道路系统

这种形式优点是充分结合自然地形如能很好利用地形规划城镇用地干道，可以作到十分经济，自然而顺适。

其缺点是路线弯曲、方向多变、曲度系数较大，由于路线曲折，形成许多不规则的街坊，影响建筑物的管线工程的布置。

自由式干道系统适用于山地村镇。我国许多山区中小城镇的干道系统都属于自由式图形。特别是与其它有规则的干道系统结合在一起，具有一定的优越性。

4.混合式干道系统

混合式干道系统是结合街道系统现状和城镇用地条件，采用前几种形式组合而成。许多村镇是分阶段发展而形成的，在旧镇区方格网形式的基础上再分期修建放射干道和环形干道而组成混合式干道系统。

混合式干道系统的最大特点是可以有效地考虑自然条件和历史条件，力求吸收前几种形式的优点，避免缺点，因地制宜地组织好城镇交通，达到较好效果。

（二）村镇道路网的功能分工

上述四类道路系统形式有的是自然发展而形成的，有的是在传统思想下形成的，有的则是新规划思想下形成的对旧系统进行改造的产物，实际上，从现代居民点规划的观点来看，仍然应该从道路的性质、功能分工来研究道路网的形式。

村镇道路网又可以大致分为交通性路网和生活服务性路网，这两个相对独立又有机联系（也可能部分重合为混合性道路）的网络。

交通性路网要求快速、畅通，避免行人频繁过街的干扰，对于快速以机动车为主的交通干道要求避免非机动车的干扰，而对于自行车专用道则要求避免机动车的干扰。除了自行车专用道以外，交通性道路网还必须同公路网有方便的联系，同镇中除交通性用地（工业、仓库、交通运输用地等）以外的镇用地（居住、公共建筑游憩用地等）有较好的隔离，又希望能有顺直的线形，所以常常由村镇各分区（组团）之间的规则或不规则的方格状道路，同对外交通道路（公路）呈放射式的联系再加上若干条条环线，构成环形放射（部分方格状）式的道路系统。

生活性道路网要求的行车速度相对低一些，要求不受交通性车辆干扰，同居民要有方便的联系，同时又要求有一定的景观效果，主要反映镇的中观和微观面貌。生活性道路一般由两部分组成，一部分联系集镇各分区（组团）的生活性干道，一部分是分区（组团）内部的道路网。前一部分常根据镇布局的形式，形成为方格状或放射环状的路网，后一部分常形成为方格状（常在旧城中心部分）或自由式（常在地区边缘新区）的道路网。生活性道路的人行道比较宽，也要求有好的绿化环境，所以，在镇新区的开发中，为了增加对镇居民的吸引力，除了配套建设形成完善的公用设施外，特别要注意因地制宜地采用活泼的道路系统和绿化系统，组织好集镇生活的同时，组织好集镇的景观。如果简单的采用规则方格网，又不注意绿化和多样的变化，很容易产生单调呆板，甚至荒凉的感觉。

第八节　村镇园林绿地规划及艺术布局

村镇园林绿地，是村镇用地的组成部分之一；是扩大绿化覆盖面积，保持生态平衡，改变村镇面貌，保护自然环境的重要组成部分。是由各种不同用途功能的绿地所组成，并与村镇用地范围内的各组成部分在平面和空间艺术上取得相互协调和统一，为居民创造舒适、卫生、安静、美观的生活环境。

在村镇规划中，园林绿地规划的任务是根据村镇发展的要求和具体条件，拟定总体绿地艺术布局方案，确定各类绿地用地指标，选定各项主要绿地的用地范围，合理安排园林绿地系统，作为指导村镇各项绿地实施和管理的依据。

一、村镇园林绿地规划

（一）园林绿地的作用

1.净化空气、保护环境

目前，我国村镇在不断地相对集中，工业生产、工业交通发展很快，所排出的废气、废水、烟尘和噪声也越来越多，使空气和环境气候日趋恶化。如果有足够的绿色植物，则不仅可以推持空气中氧气和二氧化碳的平衡，而且会使环境得到多方面的改善。据统计，地球上60%的氧气是森林绿地供给，同时吸收近千亿吨的二氧化碳，一公顷阔叶林在生长季节每天能吸收一吨二氧化碳，增加700多kg氧。因此绿色植物被称为“氧气制造厂”。

粉尘、二氧化硫、氟化硫、氯气等是空气中的主要污染物。合理配置绿色植物，可以阻挡灰尘气物，如悬铃木、刺槐林可使粉尘减少23～52%，使飘尘减少37～60%；一公顷森林一年吸收二氧化硫16t、排出12t氧气；草坪可防止灰尘再起，所以绿色植物又被称为“绿色的过滤器”。

绿色植物还有杀菌和声波散射，吸收作用，如1公顷的柏树林每天能分泌出30kg左右的杀菌素，可杀死白喉、肺结核、伤寒、痢疾等病菌。又如40m宽的林带可以降低噪声10～15分贝；高6～7m的绿带可降低噪声10～13分贝。因此，被称为“绿色卫士和绿色消声器”。

树的根蔓延在土中，尚可以减少水土流失，保护农田而提高产量的作用。

2.改善环境气候

绿色植物除能阻挡阳光直射外，还能通过它本身的蒸腾作用和光合作用消耗许多热量。据测定，绿色植物能在夏季吸收60～80%的日光能，90%辐射能，使气温降低3°C左右；草坪表面温度比地面低6～7°C，比柏油路面低8～20°C。冬季绿色植物可以阻挡寒风袭击和延缓散热。据测定，1亩阔叶树每年可蒸发约380t水，10.5m宽的绿带可将附近600m范围内的空气湿度提高8%。所以，绿色植物是调节和改善村镇小气候的有效途径。

3.综合生产、创造财富

村镇绿化综合生产是具有普遍和特殊意义的，村镇植树可以广开树源，根据不同的地点和条件，因地制宜的多种植有经济价值的树木，如用材林可用来修缮房屋，制作家俱，亦可市场出售；经济林：苗圃、水果、木炭、油料、香料、药材等可以投放市场、繁荣村镇经济，增加农民收入；是提高经济效益，造福后代的长远事业。

4.美化村镇

绿化是美化村镇的一个重要手段。一个村镇的美观，除了在规划，建筑设计善于利用地形，空间变化，道路等配合环境，灵活巧妙地体现村镇的美观外；运用树木花草不同的形状、颜色和风格，配置出一年四季色彩丰富、层层叠叠的绿地，镶嵌在建筑群中。它不仅使村镇披上绿装，而且其瑰丽的色彩伴以芬芳的花香，点缀在绿树成荫、蓊郁葱茏中，更能起到画龙点睛，锦上添花的作用，为居民的工作、学习、生活创造优美、清新、舒适的环境。

（二）园林绿地的分类

目前村镇园林绿地尚无统一的分类方法，但一般可按其功能和使用性质，管理体制和避免在统计上与其它村镇用地重复等方面的要求进行分类。依据这些要求，村镇各类绿地可分为以下五大类型：

（1）公共绿地：可供村镇居民共同使用的公园，水旁绿地（河流、海边、湖泊、水库等绿地），游息林荫带等。

（2）交通绿地：各种道路绿地，如街道树、交通岛、桥头、街头绿地等。

（3）专用绿地：具有专门用途和功能要求的绿地，如生产建筑用地绿化，仓库用地绿化，住宅、公共建筑用地绿化等。

（4）生产绿地：指苗圃、花圃、药圃、果园及各种绿地等。

（5）防护绿地：是指防风、砂林带、卫生林带、水源防护林带和生产建筑的隔离绿带等。

（三）园林绿地定额指标

为了比较全面地反映整个村镇的绿化水平，促进村镇普遍绿化的发展，制定村镇园林绿地的定额指标，应从平均每居民的公共绿地面积和绿化覆盖率两个方面来考虑。

（1）村镇绿地指标：我国村镇规模一般较小，用地条件差异大，加上地理位置多半接近自然环境，所以在村镇绿地用地指标控制中，应根据村镇人口规模与建设用地的构成比例来确定：中心集镇为2～6%，一般集镇2～6%，中心村2～5%。

（2）绿化覆盖率：是全面衡量绿化效果标准，提高绿化覆盖率就要搞好普遍绿化，把村镇范围内可以植树、种草、栽花的地段全部种植起来。村镇范围内除道路及杂院用地外，其绿化覆盖率近期最低限度以不低于30%为宜。

绿化覆盖率计算：

$$村镇绿化覆盖率=\frac{绿化覆盖面积}{村镇总用地面积}\times 100\%$$

（四）园林绿地规划

村镇园林绿地系统是村镇用地构成的一个组成部分。规划布置时，必须与村镇其他用地及自然地形等条件综合考虑，全面安排。

在规划布置时，应注意以下原则：

（1）均衡分布，构成完整的园林绿地系统。规划布置时应将各种不同功能的绿地在村镇中均衡分布，做到点（公园、小游园）、线（道路绿化、江畔湖滨绿带）、面（分布面广的块状绿地）相结合，使各类绿地连结成一个完整系统，以充分发挥园林绿地的效果，提高村镇的绿化覆盖率。

（2）因地制宜与自然环境相结合。根据村镇的特点，综合考虑村镇功能及发展经济的需要。如北方村镇以防风固沙，水土保持为主；南方村镇则以遮阳降温为主；山区、水网地区应与河湖山川结合，与村镇周围自然环境紧密相联，甚至有农田、山林、果园等楔入村镇内，利用这一优势，可适当减少公用绿地。

（3）充分利用地形，节约用地。在村镇绿地规划中要充分利用河湖堤岸及山川。破碎地形以及不宜建筑的地段，将它们统一组织在园林绿地中，这样不仅不影响绿化质量，相反可节约土地，充分利用自然条件，适当加以改造构成丰富多彩的绿化空间。

（4）结合生产及用地功能，创造财富。村镇园林绿地必须结合生产。村镇中的绿地除为休息游览，保护环境美化村镇等外，更应因地制宜地种植有经济价值的植物，以便创造相应的经济收益。但不应提倡片面强调“园林生产化”，而不顾主要功能的作法。总之结合生产要与种、土、肥、水、管、收等综合考虑，特别在经营管理方面要分清主次，合理安排。

（五）园林绿地规划布置

1.公共绿地规划布置

村镇公共绿地常布置在村镇中心或居民经常路过的地段：山岗、河滨等，结合防洪、水土保持的要求，进行大面积绿化。而面积大小的确定应根据村镇的规模和用地条件。一般面积为1～3公顷。若附近有较大城市公园或山林绿地，面积不宜过大，并适当离开车行道和交通路。

村镇公共绿地主要是供居民体育活动、节假日开展文娱活动或老人带幼儿就近游览休息的场所。应伴有相应的建筑设施，如出入口，儿童游戏、科普文化园（青少年之家）、茶座、小卖部、照像馆等；绿化种植，如树木、果木、草地、花坛、栅架、花卉盆景等；供游人休息需要的亭、廊、轩、榭等园林建筑、点缀供人们观察的雕塑和园林小品等；周围可以用绿篱划分空间，如图5-61。某集镇园林绿地规划平面图所示。

图 5-61　某集镇公园绿地规划

1—入口；2—雕塑广场；3—绿廊；4—儿童游戏场；5—水榭；6—水池；7—花卉盆景园；8—安静休息区；9—科普文化园

也可将社会福利院布置在公共绿地的一角，作为建筑处理，以便尚有劳动能力的老人从事一些种植花草、修剪树木培植苗圃等力所能及的工作。

2.交通绿地规划布置

交通绿地搞好了，不仅与街道建筑立面协调，使村镇面貌整齐美观，还有净化空气，降低噪声，减少灰尘、改善小气候、防风、防火、组织交通，保护路面的作用；并可连接公共绿地、专用绿地、生产绿地等，从而形成村镇完整的绿地系统。

（1）街道两旁绿化。要充分了解街道交通流量，道路结构、道旁地质状况、电杆灯柱、架空电线、地下管道及电缆埋设物等情况，然后根据以上不同设施和沿街建筑的特点选择绿化树种，确定株行距，定干高度、绿带宽度等。

当村镇主要街道的一侧路段设人行道时，多采用树穴式种植如图5-62所示；当人行道较宽时，可采用绿带形式，如图5-63所示：

图 5-62　行道树的树池布置形式

(a)正方形树池；(b)长方形树池；(c)圆形树池

其树种选择应符合下列条件：

1）树干通直，分枝点在2.5米以上，树冠较大，树形美观。

2）能抗烟尘和适应变化性较大的环境。

3）不要有刺、有臭味和结果时有污染行人服装的浆果。

4）病虫害少、种良苗壮，生长健康。

（2）街头绿化：村镇的街道旁供行人或居民短时间休息的绿地叫街头绿地。一般位于街道不宜建筑的地段、河、湖岸边，根据地形、坡岸结构的不同采取不同的绿化种植方式。如图5-64所示：

（3）铁路绿化：铁路两侧树木不宜植成密林和靠近铁轨，乔木应离铁路外轨不少于10m，灌木不得小于6m。其种植形式一般是内灌外乔，以保证有开阔的视线如图5-65。

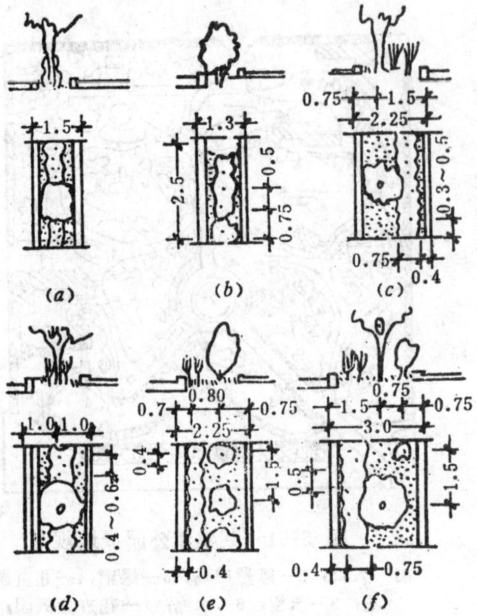

图 5-63 行道树的绿带布置形式

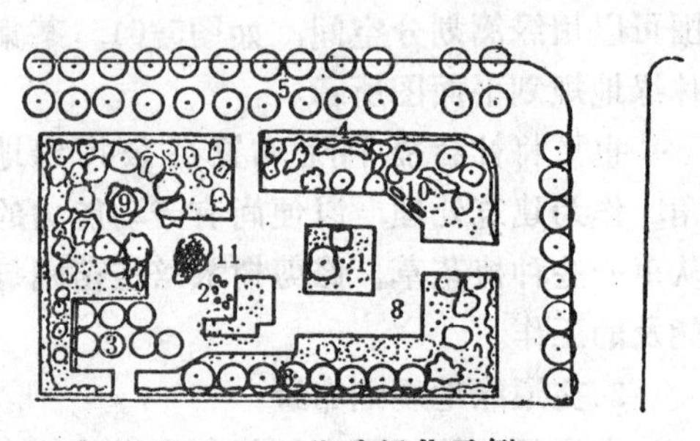

图 5-64 街头绿化示例

1—盆景花坛；2—坐凳；3—刺槐林；4—绿篱；5—小叶白虫菌；6—毛白杨；7—油松；8—柳；9—鱼廊；10—草坪；11—花架

3.专用绿地规划布置

专用绿地应根据建筑物的不同功能要求，采用不同的布置形式，选择适当的植物品种。

（1）住宅建筑用地绿化。住宅建筑用地内的绿地要根据住宅的布置情况，保留地段内质量较好的树木，并与道路绿化统一安排，在几幢住宅间或边角处设置小块绿地，兼作游园和儿童游戏场地。既增加生活气息，又丰富住宅建筑群体面貌和道路景观，如图5-66所示。

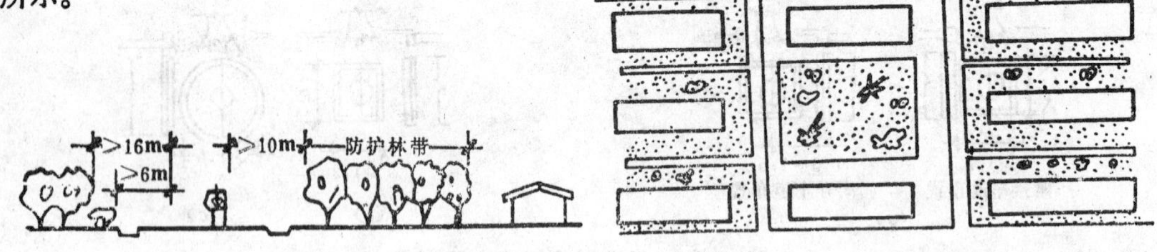

图 5-65 铁路绿化

图 5-66 住宅宅旁绿化

（2）宅院内的绿化。根据面积大小结合各家爱好及生活需要进行绿化，为遮阳、纳凉、防西晒的要求，种植树冠大的乔木或果树，搭设棚架等，但不应妨碍住宅的通风和日照；为了分隔院内空间，将居住部分与柴、仓、厕、圈用灌木或篱笆分隔，如图5-67所示；

（3）生产建筑用地绿化。生产建筑用地的绿地要突出发挥保护环境的作用，绿化应注意与地上地下管线配合，互不影响。有条件的可在厂区内因地制宜地开辟小游园，方便职工就近休息和开展各项活动。小游园可用花墙、绿篱、绿廊分隔空间，并因地势高低变化布置园路、点缀水池、喷泉、山石、坐凳等丰富园景，提高工人的游兴，如图5-68所示。在产生烟尘和粉尘等有害气体的地段，要选择抗性强的树种，种植不宜过密，切忌乔灌木混种，以利通风和吸收有害物质，减少污染；生产噪声的地段，宜种分枝低，叶茂密的灌木丛和乔木，以减弱噪声；易发生火灾的建筑与仓库周围，选择有耐火作用的树木，如冬青、臭椿、槐树、白杨、柳树、泡桐等，避免选用含油脂易燃的树种。

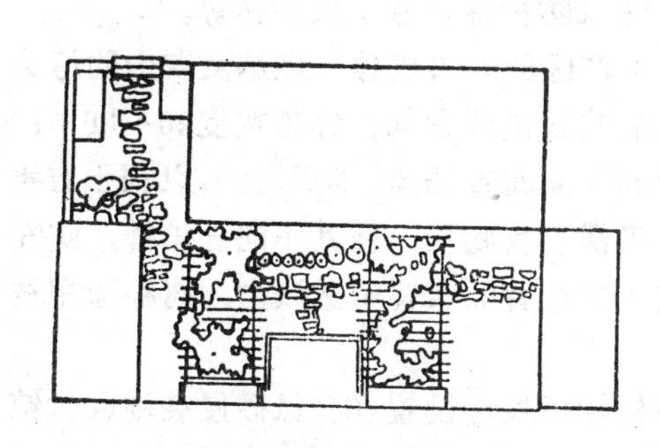

图 5-67　独户庭院绿化

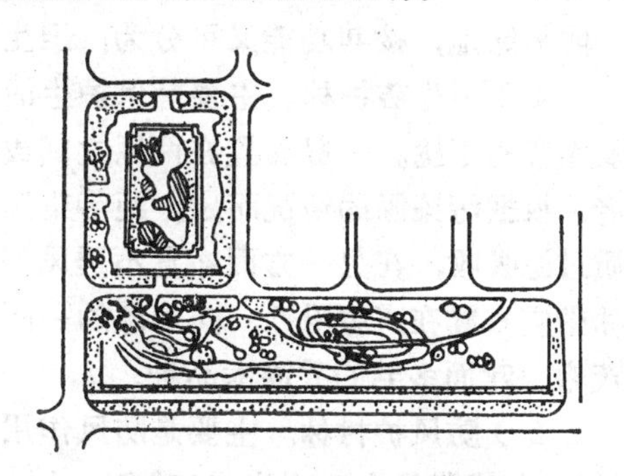

图 5-68　某工厂小游园

（4）公共建筑用地绿化。公共建筑用地一般指办公、中小学校、医院等建筑群内绿化。这类建筑物多数建在村镇人流、交通方便的地段，管线较少，绿化条件较好，绿化布置可参照公共绿地规划布置进行。如学校绿化的主要目的是为师生创造一个防暑、防寒、防风、防尘、防噪、安静优美的学习环境。在树种选择上要注意选择高大挺拔、生长健壮、树龄长、观赏价值较高、病虫害少、易管理的乔灌木。常绿树与落叶树的比例以1:1为宜，不宜种植有刺激性气味，分泌毒液和带刺的植物，如图5-69所示。

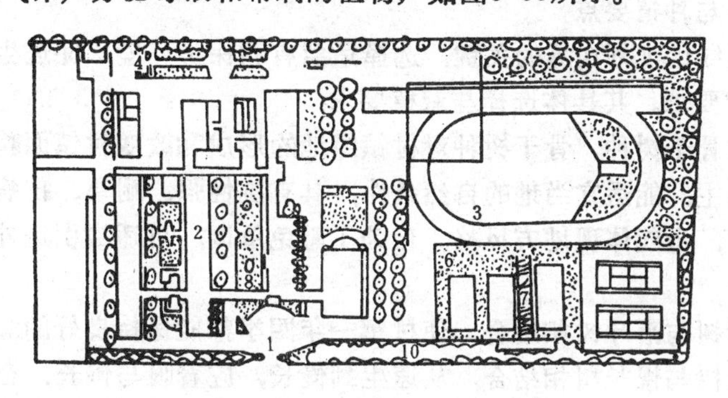

图 5-69　某中学校园绿化

1—大门；2—教室；3—运动场；4—教学园地；5—乔木；6—草坪；7—籐廊；8—花坛；9—水池；10—花灌木

4.生产经营绿地规划布置

村镇生产经营绿地主要是苗圃、果园、花卉等。苗圃、果园及花卉为村镇提供一定经济效益的生产基地。用地最好选择在地势平坦、土层深厚、排水良好，用地及交通方便的地段。在平地建苗圃、果园及花卉。坡度不宜过小，以利灌溉和排水，山地建苗圃果园、花卉经济园要修成梯田，以免水土流失；北方一般选在东南坡或南坡，南方为避免烈日照射，则选在东南坡、北坡或东坡。

苗圃面积估算。苗圃由年计划生产苗木的育苗用地和辅助用地（通常为20％）组成。

$$即苗圃面积=\frac{每年计划产苗量\times 培育年限\times (1+20\%)}{单位面积产苗量}$$

5.防护绿地规划布置

防护绿地的种植结构，按其防护效果一般分为三种类型，即透风型、半透风型和不透风型林带。

防护绿地，按其功能又可分为：卫生防护林、防风防护林、水土保护林等。

（1）卫生防护林。主要是保护生活用地免受生产区的有害气体、煤烟及灰尘的污染以及噪音的干扰。一般布置在两区之间或有碍卫生的建筑地段之间。林带宽度20～30m，或者，根据污染源的情况而定。距污染源或噪声大的一面布置透风、半透风型，以利于有害物质过滤吸收，在另一方面布置不透风型，以利于阻滞有害物质，使其不向外扩静。防噪声林带应布置在声源附近，向声源的一面布置半透风型，背面布置不透风型，树种选用枝叶茂密、叶面多毛的乔灌木品种。

（2）防风护村林。主要是防风作用。防风护村林一般应设置在受风砂侵袭地区村镇的外围，与盛行风向垂直或成30°角。由1～3条林带组成，每条林带宽度不少于10m。迎风面布置为透风型，依次为半透风型、不透风型，可使风速通过林带时逐渐降低，提高防风效果。

（3）水土保护林。在居民点沿山沟或河流布置时，为避免土壤冲刷，栽植水土保护林带。

保护林带尽可能选择速生树种，以便早日发挥防护作用。

（六）园林绿地种植树种选择的因素

1.树种选择与种植要点

树种选择是绿化规划实施的关键，选择适当有利保护环境，促进生产经营效益和满足园林绿地各功能要求。其具体选择与栽植要求：

（1）确定骨干树种。骨干树种对村镇绿地的形成和改变村镇面貌起着关键作用。树种应以乡土树为主，能适宜当地的自然条件，具有抗性强、耐旱、抗病虫害等特点，为本地群众喜闻乐见，也能体现地方风格。但为了避免单调，可适当引进外地优良树种作骨干树种。

（2）常绿树与落叶树相结合。使村镇一年四季都能保持良好的绿化效果。

（3）速生树与慢长树相结合。从速生到慢长，应着眼与慢长，合理配植速生树，以便早日取得绿化和经济效果，又能得到稳定绿化经营管理的作用。

（4）骨干树与其它树种相结合。为使村镇绿化丰富多彩，并满足各种功能要求，除骨干树外，应配植一定数量的其它树种。如乔灌木，应以乔木为主，乔灌结合形成复层绿化；而常绿树和落叶树应以常绿树为主，以达到一年四季常青又富于空间变化，保护环境的目的。

（5）树种的选择与生态习性。树种的选择一般按功能要求和特殊要求来划分，详表5-24、表5-25所示。

（6）因村镇各类绿地的功能不同，选择种植植物时要充分利用植物的形态，即起一定的观赏作用，又能创造一定的经济价值。如表5-26所示植物性态和绿地功能的关系。

村镇绿化常用树种表 表 5-24

种植部位	配植树种
庭院	毛竹、金竹、柴竹、淡竹(水竹)、青皮竹、柴杉、獐子松、华山松、雪松、鱼鳞松、冷杉、云杉、南洋杉、柏木、金钱松、水杉、偃柏、千头柏、大叶榕、柚、甜橙、红桔、棕榈、蒲葵、白桦、梨、李、桔、梅、桃、枣、柿、苹果、椿、槐、洋槐等
建筑物旁	采用规则布置：龙柏、雪松、珊瑚树、广玉兰、夹树桃、石楠、桂花、黄杨等 采用不规则布置：梧桐、牡丹、桂花、南天竺、玉兰、海棠、腊梅、山茶、梅、松、柏、芭蕉、竹等有单株特性的植物 办公房旁：冬青、女贞、侧柏、木槿、珊瑚树等
水滨	水松、落叶松、柳、乌柏、樱花、桉树、梅、桃、棣棠、锦册花、槭、胡枝子、金雀儿、连翘、杜鹃花、偃桧、紫薇、蔷薇、月季等
花架	紫薇、凌雪、木通、野木瓜、木香、蔷薇、葡萄、西番莲等
池	荷花、泽泻、芦、菱、芡实、浮萍、茭白等
道路	马尾松、油柏、黑松、红松、南洋杉、广玉兰、白兰花、观光木、樟树、大叶桉、柠檬桉、白千层、大麻黄、石栗、银桦、芒果、银杏、毛白杨、青杨、银白杨、钻天杨、小叶杨、加杨、旱柳、垂柳、核桃、枫杨、鹅掌楸、枫香、杜仲、悬铃木、合欢、皂荚、槐树、凤凰木、椿树、黄连木、糠椴、梧桐、古树、刺楸、君千子、水曲柳、泡桐、毛叶泡桐、樟树、楸树、木棉、椴、七叶树、榆、白蜡树、榉等
防护	香榧、黑松、杜松、水松、落羽松、苦槠、红楠、蒲桃、台湾相思、毛白杨、钻天杨、栓皮栎、麻栎、角斗树、桑树、白榆、刺槐、元宝枫、变树槭、白蜡树等
山	槭类、松类、桅子、瑞香、紫藤、杜鹃、木芙蓉、银杏、胡枝子、柏、山茶、罗汉松、柳杉等

（7）植物栽植要注意土壤性质与树种相适应；栽植位置与树种阴阳相适应；栽植距离与树种的生长速度和所需要的日照度相适应。植物生长所必须的土壤厚度，参见图5-70。

（8）适时种植。树木的种类不同，种植季节要求也不相同。通常，以10月中旬到1月中旬，或3月上旬至4月上旬植树为宜。常见树木栽种适宜时间见表5-26。

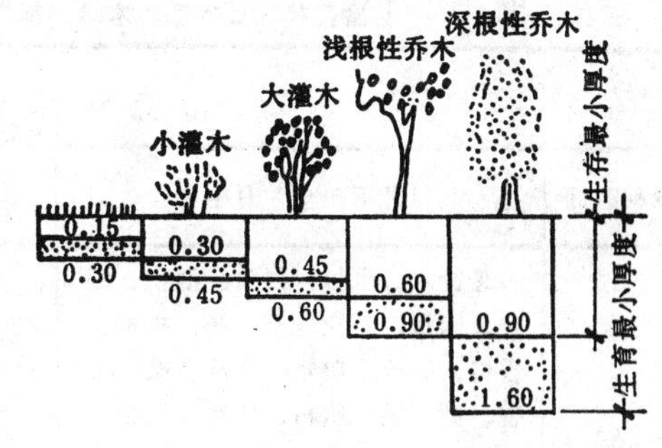

图 5-70 植物生长所必须的土壤厚度

2.树木与建、构筑物及工程管线的关系

树种的栽植，常会遇到与建筑物、构筑物及地上、地下管线位置发生矛盾，如果不妥善处理，不但树木无法生长、对建、构筑物的使用，安全也产生不利影响。树木根系的伸展力很强，可能破坏路面、管线等工程设施。因此，应根据的根系、高度、树冠大小、生长速度等确定适宜的距离。在一般情况下，最小距离分别如表5-27、5-28、5-29。

3.园林植物的配植

园林植物的配植关系到村镇绿地功能的发挥和村镇面貌艺术效果的好坏。其类型大致可分为自然式和规划式两种。自然式配植，以模仿自然，强调变化为主，如孤植、丛植、群植等方法；具有活泼、愉快、幽雅的自然情调。规划式配植，多以某一轴线为对称或成行排列。以强调整齐、对称为主，如对植、行列植等方法，给人以强烈、雄伟、肃穆之感。

特殊要求的常用树种表　　表 5-25

功能要求		树种
耐烟尘	道旁	臭椿、槐、苦楝、皂荚、洋槐、榆、麻栎、白杨、柳、悬铃木、香樟、榕树、凤凰木等
	其他处	海桐、黄杨、榧、粗榧、槠、青冈栎、楠、波萝、女贞、冬青、广玉兰、珊瑚、石楠、夹竹桃、存皮香、枸骨、榉朴、山樱、银杏等
耐旱	道旁	木麻黄、臭椿、洋槐、栾、槐、榆、台湾相思等
耐湿	道旁	楝、枫杨、枫香、白杨、黑杨、阳木、乌桕、柳、小叶桉、大麻黄、梧桐、榆、香樟、木棉、水松、落叶松、水杉、水曲柳、白蜡、榉、悬铃木、无患子(油患子)、三角枫、七叶树等
	其他处	桦木、垂柳等
耐盐碱	道旁	椰子、油棕、大麻黄、台湾相思、楝、榆、小叶杨、臭椿、洋槐、槐等
抗风	道旁	榄仁木、杪椤、椰子、大麻黄、桹榱椰、棕榈、善提(榕)、白蜡、五角枫、麻栎、香樟、银杏、乌桕、榆、槐、桧、垂柳、胡桃等
	其他处	柠檬桉、圆柏(桧)、柽柳、侧柏、木槿、女贞、朴榉、槲、合欢、杨梅、竹类、枇杷、掌楸、梧桐、龙柏、黑松、槠、青、冈栎、月桂等
防火	道旁	麻栾、臭椿、苦木、枸骨、棕榈、金钱松、槐、洋槐、柳、白杨、悬铃木等
	其他处	珊瑚、银杏、存皮香、山茶、罗汉松、海桐、冬青、女贞、槠、青围栎、黄柏、楠、槲、泡桐等
耐化工气体	道旁	臭树、槐、栾树、杨槐、白杨、合欢、榆等
	其他处	梧桐、丝棉木、桑，黄杨、海桐、枸桔、无花果，稍差的有构树、银杏、合欢、黄连木、榆、朴、日本樱、木蜡、槿等

常见树木栽种的适宜时间　　表 5-26

栽种时间	11月下旬至3月中旬	3月中下旬至4月上旬	3月上旬至4月中旬10月中旬至11月中旬
	悬铃木、水杉、白榆、泡桐、银杏、国槐、刺槐、柳、杨、梧桐、香椿、臭椿、白蜡、合欢、桑、丁香、梨、桃、腊梅、紫薇、葡萄、凌霄等	乌桕、核桃、柿、枣、枫杨、楝树等	樟树、雪松、广玉兰、棕榈、枇杷、女贞、夹竹桃、蚊母、黑松、罗汉松、桅子花、珊瑚树、丝兰、大叶黄杨、瓜子黄杨等

（1）孤植。在空旷的平地、山坡或草坪上孤立地配植一株乔木或灌木（如榕树、黄果树、银杏、雪松、枫香、梅、广玉兰等），以表现单株树美、创造空旷的地上主景，称为孤植。

孤植树一般作为主景来配植，因此必须注意，孤植树的体形大小、高矮、树冠轮廓变化等都要与环境空间大小相协调。如在草坪、山岗上配植时，必须留有适当的观赏距离，并以蓝天、水石、草地、单一色彩的树木作为背景以衬托其树形、姿态的色彩美，借以丰富风景天际线的变化。

种植树木与建筑物、构筑物、管线的水平距离 表 5-27

名　称	最　小　间　距　(米)	
	至乔木中心	至灌木中心
有窗建筑物外墙	3.0	1.5
无窗建筑物外墙	2.0	1.5
道路侧面、挡土墙脚、陡坡	1.0	0.5
人行道边	0.75	0.5
高2米以下围墙	1.0	0.75
体育场地	3.0	3.0
排水明沟边缘	1.0	0.5
测量水准点	2.0	1.0
给水管、闸	1.5	不　限
污水管、雨水管	1.0	不　限
电力电缆	1.5	
热　力　管	2.0	1.0
弱电电缆沟、电力电讯杆，路灯电杆	2.0	
消防龙头	1.2	1.2
煤　气　管	1.5	1.5

植篱的行距和株距 表 5-28

绿篱高度	栽植类型	行数	株距 (m)	行距 (m)	绿篱计算宽度 (m)
高　篱	高大灌木	1	0.5～0.8	—	1.2
		2	0.6～1.0	0.5～0.7	1.7～1.9
中　篱	中高灌木	1	0.4～0.6	—	1.0
		2	0.5～0.7	0.4～0.6	1.4～1.6
低　篱	矮小灌木	1	0.25～0.35	—	0.8
		2	0.25～0.35	0.25～0.3	1.1

树木与架空线路的间距 表 5-29

架空线名称	树木枝条与架空线水平距离 (m)	树木枝条与架空线垂直距离 (m)
1千伏以下电力线	1.0	1.0
1～20千伏电力线	3.0	3.0
35～110千伏电力线	4.0	4.0
154～220千伏电力线	5.0	5.0
电信明线	2.0	2.0
电信架空线	0.5	0.5

（2）对植。用两株或两丛树分别按一定的轴线对称的栽植称为对植。对植多用于主要建筑物出入口两旁或纪念物登道石级、桥头两旁起着烘托主景、或形成配景、夹景，以

增强透视的纵深态。

设计对植树时，必须采用树型大小相同、树种统一，与周围环境协调的树种。

（3）行列植。按照一定的株行距栽植的乔、灌木叫行列植。行列植景观较整齐，单纯而有气魄。主要配植在规则式的园林绿地周围及道路两旁，也可采用绿墙、绿篱等形式。

行列植常用乔灌木有：樟树、雪松、龙柏、槐等；而绿篱常用乔灌木有：黄杨类、海桐、榆树、女贞类等。

植篱的行距和株距，可视植篱的形式和树种的不同而定。一般情况下，植篱的行距和株距可参见表5-30。

植篱的行距和株距　　表 5-30

绿篱高度	栽植类型	行数	株距(m)	行距(m)	绿篱计算宽度(m)
高篱	高大灌木	1	0.5～0.8	—	1.2
		2	0.6～1.0	0.5～0.7	1.7～1.9
中篱	中高灌木	1	0.4～0.6	—	1.0
		2	0.5～0.7	0.4～0.6	1.4～1.6
低篱	矮小灌木	1	0.25～0.35	—	0.8
		2	0.25～0.35	0.25～0.3	1.1

（4）丛植。把一定数量的乔灌木自然地组合栽植在一起称为丛植：主要供观赏，其观赏视距应有树高的3～4倍，在主要观赏面甚至要有10倍。

构成树丛的树木株数从3～19株不等。还要考虑植株将来的生长形状，树丛内部的株距以郁闭不宜。植株相互配植的原则是：以草木花卉配灌木；以灌木配乔木；以浅色配深色等。在总体上既要有主有从，又要相互呼应。

（5）草坪。草坪是多年生、宿根性。一种或几种草种均匀密植。草坪除供人们观赏外，主要用来满足人们的休息、运动等活动，同时在防沙固土保护和美化环境等方面都有很大的作用。

草坪在园林绿地中的规划形式可分为自然式和规则式。自然式草坪能充分利用自然地形，或模拟自然地形的起伏，草坪的外缘与树林过渡，可点面布置，创造山的余脉形象、增强山林野趣；规划式草坪在外形上有整齐的几何轮廓，一般多用作花坛、道路的边饰物，布置在雕塑、纪念碑等可形成各式花纹图案起衬托作用。在草坪中间，为了特殊需要而进行适当的小空间划分时，一般不宜布置层次过多的树丛或树群。如将造型优雅的湖面、雕塑或花台等设在草坪的中心，则以主体突出，给人以美的享受。常用草种和生长特性参见表5-31。

二、村镇艺术布局

（一）村镇艺术布局要求

村镇艺术布局是以村镇的性质、规模、现状条件等为依据，决定村镇艺术布局的基本指导思想，确定村镇建设艺术的骨架，并进行各部分的空间组合，及河湖水面、高地山丘的利用与建筑群、绿化的安排和风景视线的考虑等。

草坪常用草种一览表　　表 5-31

种名	特性	应用	分布
结缕草	阳性、耐干旱、耐踩、低矮、不需推剪	观赏、游息	全国各地
天鹅绒草	阳性、无性繁殖、不耐寒、耐踩、低矮、不需推剪	观赏、网球场	长江流域、华南
狗牙根	阳性、耐踩、耐旱、耐薄、耐盐碱	体育场、游息场	全国各地
假俭草	阴性、耐潮湿	水池边、树下	长江以南各地

1.村镇艺术布局与村镇面貌的关系

村镇艺术体现在建设规划中，主要是使村镇的面貌与环境符合美学要求。村镇之美为自然美与人工美的综合，如建筑、道路、雕塑（为人工美）等的布置与山势、水面、花卉林木（为自然美）相结合，可获得较好的艺术效果。

村镇规划中不论是自然美或是人工美，均需通过一定的地域和空间去组织，来满足人们的静态观赏和动态观赏。静态观赏是人们固定在某一地方，对村镇某一组成部分的观赏，它有慢评细赏的要求；动态观赏是指人们在乘车或步形中对村镇的观赏，有步移景易的要求。村镇的艺术面貌是自然与人工，空间与时间，静态与动态的相互结合，交错变换而构成。所以村镇艺术布局，应按实际情况综合考虑。

2.村镇艺术布局与协调统一的关系

（1）艺术布局与适用性、经济性的统一。艺术布局必须以适用、经济为前提，如果单纯追求艺术，只会徒具形式、无生命力。事实上，适用、经济的要求与艺术要求是相辅相成的，关键在于适当的规划处理。

（2）艺术面貌近期建设与远期发展的统一。村镇艺术面貌存在着近期、远期的问题。只考虑近期而忽视远期或只考虑远期而忽视近期，没有完整的面貌，都是不妥。因此，要使先后的风格一致，近期、远期艺术面貌统一协调。

（3）整体与局部、重点与非重点的统一。村镇园林绿地艺术布局应是一个完整的有机整体，要做到局部服从整体，整体统帅局部，重点突出，“点”、“线”、“面”相结合。“点”是村镇艺术布局的构图中心（村镇中心区）。“线”是指道路绿化带等。“面”是村镇大块绿地和建筑群体中的成块绿地。在村镇总体艺术布局中，处理好构图的中心“点”，形成村镇面貌的标志。点、线、面相互结合起来形成系统，互相衬托，能获得完整的艺术效果。

（4）一个村镇艺术面貌，除取决于村镇艺术布局，并在建设中逐步实施外，环境保护．村镇管理等方面也有密切关系。如果村镇有“三废”污染，河流水源不清洁，公共设施不能满足使用要求等，即便有较好的布置，也不会有艺术魅力。没有严格的村镇管理，村镇面貌也不可能得到保证。

（二）村镇艺术布局的处理

1.合理利用自然环境

村镇的地理位置、自然地形与环境条件，同村镇艺术面貌的组织有密切关系：

（1）平原地区。由于地势平坦、规划布局容易紧凑整齐。为了避免在艺术布局的单调，有时可在绿化地段适当挖低补高，积水成池，堆土成山，增强三度空间感。利用村镇不同层次的建、构筑物及道路、公共活动中心的不同比例尺寸组织主景或对景；合理配植绿地绿化种植，给村镇创造一个丰富而有变化的主体轮廓和气氛活泼的空间，而表现出村镇特有面貌。

（2）山区、丘陵地区。这些地区地形变化大，应充分结合自然地形条件，采取分散与集中相结合的规划布局。山区村镇，建筑依山而建、层层叠叠、三度空间感较强。如在高的地段采用不同色彩的植物种植作为衬托，以突出主体、丰富整体面貌。在丘陵村镇，如沿丘陵间的沟谷布置主要道路系统，将一个个小山头包围在村镇之中，并在树种（高低）选择时配合主要道路竖向进行处理，就能使丘陵村镇获得一些类似平原村镇的街景。

（3）河湖水域地区。位于河湖海滨，水网地区的村镇，可利用水面进行艺术布置组成秀丽的景色。如傍水，或将水域包围在村镇之中，或将道路系统与水网配合布置，造成一街一水，一条风景绿带，表现出水乡特色；或结合其他工程的需要，布置人工堤，人工岛，既可增加水面空间层次，又能成为风景视线的集中点。有河流经过并在河流两岸发展村镇用地时，利用联系两岸的桥梁设施，通过桥头两端组织桥头绿地，既供人们观赏休憩，又构成村镇的艺术重点。

2.利用历史条件

我国村镇多数是在历史上形成而沿袭至今。有的村镇具有一定的文化遗产和艺术面貌，应充分考虑利用，保留其历史特色和地方风貌。对有历史和艺术价值的建筑物，构筑物，古树等必须保留；有保留条件者应完整保存；或在保留原有风格和艺术，历史价值的条件下，进行改造扩展，并将其组织到村镇艺术布局中。有些无法保留，或无多大艺术价值，或与现实要求有很大矛盾的，应予以拆除。有些原物已毁，可结合村镇现况适当恢复重建，以增强村镇特色，丰富村镇的革命历史和文化艺术内容。

3.结合工程设施进行艺术处理

结合村镇的防洪，排涝，蓄水，护坡，护堤等工程设施，进行适当建筑，绿化处理改造村镇艺术面貌。如在山地，可利用挡土墙护坡与建筑物间隔空间，适当配置有使用和观赏价值的栏杆，踏步，绿化等，形成地物和建筑物组成多样群体，变化空间形式。沿江、河岸线的村镇，可利用防洪堤等进行各类型的植物绿化组织风景视线，既增强村镇空间变化，又为居民创造良好居住环境，也能使村镇面貌获得良好的效果。

4.村镇艺术布局与建筑风格

村镇艺术布局与建筑风格，要结合村镇的性质、规模、地区特色、自然环境和历史条件因地制宜地进行综合考虑。一般来说，各地村镇多与宽阔的田野、幽静的山群，或秀丽的水网河湖接壤，在园林绿地布置中应充分利用这些条件，并将各种不同功能的建筑物、构筑物组织在各种植物特色的园林绿地之中，发扬地方民族建筑特点，保持原有乡土风光的特色。

第九节　村镇公共中心、集贸市场及街景规划

一、村镇公共中心规划

公共中心是村镇主要公共建筑——行政、商业服务、文化娱乐等设施集中布置的地段；是村镇居民进行政治、经济、文化等社会生活比较集中的场所，是体现村镇特色的主

要部分。

（一）设置公共中心的条件

公共中心一般设置在规模较大的中心集镇、一般集镇。中心村一般不必设置公共中心。因按其规模计算，所需的公共建筑数量和面积较少，形成不了“中心”，若硬设“中心”是不经济的。但有的中心村虽然不是集镇，而规模较大，又远离集镇，这种情况可以考虑设置公共中心。总之，公共中心的设置应从村镇总体规划镇（乡）辖范围及主要公共建筑的分布情况综合考虑而定。在不具备设置公共中心的村镇，公共建筑也应考虑相对集中建设于村镇的某个适宜地段，一般把这个地段称之为“村中心”或“村中心地段”。

（二）村镇公共中心的位置选择要求

1.公共中心应设置在村镇的适中地段

所谓适中地带，并不是指绝对几何中心，而应从村镇自然地形、交通条件和周围环境等因素综合确定，使公共中心的地段适中，服务半径均衡，居民使用方便，如图5-71所示。

2.公共中心要与村镇发展相结合

若村镇用地的发展趋势向东，则中心位置也相应偏东，如图5-72（*a*）所示。

若村镇以同心圆的形式逐步向外扩展，则公共中心规划用地，应考虑在周围留有余地，以便适应村镇发展规模的需要，如图5-72（*b*）。

若村镇呈带形发展，且带形又较长时，则近期公共建筑的项目规模可少一些，近期考虑发展新的公共中心，而把近期的公共建筑集中地段作为村中心，如图5-72（*c*）所示：

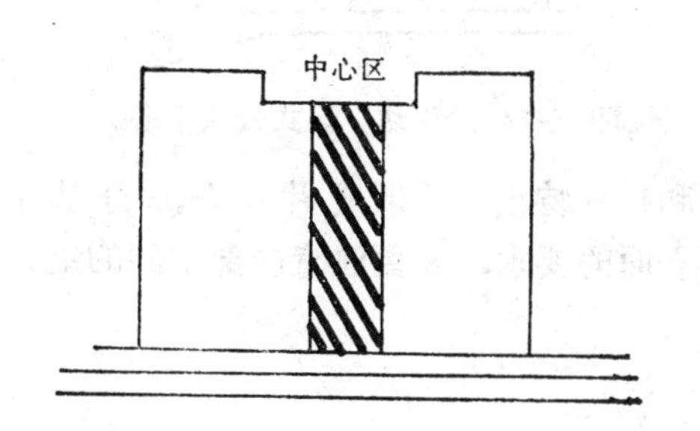

图 5-71　理想的集镇中心位置

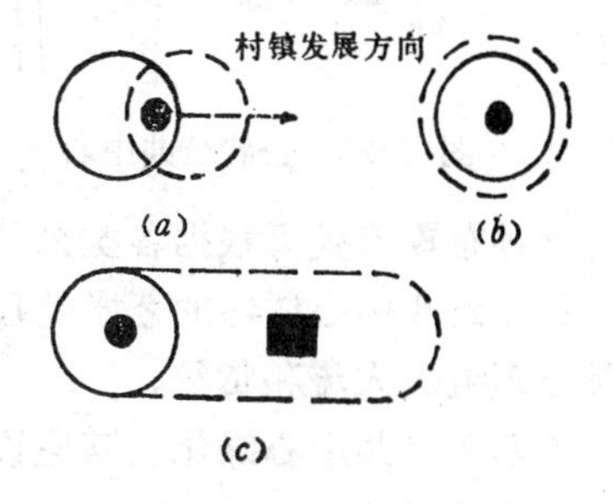

图 5-72　公共中心与村镇发展相适应

3.公共中心位置选择布置要求

（1）村镇公共中心的位置选择在符合功能要求的前提下，还应考虑环境适宜，自然条件优越和位置显著地段，充分发挥村镇主要景观及其艺术表现力的作用。

（2）充分利用自然地形的变化，体现各村镇的特色。

1）地势平坦或略有起伏的地段，要尽量使其公共中心建筑群形态多变，打破村镇建筑单调感。

2）靠山地区，充分利用山形组景，使山成为公共中心的对景或侧景。

3）丘陵地区，可以选择视野开阔的高地作为公共中心，以居高临下突出形象；也可以选择完整居中的低洼地，使村镇四周都能俯视公共中心，而别有特色。

4）水网地区，应在可能的条件下，争取水面，沿水布置，使中心与水面的景色相结合。

（3）公共中心与车辆、人流交通要求。

1）公共中心应有方便的对外交通，充分发挥中心区与居民的职能作用。

2）公共中心用地应与过境交通路线隔离。

3）步行区不应有车辆驶入，通往商店的进货路线和顾客购货流线适当分开。

4）设置必要的机动车辆和自行车停车场。

（三）公共中心的布置形式

在公共中心除了布置公共建筑外，还要配置道路广场和绿化，而构成村镇公共中心。公共中心的布置形式基本有三种。

1.广场式公共中心，即以广场为中心四周布置公共建筑。这种形式在村镇较少见。

2.带状式公共中心，即沿街道一侧或两侧布置公共建筑。这种布置形式容易形成较繁华并具有生活气息的市容，但与交通矛盾较大。当通过车辆少或控制车辆通过时，可采用双向布置，如图5-73所示。当通过车辆较多或山区道路两侧用地受地形限制时，宜采用沿街一侧的单向布置，以减少人流，车流的相互干扰及用地限制的矛盾。

3.成片集中式公共中心，即以街坊或较大院落集中布置公共建筑，如图5-74所示：

图 5-73 带状公共中心

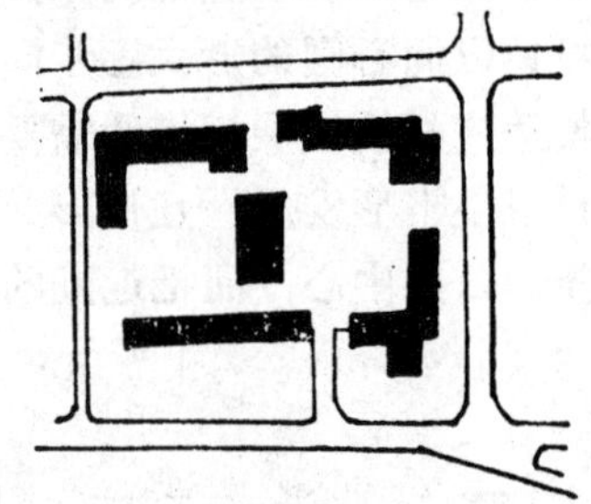

图 5-74 "街坊"形式公共中心

这种布置形式可根据各类公共建筑的功能要求和行业特点，采取成片结合，分块布置，但在公共中心群体的艺术处理上既要考虑沿街立面的要求，又要注意内部空间的组合以及合理组织人流和货流。

（四）公共中心绿化及其它设施的布置

1.广场绿化

绿化可以美化公共中心的环境、调节气氛。布置方式应根据各地特点、风格以及公共中心的性质和用地大小形状进行布置。可以从高、中、低三个层次来考虑。高大的乔木、灌木可以作为对景；"中"作为过渡空间衬托主体；低短的灌木可分割平面空间，组织交通的作用。草皮适宜于活动人数不多，人们短暂休息的场所，树种的选择应注注意与公共中心的性质、气氛相适宜。如纪念性公共中心宜选用体型简单、洁净、严整、常青的树种；而娱乐休息性公共中心则以体型变化丰富、易修剪、落叶少的树种为主。公共中心树种的选择，通常以落叶少、树干光洁；无异味且体态优雅的树种，其中常青树占主要部分。

2.公共中心的地面铺装

地面应从材料、色彩、拼铺方式和图案上多样化、标织化（标织指结合场地功能性质、前进方向、空间尺度）等方式考虑。地面材料不宜全部取用人工材料，如混凝土、沥青等，充分利用自然材料与其他道路的铺装区别开来。

3.小品、雕塑及游息设施

在公共中心的适当部位布局一些结合主体气氛的小品，雕塑可以起到衬托主体：点缀环境、喧染气氛的作用。游息设施主要为了满足人们休息时使用。如沿内部游人路线布置坐椅或适于坐息的栏杆、台阶、花坛、喷泉等。花坛、喷泉一般设在区域的构图中心点上。有条件的还可结合规划布置小品：如冷饮厅，茶座等，既可丰富其内容，亦可得到一定的经济效益。

4.照明及卫生设施

公共中心不但可满足人们白天使用，有时也成为人们夜间活动的中心。其照明设施一般有灯柱、灯座、灯塔等，形式应新颖别致且区别于街道路灯、卫生设施，如垃圾箱、厕所等。垃圾箱的形式应选择体量小，样式新颖美观又便于清扫或结合小品设计，这些一般都布置在场地或道路的边缘地带。厕所同样应该新颖、卫生且便于寻找、辨认，通常位于边缘或角落部位。

二、集贸市场规划

集贸市场和村镇居民的生活关系非常密切，是人们购买生产、生活资料的主要场所。如购买鱼、肉、蔬菜、瓜果，销售农副产品等，互通有无。因而，集贸市场的规划布置，应照顾采购习惯和销售习惯。

从目前情况看，集贸市场已日趋经常化、专业化，要求开辟固定场地，建设专用设施。

（一）集贸市场的类型和活动特点

集贸市场根据经营品种不同，可分为粮油、副食、百货、土特产、柴草、家具、农业机具、牲畜等八类。副食、百货、土特产等的贸易常常形成中心市场。根据交易时间的不同，又分为早市和集市。

早市（又称露水市）：主要经营新鲜蔬菜、肉类、水果、禽蛋等。

集市：一般隔数日一集，上市商品种类齐全，规模大，赶集人数多。逢年过节更是盛况空前。人数可达当地常住人口的几倍。

集贸市场的服务半径有的限于本乡，有的涉及几个乡。一些历史悠久的集贸市场，其服务范围超出了县境。

农村集贸市场有明显的季节性特点。农闲时，特别是节假日，农村产品上市量大增。赶集次数和人数明显增加，瞬时集散量大。经济发展快的集镇赶集人数可达数千人，中心集镇可超过万人。

（二）集贸市场的选址

1.交通便利、散集方便

集贸市场应根据商品的种类、货源方向和人流集散方向来选择场地。一般要靠近对外交通要道，以便于货物运输和人流集散，但交通干线应尽量不穿过村镇内部。场地不要占用街道，以免阻碍交通。

2.与公共活动中心联系方便

集贸市场一般应靠近公共活动中心，以便于赶集群众就近使用村镇商业，服务业和文化娱乐设施。

3.便于管理

规模小的集市，应尽量集中布置，规模较大的集市，宜按经营的品种分几处布置，以避免过于拥挤、搬运不便、影响市容。有碍卫生的集市，宜放在村镇的下风处。互相干扰的物品，可利用绿化分隔。

（三）集贸市场的用地面积

农村集市规模变化幅度较大，每逢大集人流和摊位比平时集市增加数倍。但一年之中大集次数不多，各地可以按平时集市规模为依据，来确定集市场地，大集时另考虑临时解决办法。

场地规模可按平时集市的高峰人数来计算。一般每人约0.4～0.8m²。山区中山货多，牲畜多，每人按1.0m计算。也可以按平时集市的最多摊位数计算，每一个摊位的占地面积：禽鸡0.3～0.5m²；蔬菜、水果约0.8～1.0m²，竹木制品约1～3m²，小家畜2～3m²等。平均每摊位约占地1～2m²。

（四）集贸市场的布置形式

集贸市场的布置形式，可归纳为以下几种：

1.路边布置

沿道路两旁摆设摊位，人车混杂，交通易堵塞。需要经常的交通管理，维持交通秩序，划定摊位界线，安排好销售者进入市场的次序。否则交通供货车辆、购物通行人流之间相互干扰严重。这种形式在集镇中最多。无需专门辟地，也没有棚舍投资，最为经济。但在集镇的过境路上，不宜设置，因为其严重影响交通。

2.集贸市场街

集贸市场街是路边布置的高一级形式，在村镇中单独辟出街道来，或是新建一条街，为专供农贸用的步行街。设置经常性的摊位，便于整日营业。内部通道，考虑供应、购物人流和疏散安全。为了不受风雨的影响，上部加顶盖，做成半透明的棚架，可防雨。

3.场院式布置

辟出单独的空地、广场，作为农贸市场。比路边布置易于管理，不影响村镇道路交通，也不影响路边商店的营业，对居民干扰少。

在一般村镇中，这是比较稳定的市场，设有固定摊位，地面要考虑便于洗刷，内部畅通。设棚架、挡风雨。场院的布置，有一定的分区，把蔬菜类、果品类、鱼虾水产、肉类、家禽等按类相对集中，有利于人们选购，且保证各类商品之间不相互干扰，购物路线的组织明确、清晰，少走或不走回头路。尽量使各个摊位都处在明显的位置上，使买、卖双方都满意。

三、村镇街道景观规划设计

街道建筑群景观规划是从总体规划要求出发，对村镇某一条街道进行详细规划。街道建筑群规划是在建筑红线、竖向等规划设计决定之后，进行街道两旁的建筑群规划，使街道面貌能形成一个完整体，真正发挥村镇建筑群体艺术效果，而体现村镇特色。

（一）街道分类

街道是村镇的主要外部活动空间之一，它具有生活气息浓厚，使用频繁等特点。是一个多功能的活动空间网络，容纳了人们的居住、商业交往、游息、观赏等多种活动。同时它既是村镇交通系统的主要组成部分，也是反映村镇建筑艺术和村镇环境面貌的主要对象。

在村镇总体布置中，其道路系统的分工不同。从而使不同的街道具有不同的职能。按使用性质的差异可以将村镇街道分为三类。

1.交通性街道

指担负着村镇主要交通运输任务的干线街道。有对内对外交通之分。对内一般用于村镇生活性与生产性建筑用地之间的联系，是村镇内部的主要交通干线，一般又以货物运输为主。对外是用于联系各个村镇交通的道路，是村镇对外交通的组成部分。

2.生活性街道

指为居民生活服务的道路。如村镇的次干道路和巷道等。它们的交通对象主要是人，其次是生活物质运输车辆。

3.混合性街道

兼有以上两种街道的性能。既为居民解决生活交通问题，也承担一定的货运交通量。

（二）街景布置与街道规划的关系

不同地形、功能及环境的街道对建筑布置的要求亦有不同。平坦地段的街道、建筑的布置或严整，或均衡，或比较自由，丘陵山区的街道，特别是在梯级街道上，则应该根据地形的上下，视线的组织，在高低错落中探求布置的规律。水网地区的街道，可与水系相傍平行，利用水系组成街景，沿河、滨、湖的街道，可在街道的一侧布置建筑，而将临靠水域作绿化处理，将水上风光组织到街景中来。东西向街道，沿街布置建筑，朝向较好，但向北的街道主面，日照较少，缺乏光影的变化。南北向的街道，沿街布置建筑，就难免有东西向的朝向，特别是夏季炎热地区，午后西晒的房间是难以忍受的。在东西向的街道上，使用人数较多的建筑，如百杂、五金杂品等，宜布置在街道的北侧，并可以适当加宽人行道；使用人数较少，要求安静的建筑，如银行、邮电、药店等，则宜布置在街道的南侧。

沿街建筑的布置方式很多，归纳起来，一般有以下几种方式。

（1）间隔式，即沿街布置彼此间有一定距离的成组建筑或独立建筑。这种布置有利于消防、通风、日照等要求，每幢建筑能与绿化充分的结合。若多幢建筑的短边或山墙向街时，能组织良好的街景，可用低层的沿街建筑如商店等将多层建筑的山墙连接起来，而组成统一的建筑群。间隔分幢布置，适应性较强。如在山区街道，图形街道，梯级型街道上，分幢布置建筑，无论是在造型上或是分期分批建设上，都较有利。在街道的艺术面貌上，彼此协调，相互呼应，不能互争突出，破坏整条街道的完整性，如图5-75所示。

（2）连续周边式，即沿街道建筑红线不间断，呈一字形或曲折形布置建筑。从节约村镇用地出发，是较经济的，其建筑布置也比较简单。但在通风、日照、采光、消防界方面往往存在问题，街道面貌也比较单调，如街道较窄，两侧建筑较高，宛如两道高墙。中间象一条走廊，如图5-76所示。

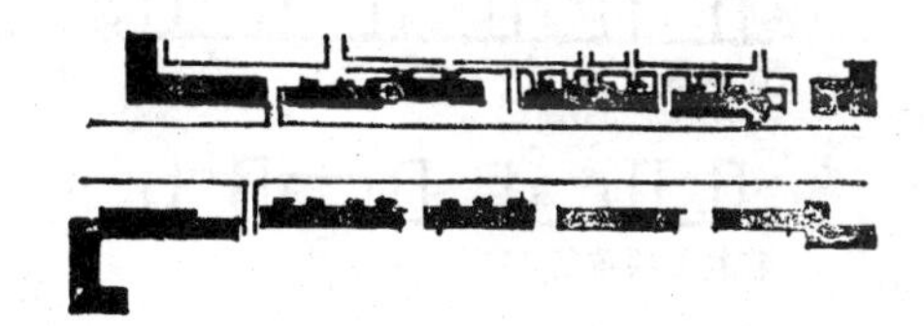

图 5-75　间隔式

图 5-76　周边式

在实际规划中，街道建筑布置不能以某种固定的布置方式来决定。应考虑整条街道的面貌，空间的组织及与其它区域的统一协调。

（三）街道景观规划的艺术布局

街道景观空间由街道两侧的建筑、绿化、小品等的限定和划分。且街道两侧的建筑物的性质已决定了其相应空间功能。

1.空间的“限定”与划分

街道是人们购物、游息、乐于逗留的场所。一条街道、特别是较长的一字型街道，如不对其空间加以限定和划分，街道景观将会显得单调、沉闷、无韵味空间的韵味是指隔而。不断，在大空间中限定小区域活动空间的处理。街道是一种线型空间，可以利用建筑物布置的松紧将街道空间“限定”和划分成不同大小的空间或利用小品、雕塑、门楼、牌坊、花坛、喷泉等将其分成几个空间。这样使街道空间形态丰富灵变，具有生机，吸引人流，给人以活泼、新颖、富有生命力的感觉。

2.街道艺术处理的基本手法

（1）对称与变化。对称本身就具有统一感，就具有一种制约，在这种制约中不仅包含了一种秩序，而且还包括了变化。因此在街景群体建筑组合中采用对称的手法，可获得统一和谐的整体效果。一个建筑群不论规模大小如果沿着一条轴线作出对称轴形式的排列，就会建立起一种秩序感，如果再把位于中轴线上的主体建筑突出出来。这种变化中的统一就会更强烈。如图5-77。是以一个相对较大体量的建筑与轴线对称布置，同时以入口门廊以及屋顶中央的塔楼，突出了强烈的主导中轴，两边相对低矮建筑配置于两侧，尽管它们内部功能不尽相同，但外部空间的变化被“中轴为主左右对称”的格局所统一，构成一个完整的群体。

（2）对比与变化。利用空间的大小、高与矮、开敞与封闭及不同体形之间的差异进行对比，可以打破呆板的、千篇一律的单调感。在利用这种对比手法时，应掌握变而有治，统而不死，使街景群体组合既有特色，又能构成一种统一和谐的格调。

（3）渗透与层次。借助建筑物的空廊、门窗洞口等和自然界的树木、山石、湖水等，把空间分隔成若干部分，但却不使被分隔的空间完全隔绝，而是有意识地通过处理使内外部分空间保持适当的连通。这样可以使建筑空间和自然环境互相因借、或者使两个或两个以上的空间相互渗透、从而极大地丰富街景空间层次。

（4）韵律与节奏。以同一形体而有规律的重复和交替使用所产生的空间效果，称节奏和韵律，如图5-78所示。韵律和节奏可以反映在建筑平面布局上，亦可以表现在立面空间处理上。韵律和节奏所形成的有规律的循环再现，可产生抑扬顿挫的美的旋律，给人产生一种美的感受。这种构图处理手法常用于村镇轮廓线和沿街、沿河线状布置的建筑群的空间组合。

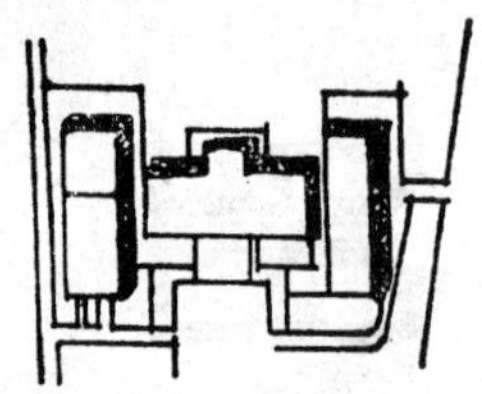

图 5-77　对称式处理

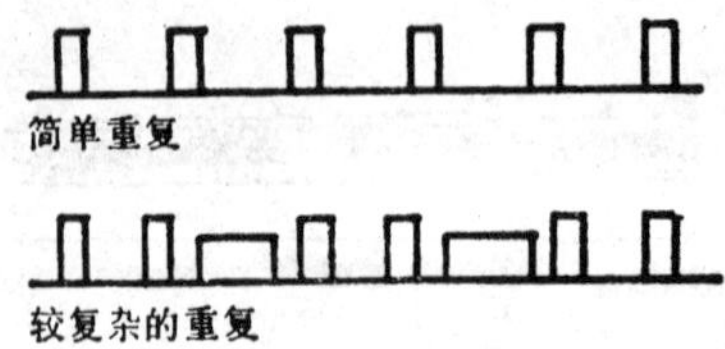

图 5-78　韶律与节奏

（5）色彩与协调。色彩是每个建筑物不同分割的特性之一，也是建筑构图的一个重要辅助手段。色彩对于建筑不仅起着表现形体的生动美，而且还起一定的功能作用。例如医疗建筑的色彩一般以淡洁为主；而文化娱乐建筑的色彩一般应丰富多彩、给人以欢快气氛，大量性居住建筑，色彩要成组考虑，颜色以淡雅为宜，以造成一种明快、朴素、宁静的气氛。在色彩使用上充分考虑地方特色、满足传统喜好；在同一建筑群中，色彩差异不宜过大；即使有变化，色彩的基调亦在一致，仅在细部，重点部分适当提高色彩浓度，以求得统一和协调。

（四）街景规划与观赏视觉。

人们在建筑群中的活动规律，通常是处于动态观赏，但也会出现静态观赏，尽管"静"是相对的，"动"是绝对的，但在街景群体相合中，结合功能有意识的组织这些停顿点，成为主要观赏点来欣赏空间艺术效果是必要的。

1.静观

空间构图的重要因素之一是景观的层次，通常人们在一定观赏点作静态观赏时，空间层次可分为远、中、近三个层次的景色。远景只呈现大体的轮廓、建筑体量不甚分明，中景则可看清建筑全貌，而近景则显出清楚的细部。通常中景是作为观赏的主要对象。其最佳垂直角约为27°左右。（约建筑物二倍高度的距离）最佳水平角约为54°左右，如图5-79所示，而远景是背景起衬托作用，近景则成为景面的边框或透视引导面。其静观视点往往是建筑群的入口，道路的转折点，地形起伏的交汇点，空间的变换处，长斜坡踏步的起迄点等。如果在街景规划设计中能满足上述视点的视角要求，就会使街景的建筑群体艺术感染力充分被人们所感受。

图 5-79 最佳视角

2.动观

指人们在活动中所能观赏的景色，如村镇的商业街道，紧靠村镇的外围公路上，由于这是人在活动时所摄取的。因此，只要注意街景的大体轮廓而作为初步印象即可，为了适应动态观赏，在街景规划设计时充分考虑街景群体建筑的韵律感，对比度及较好的主体尺度等，使之达到步移景异的效果。

第十节 村镇环境保护规划

一、村镇环境

村镇是人口聚居的地方。一些集镇或个别较大的村庄也是工业、商业、交通汇集的地方。村镇一般规模不大，工业和交通量不多，空气新鲜，水质较好，环境也较安静。但是一些乡镇工业企业由于布局不当，有些工业项目不注意污染源的治理，造成了环境质量的下降。除此之外，由于人口不断密集，交通日益频繁，有些工业排放了废水、废气和废渣，还有农药，化肥的污染，也严重地威胁着村镇居民的环境。

村镇与周围农田紧密联系着，大量污染物不仅对村镇本身环境有影响，同时对农田生态系统的破坏也相当突出。农田生产对自然条件有强烈的依赖性，如土壤、水质、空气等农业环境受到污染和破坏，直接影响农业生产的效益。并且通过食物链，危害了城乡人民的健康。

污染容易治理难，往往需要很长时间，有时甚至无法完全恢复。而且有的污染在短期内并不一定会觉察得出，等到发现，其危害程度已经很深了，以致很难挽救。在国外已有很多这方面的教训，值得借鉴。

为提高村镇的环境质量和环境效益，必须首先掌握村镇环境实际状况，从质和量上来分析存在的问题，有针对性地解决布局上的问题。下面从村镇的污染源、污染物的调查，村镇的环境质量评价和村镇环境规划三个方面来阐述。

二、村镇污染源和污染物的调查

村镇中产生物理的（声、光、热、振动、辐射等）、化学的（有机、无机的），生物的（霉菌、病毒等）有害物质（或因素）的设备、装置、场所等都是村镇的污染源。污染源分为工业污染源，交通运输污染源，农业污染源和生活污染源四个方面。

（一）污染源调查

1.工业污染源

它是村镇废气、废水、工业废渣、噪声等的主要发生源。不同行业所排放的污染物也不尽相同。一般工业废气中主要有害物质有：一氧化碳、粉尘、二氧化硫、一氧化氮、二氧化氮、光化学烟雾，硫化氢、氟、氮、氯化氢、苯并（α）芘、恶臭物质，甲硫醇，甲醛等物质。

工业废水中有害物质有：苯、酚、氰化钠、氯化钾、砷、汞、铬、镉、铝、铜、磷、锌、硫酸、硝酸、热污染等等。

工业废渣如煤矸石、高炉矿渣、钢渣、粉煤灰、电石渣、硫酸矿渣、赤泥氯钙、磷渣，放射性废渣及工业垃圾等，都含有害物质。

2.交通污染源

它所造成的污染表现在下列几方面：运行中发出的噪声；运载中有毒有害物质的泄漏，汽油、柴油等燃料的燃烧所产生的有害气体和清扫车体、船舶的扬尘、污水（如油船压舱水、清洗车体、船舱的废水）等。

3.农业污染源

可包括两个方面：一是农药污染，如有机氯农药六六六，DDT及有机磷农药乐果、敌百虫等。这些是主要污染物质。二是化肥污染，过量和土壤流失的化肥，是对土壤和水体不可忽视的污染物质。

4.生活污染源

由于村镇人口密集，居民排出的各种生活垃圾使水体受到污染，并造成病菌的扩散和传播，严重威胁居民健康。当前，我国烧饭和取暖以煤为主，这也是重要污染源。在北方，生活用煤将占总用煤量1/4，分散面污染源——几万户的火炉，也是不可忽视的。生活污水中腐败有机物量也不小，对水体BDD负荷的增加，影响较大。

消除污染，保护环境，是村镇规划的重要组成部分。要消除污染，保护环境，必须首先了解环境污染的历史和现状，预测环境污染的发展趋势，而污染源的调查是环境保护和规划布局工作的基础。从村镇规划角度出发必须有重点的弄清污染源的分布、规模、排放量及评价其环境的影响。

村镇总体规划中，在进行工业调查的同时，对各工厂和有关单位进行概略的污染情况调查。在此基础上，确定重点调查对象，搞清污染源的排放特征、位置、排放方式、排放强度和排放规律，以及污染源排放污染物的物理、化学、生物特征。

（二）排放强度的调查

在对工厂的产品品种、产量、主要生产工艺流程、原材料的使用、主要生产设备、装置及工业窑炉，锅炉的数量等调查基础上，作物料估算。估算污染物单位时间内的最大、一般（或平均）和最低排放量，，配合监测单位和生产人员作实际调查，弄清排放规律。

估算的方法，一种是根据燃料和原料的使用情况，以及燃料或生产工艺过程，估算单位时间由污染物的排放量（t/天，t/年等）。例如通过用煤量和燃烧情况估算烟气、烟灰量和二氧化硫单位时间的排放量。

1.烟气排放量估算

2.烟灰量估算

$$G = B \cdot \frac{A_p}{100} \cdot \frac{b}{100} \quad (\mathrm{kg/h})$$

式中　G——烟灰量（kg/h）；

B——用煤量（kg/h）；

A_p——灰分（%）。灰分含量烟煤为12～26%，无烟煤为34%，矸石为50～60%；

b——燃料中的灰分（随烟气排放的烟灰%）。不同的锅炉，其燃烧中灰分排放量也不同，一般锅炉为15～20%，机械风动炉20～40%，煤粉炉为85%。

每吨蒸汽所产生的烟气量(m^3/h)　　表 5-32

燃烧方式		空气过剩系数	不同排烟温度(°C)时的排烟量(m^3/h)				
		a	150	200	250	350	500
层燃炉		1.55	2300	2570	2840	3380	4190
沸腾炉	一般煤种	1.55	2300	2570	2840		
	矸石、石煤	1.45					
粉煤炉		1.55	2100	2360	2620		
油炉		1.45	2100	2360	2620		

3.二氧化硫排放估算

二氧化硫排放量可分为按体积（V）和按质量（G）两种计算方法：

$$V_{SO_2} = 0.7 \times \frac{5.13}{100} \times \frac{273 + t_1}{273} \times 80\% \ (\mathrm{m^2/h})$$

$$G_{SO_2} = 2 \times \frac{5.13}{100} \times 80\% \ (\mathrm{kg/h})$$

式中　S——煤的含硫量（%）；

t_1——排烟温度；

B——用煤量（kg/h）。

4.污水中某污染物单位时间（天或年）的排放量

$$G_x = G_i \cdot Q_i \cdot 10^{-6}$$

式中 G——单位时间废水排放量（t/天或t/年）；

Q_i——含有某一污染物的废水排放量（m^3/天或m^3/h）；

G_i——某污染物实测平均浓度（mmg/l）。

（三）污染源的评价

污染源的评价即评价污染源对环境影响的大小。主要从污染量与污染毒性两个方面的因素来评价。为了便于分析比较，需把两个因素合二而一，形成一个把各种污染物或污染源进行比较的（量纲统一的）量。下面介绍等标污染负荷和排毒系数法。经过评价计量，可以使各种不同的污染源相比较，以确定其影响村镇环境大小的顺序，从而了解村镇的主要污染源和污染物。

1.等价污染负荷法

$$P_i = \frac{C_i}{|C_{0i}|} \cdot O_i \cdot 10^{-6}$$

式中 P_i—— i 污染物等标污染负荷；

C_i—— i 污染物实测浓度（mmg/l）；

$|C_{0i}|$ —— i 污染物排放标准的绝对值；

Q_i——含有 i 污染物的排放量（t/天或m^3/天）。

某一工厂或单位若干（n）种污染物的等标污染负荷之和，即为某污染源的等标污染。

$$P_n = \sum_{i=1}^{n} P_i$$

式中 P_n——某污染源的等标污染；

P_i——工厂或单位若干种污染物的等标污染。

2.排毒系数法

污染物的排毒系数 $F_i = \frac{m_i}{\alpha_i}$

式中 m_i—— i 污染物排放量；

α_i—— i 污染物。

α_i是能导致一个人出现毒作用反应的污染最小摄入量，它是根据毒理学实验所得慢性中毒作用阈剂量，急性中毒致死量或半数致死量等值确定。由于环境污染毒害接近慢性中毒情况，故用慢性中毒阈值剂量来确定d_i值，如酚5mmg/kg、氯0.025mmg/kg、汞0.001 mmg/kg等。

（1）废水中污染物d_i值的计算

d_i = i污染物毒作用阈值剂量（mmg/kg）×成年人平均体重（55kg）

（2）废气中污染物d_i值的计算

d_i = i污染物毒作用阈剂量（mmg/m^3）×人体每日呼吸空气量（10m^3）

某一工厂或单位排放出若干（n）种污染物，则该工厂或单位的排毒系数为

$$F_n = \sum_{i=1}^{n} \cdot F_i$$

式中 F_n——排毒系数；

F_i——工厂或单位排放若干污染物；

F_i值愈大，污染物对环境污染的潜在危害能力就愈大。

（3）污染物源分布

根据污染源的分布和评价计算，可绘制出村镇主要污染源的分布图。根据计算得到的等标污染负荷或排毒系数的数值大小，按比例绘制不同的圆圈。这样在图面上那些污染影响大的污染源就能明显地分辨出来，如图5-80。

为了分清污染物质，又可以根据各污染物质的排放污染物组成和数量比例表示，如图5-81。

按比例绘制全镇性的污染分布图，如5-82。

图 5-80 污染负荷大小示意图

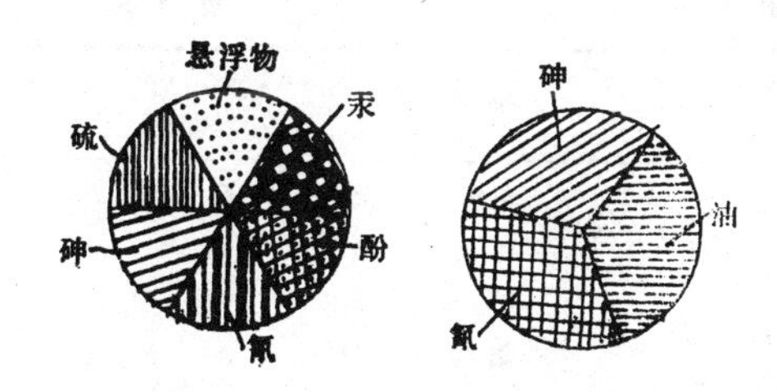

图 5-81 污染物组成比例示意图

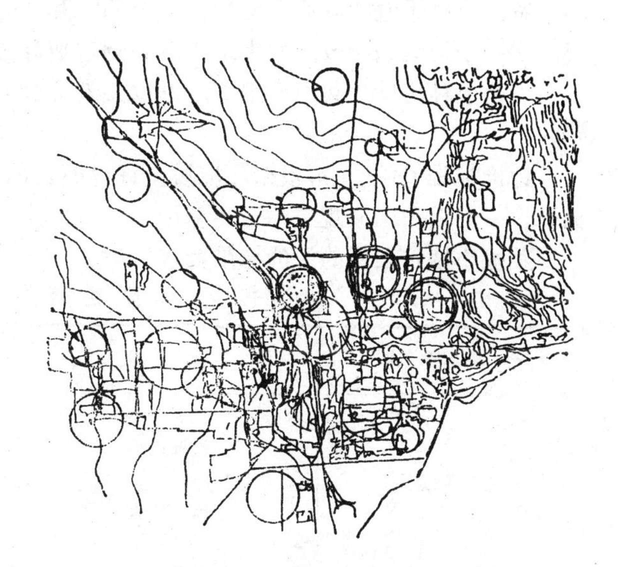

图 5-82 集镇污染源分布图

三、村镇环境质量评价

村镇环境质量评价主要阐明环境质量现状与环境污染之间的相互关系。村镇的主要污染地区和污染物，可作为村镇规划布局，旧区改造的依据，并为提供环境治理的措施指出方向。对严重污染地区采取停产、转产、迁移等方式，使地区环境得到改善和提高。

环境质量评价，包括组成环境诸要素（大气、水、土壤和噪声等）的评价和环境综合评价。

村镇污染特征由主要污染物所决定。在污染源和污染物调查和评价的基础上，明确了村镇主要的污染物和污染因素。任何一种污染物可以作为环境因子，但选用太多，监测工作量大，因此，常选用该村镇大气和水体等环境要素中，有代表性的污染物，作为参数。常见常规内容，如大气中的悬浮微粒，二氧化硫、氮、氧化物、一氧化碳、铝等，作为村镇评价的依据。

目前，国内一般采用环境质量指数作为环境评价的一种工具。环境质量指数是参照国家卫生标准或其他参数值作为评价依据。通过拟定的计算式，将大量原始监测和调查数据，加以综合和换算成无量纲的相对数，用以定量和客观地评价环境质量。

环境中包括大气、水、土壤、噪声等许多要素。因此，环境质量指数可分为单一要素环境质量指数和综合环境质量指数。

（一）单一要素环境质量指数

$$P_i=\frac{C_i}{C_{Si}} \qquad P=\sum_{i=1}^{n}P_i$$

式中 P——环境质量指数；

P_i——i污染物的环境质量指数；

C_i——i污染物在环境中的浓度；

C_{Si}——i污染物的评价标准。

P_i是表示单一污染物存在于环境污染程度，单一污染物存在于环境中，它对环境质量的危害，取决于它的浓度和毒性。式中的C_i和C_{Si}具有同样的单位（量纲），因此相除而得的是一个无量纲指数。它表示i污染物造成环境质量下降状况，P_i值愈大、环境质量愈差。P是多种污染物共同作用下，单位要素（如大气、水、土壤等）环境状况的定量表示。

评价标准（C_{Si}）可根据环境质量评价的目的选用。首先是旨在保护人体健康的卫生标准，一般采用国家规定的卫生标准。

某些小城市采用的评价标准如表5-33。

污染物评价标准 表5-33

污染要素	污染因子	评价标准
空气污染	二氧化硫	0.15mg/m³
	氮氧化物	0.15mg/m³
	降尘	8t/km²·月
	飘尘	0.15mg/m³
	铅	0.0007mg/m³
噪声	室外环境噪声	50dB(A)
地面水污染	酚	0.01mg/l
	氰	0.10mg/l
	铬	0.10mg/l
	砷	0.05mg/l
	汞	0.005mg/l
地下水污染	酚	0.002mg/l
	氰	0.01mg/l
	铬	0.05mg/l
	砷	0.02mg/l
	汞	0.001mg/l

P值愈大，单一要素环境质量愈差。一般依环境质量指数划成几个范围或分级，分别给予"好""尚好"、"稍差"、"差"、"最差"等划分。

（二）环境综合指数

村镇中人们生活的环境，包括空气、水、土壤，噪声等要素，人们的生产和生活活动都受这些环境要素错综复杂的影响。为此，在单一要素质量评价的基础上，从中选择最主要的几个要素来作为参数进行综合评价。

在指数计算和运用过程中，因为各种污染物和介质，对人体健康和环境相对危害和影响程度有所不同。例如空气污染物和水污染物都是村镇环境的主要污染参数。村镇居民如用自来水，可以不饮用被污染的河水，但不能不呼吸污染的空气。同样是一个介质，对人体和环境的危害和影响就不一样。为计算得到比较符合实情的结果，运用加权数的方法。这就是把各要素在其相互作用过程中的重要性，排成序列，然后给序列化的要素以不同权数，经过加权调整，使评价结果接近或较符合村镇环境质量的实际状况。

当前村镇环境监测力量比较薄弱、应根据本地区、主要污染要素来进行评价。在这个基础上，逐步做到全面的综合评价。

（三）环境质量评价图

环境质量指数的综合评价运算，是在村镇用地面积上进行的。为方便计算和表达，以及村镇规划的需要，充分反映环境污染的空间特性，在村镇地区规划范围内，划分许多等面积的小格（如50m×50m或100m×100m）。根据数学上有限单元的概念，当这些面积划分到足够小的时候，可以认为其内部状况是均一的，以此概念为基础，村镇内任何方位上的环境质量指数就可以进行迭加计算。

【例】

1.从空气污染物等值阀图中，读得评价值位A内粉尘、二氧化硫和二氧化氮的平均浓度值分别为：10.8t/km月，0.09mmg/m³、0.12mmg/m³。

2.污染指数计算：

$$P_2=\frac{C_i}{C_{Si}}$$

$$P_{粉尘}=\frac{实测浓度值}{评价数值}=\frac{10.8}{9.0}=1.2$$

$$P_{SO_2}=\frac{实测浓度值}{评价标准}=\frac{0.09}{0.15}=0.6$$

$$P_{NO_2}=\frac{实测浓度值}{评价标准}=\frac{0.12}{0.10}=1.2$$

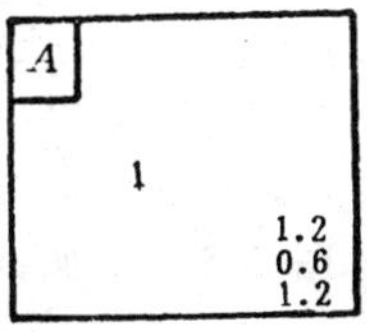

A	
1	
	1.2 0.6 1.2

图 5-83　污染指数表

各污染物指数用小体字注在方格右下角，质量指数用较大号字注在方格中间，编号A注在方格左上方，如图5-83所示。从图上可了解单位A质量指数多少，并能分析和找出导致A评价单位环境质量下降的原因。

图5-84；5-85为单一污染环境质量评价图。图5-86为环境质量综合评价图。

以上实例能使我们明确该城镇环境质量状况和质量空间分布，为控制污染和环境治理提出要求，为制定村镇环境规划和村镇规划方案提供依据，也为村镇污染排放标准、环境标准和环境法规等提供依据。

四、村镇环境保护规划的原则及措施

（一）村镇环境保护规划的原则

保护村镇环境是村镇规划的一项主要任务。村镇环境保护规划也是村镇规划中的重要内容。因此，在进行村镇环境保护规划的编制时，应遵循如下原则：

（1）遵循生态学的规律，从实际出发，与周围生态系统相协调。

（2）符合村镇性质和功能的要求，与村镇总体规划和村镇建筑规划相协调。

（3）坚决贯彻、执行现行的国家有关环境保护法规和标准。如：

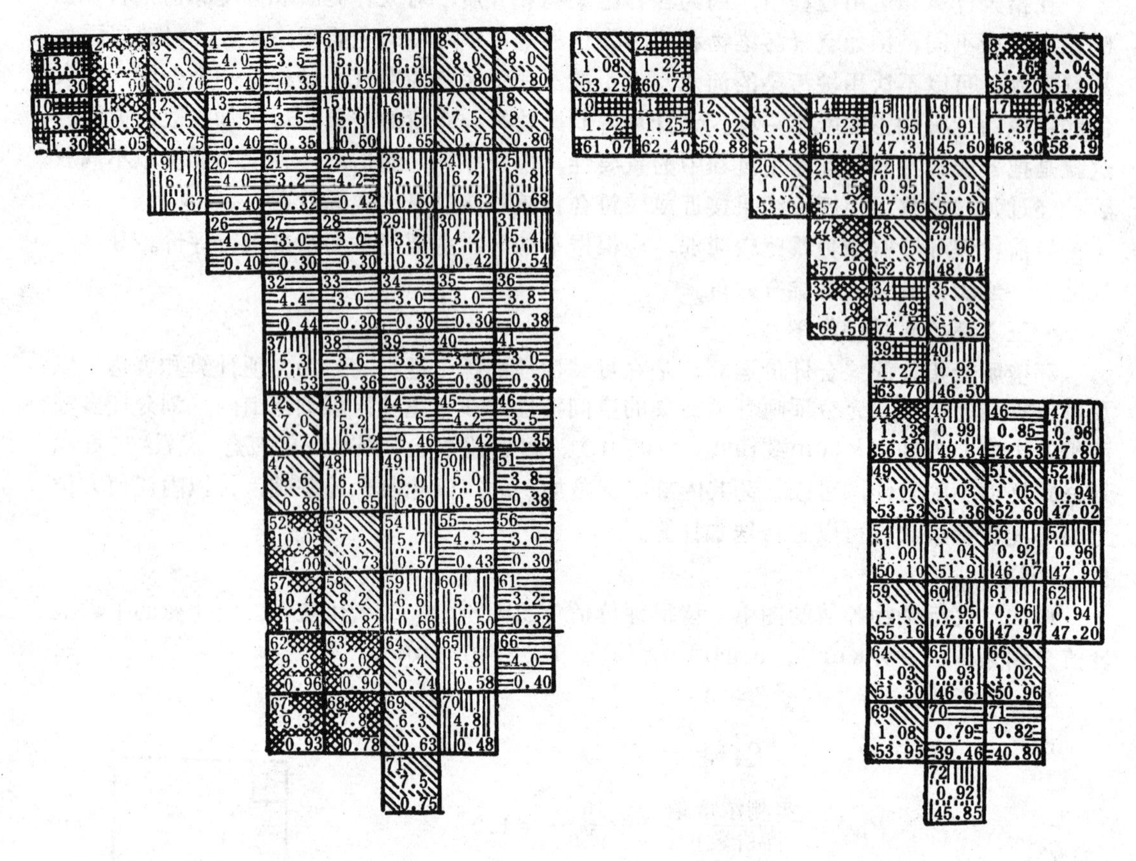

图 5-84 某集镇大气（苯并（α）芘）污染环境评价

图 5-85 某集镇噪污染环境质量评价

1）宪法中有关保护环境的规定；

2）环境保护行政法律：《中华人民共和国环境保护法（试行）》；

3）各种专门性的环境保护法规。如：《大气污染法》、《水污染防治法》、《关于加强乡镇，街道企业环境管理办法》、《工业企业设计卫生标准》等等。

（二）村镇环境规划的措施

（1）对村镇各项建设用地进行统一规划，尽量消除或缩小工副业生产点的污染影响范围。有污染的生产、养殖项目切忌布置在村镇水源地附近或居民稠密区内，应设在村镇上水、下水处，并同居住用地保持一定的卫生防护距离。

（2）村镇中一切具有有害物质排放的单位，必须遵守有关环境保护的法规和“三废”排放标准的规定。

（3）要积极提倡工农业文明生产，加强对农药、化肥的统一管理，预防事故发生。

（4）改善居住环境，保护好水源地，讲究卫生，做到人畜分居。有条件的村镇要积极推广集中供热、沼气，减少煤、柴的烟尘污染。

（5）充分利用地形条件和绿化植物，阻隔噪声源，过滤空气和吸收尘埃。

（6）加强村镇的粪便管理，结合当地生产习惯综合处理，化害为利，使其真正做到物尽其用。

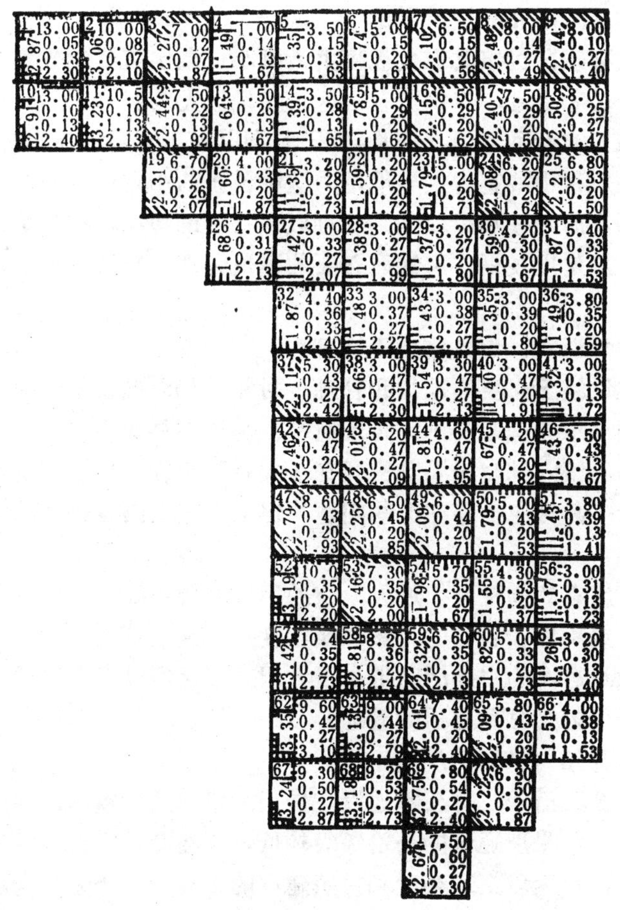

图 5-86 某集镇环境质量综合评价（大气、水、噪声、土壤）

第十一节 旧村镇改造规划

我国大多数村镇是在小农经济条件下产生的。落后的生产力和交通深刻地反映在每一个旧村镇的建设中。这些村镇布局零乱、内部结构不合理、缺少公共服务设施与市政公用设施，严重地阻碍了农业机械化、现代化生产的发展，影响了农村新生活的建设。因此，迅速地改善旧村镇的生产、生活条件是当前农村规划建设的重要任务。

村镇建设分选址新建和原址改建、扩建两种。在目前经济条件下，几乎90％以上都是改建和扩建。村镇的改建和扩建规划都是在原有旧村镇的基础上进行的，因此，必须合理利用旧村镇即合理的利用其可以继续使用的部分；逐步改造、调整那些不合理的、影响居民生产和生活部分，使之布局合理，协调和谐，各得其所。

一、旧村镇存在的普遍性问题

原有的村镇用地绝大多数选在交通方便，地势较高，地质优良，水源充足的地段，依山傍水，环境优美，是比较理想的村镇用地，但是原有村镇受经济条件和技术条件的限制，未进行规划，是在小农经济基础上自发形成的，存在不少问题，不能满足农业现代化和生活水平提高的需要，迫切需要改造。旧村镇中带有普遍性的问题有如下几个方面：

（一）村镇规模小，且分布分散、零乱

从我国广大农业区来看，村镇具有按规模由大到小成金字塔状的数量分布特点。在村镇的分布上往往相当分散和零乱。特别是在山区丘陵地区尤为突出，三户一村、五户一屯，到处可见。导致这种情况有两种原因：一是，由于长期以来小农经济在农村中占主导地位，这种传统的小农经济在农村中一直占主导地位，这种传统的小农经济经营方式，要求较小的耕作半径，村镇分布广而规模小；二是，长期以来村镇的建设发展都是自发的，缺乏合理适用的村镇布点与发展建设规划，又缺乏必要的建设管理，村镇发展建设带有很大的盲目性。

（二）村镇建设布局混乱，建筑密度不合理

长期以来，村镇建设缺乏必要的规划和管理。村镇布局混乱在集镇建设上表现得比较明显，集镇各项建设用地未能统筹安排、合理组织、功能布局极不合理，生产与居住、工业与学校、过境交通与集镇内部交通混乱交织在一起相互干扰，环境状况不良，严重影响了集镇活动的正常进行。其村庄也存在这些问题，但由于建设内容比较简单而反映得不十分明显。

村镇建设的建设密度有的庭院面积过大，有的用地分散零乱，毫无章法，造成建筑密度过低，严重浪费了村镇用地；也有的村镇建筑密度过大，建筑物首尾相连，互为毗邻，既不符合防火要求，又给居民的户外活动带来很大困难。之所以出现这种状况，是由于长期以来村镇建设缺乏科学的规划和必要的管理。

（三）过境交通时村镇内部活动严重干扰

旧村镇大部分位于公路沿线，跨公路建设，借用公路作为村镇内部的主要交通干道。在一些不太发达的村镇，如果所通过的公路等级较低，交通量又不大，村镇内部活动和过境交通的矛盾还不突出，但随着交通事业和村镇建设的发展，这个矛盾会越来越大，造成过境交通堵塞和对村镇的安全性带来严重影响。一般说来，较发达的村镇交通地位相对也比较重要，因此矛盾比较突出。

（四）基础设施简陋不全

旧村镇的建设水平普遍较低，只是房屋建设，道路是自然形成的土路，路网的系统性差，供水多为大口井，有的村镇仍然取用地表如河流、池塘、湖泊，一些较好的集镇建设有标准较低的自来水、排水明渠；电讯设备落后，几乎没有道路照明系统和园林绿化设施。

基础设施简陋不全有两个方面的原因：一方面是无人管理，自发状态。另一方面农业经济还比较落后，经济力量薄弱，建设资金渠道来源窄而少。

（五）村镇环境“脏”、“乱”、“差”

旧村镇大多缺乏统一规划、统一管理，村镇环境更无人过问，缺乏综合管理。粪便、垃圾、厕所、农作物的堆积到处可见，给居民的生活造成一定的影响。

二、旧村镇规划的内容和原则

（一）旧村镇规划的内容

旧村镇规划的应根据村镇的现状情况及周围的经济水平、发展速度、现有建筑物的数量、质量、位置，街道网的质量等因素而定。由于各村镇的实际情况不同，故建设的内容、侧重点也就不同。一般，改建规划的任务包括以下几方面：

（1）调整村镇用地布局。如确定生产建筑用地、住宅建筑用地和公共建筑用地的范围界限，改变原来相互干扰的混杂现象，修改道路骨架，调整村镇用地，明确功能。

（2）根据改建规划的总体要求，改变某些建筑物的用途，调整某些建筑物的具体位置。

（3）分清轻重缓急，作出近期改建地段的规划方案，安排近期建设项目。

（4）根据现状条件，改善村镇环境，并逐步完善绿化系统、供水、排水和供电等公用设施。

（二）旧村镇规划原则

旧村镇规划是一项十分复杂的工作，既要照顾村镇现状条件，又要考虑远景发展；既要合理利用现有基础，又要改变村镇不合理的现象。因此，旧村镇规划的指导思想是很重要的，指导思想正确，改造就能够顺利完成，指导思想“左”倾或“右”倾，都会适得其反，功亏一篑。

1.规划要远近结合，建设要分期分批

旧村镇规划一方面要立足于目前现实的可能性，针对存在的问题，拟定出近期改造的内容和具体项目。另一方面又要符合村镇建设的长远利益，体现出远期规划的意图。同时，为了达到远期规划的目标，旧村镇规划改造要有详细的计划，周密的安排，并分期分批，逐步实现，保证整个改造过程的连续性和一贯性。

2.改建规划要因地制宜，量力而行

旧村镇改造规划应本着因地制宜、量力而行的方针，在决定改建的方式、规模、速度时，应充分了解当地的实际情况。如村民的经济实力，经济来源；有无拆旧房盖新房的愿望和能力。条件好的尽量盖楼房，条件差的也可以先盖一层，待条件改善以后再盖楼房。在改建的过程中应避免几种错误的做法，一是大拆大建，不顾村民的经济状况，这样对村民的生活不利，难于实现；二是不管实际情况、地形地貌如何，家庭构成、生产方式等如何，强调千篇一律，没有地方特色；三是修修补补，没有远见。

3.贯彻合理利用，逐步改善的原则

旧村镇规划改造应合理利用原有村镇的基础。凡属既不妨碍生产发展用地，又不妨碍交通、水利、居民生活的建设用地，且建筑质量比较好的，应给予保留，或按规划要求改建、改用，对近几年新建的住宅、公共建筑以及一些公用设施等要尽量利用，并注意与整体布局相谐调。但是对那些破烂不堪，有碍村镇发展，有碍交通，且位置不当，影响整体布局的建筑，应当拆的就拆，必须迁的就迁。在拆、迁之前，必须给予“出路”，安排合适的迁移地点。

此外，如有果园、池塘等有保留和发展价值的应结合自然条件，给予保留，这样既有利生产，又丰富了村镇景观。

三、旧村镇规划现状分析

在进行村镇规划前必须作为现状调查及资料汇集工作，全面掌握村镇的各种现状因素并绘制现状图。从这些资料的分析研究中，找出村镇的现状特点及存在的主要矛盾。根据居民需要，提出改、扩建措施。旧村镇调查研究内容如下：

（一）土地使用现状调查

分析各类土地使用状况和平衡情况，绘出土地使用现状图。在此基础上对各类用地的相互联系进行分析，决定改建方法，趋利避害，使建设经济合理。

（二）建筑物现状调查

1.建筑物质量调查

通常可按建筑物的结构、使用年限、破旧程度等来划分建筑等级。一般可分为：

Ⅰ级建筑——永久性的建筑，内外结构完好无损，质量较高，近几年的建筑。

Ⅱ级建筑——稍经修整，使用年限在10年以上者。一般内部结构完好，外部稍有损坏。

Ⅲ级建筑——修理后尚可维持使用5～10年者。一般结构与外部均受损。

Ⅳ级建筑——危房。是旧村镇改造的重点对象。

根据上述建筑物质量等级的分析和统计绘制出建筑物质量分布图。并依据村镇建设与发展的需要，确定改建的原则与拆建次序。

另外，建筑物质量也可按上述四个等级如表5-25进行统计，以此作为统筹安排，分期分批逐步改造的依据。

2.建筑物功能调查

公共建筑分布合理性，包括配套、数量、服务范围、经济效益、建筑面积、房屋设备状况等，确定需要改建、添建的内容与建筑顺序；住宅建筑面积、户型、建筑密度、卫生条件、居民使用的反映，研究改造与利用的方法和步骤；生产建筑的分布情况，生产条件、经济上有无发展前途、对周围居民生活环境影响如何等。

（三）调查建筑密度及人口密度

可把村镇分为几个地段，分别作出每一地段建筑密度和人口密度，密度大者，应通过分期的拆迁建筑物来降低；反之，密度小者，增添建筑物（人口），以提高其密度。

$$\text{调查地段建筑密度}=\frac{\text{调查地段内建筑基底总面积}}{\text{调查地段内的用地总面积}}\ (\%)$$

$$\text{调查地段人口密度}=\frac{\text{调查地段内的居住人数}}{\text{调查地段的居住用地面积}}\ (\text{人/公顷})$$

（四）人口现状调查

调查总人口数、年龄构成、职业构成、总户数。

（五）交通运输与公用设施调查

交通运输调查分析包括内部与外部两方面，对外交通运输设施的设置和运输能力能否满足村镇发展的要求；现有村镇内部道路交通系统状况能否满足生产与生活的需要。找出其主要问题并寻求解决办法。

公共设施调查包括供水、排水、供电等状况，指出改造及发展途径。

（六）村镇发展可能性分析

村镇发展是指在人口和用地两方面的增长与扩大。村镇发展要建立在对各个具体因素分析研究的基础上。如总体规划、地理位置、建设条件等。村镇发展必须首先充分挖掘旧村镇的各项潜力，发展村镇经济。

四、旧村镇改造的方法

旧村镇改造，其内容主要编绘改建规划设计图，在已经制好的现状图和对其他资料分析的基础上进行。由于改造对象的要求与内容不同，改建规划的深度也有差别，村镇改造牵涉内容多，影响因素复杂，进行改造规划时可按一定的顺序，逐个内容予以解决。

（一）调整用地布局，使之尽量合理紧凑

旧村镇改造规划，有的可能不存在再进行功能分区问题，而有的则可能因为原来生产建筑（及其地段）分布很乱，不利生产和卫生，且考虑到今后生产发展，需要新增较多的生产建筑项目，则根据功能分区的原则及当地具体条件进行用地调整，此时，通常采用以下两种方法。

（1）以现有适宜地段的生产建筑为基础，发展集中其它零散的生产建筑于此处，形成生产用地区。

（2）在村镇一侧另选一生产用地区，同时将原来混杂、分散在住宅建筑群中的生产建筑迁至此地，并合理安排新增生产项目。这样，使整个村镇的功能结构有了较合理的范围和界限。

（3）适当地集中旧有公共建筑项目，形成村镇中心。

（二）调整道路、完善交通网

对村镇现有道路加以分析研究，使每条道路功能明确，宽度和坡度适宜。注意拓宽窄路，收缩宽路、延伸原路、开拓新路、封闭无用道路，正确处理过境道路等。

道路改造应在总体规划指导下进行，从全局统盘考虑。对于道路改造引起的拆迁建筑问题，要慎重对待。街道的拓宽，取直或延伸应根据道路的性质、作用和被迁建筑物的质量、数量等来考虑，分清轻重缓急。应避免过早拆迁尚可利用的建筑物，同时，要使道路改造与各建筑用地组织。设计要求等密切配合。

（三）改造旧的建筑群，使其满足新的功能要求

建筑群改建的任务是对旧村镇的建筑物决定取舍，调整旧建筑，安排布置新建筑，创造功能合理、面貌良好的建筑群。建筑群改建时，要分析村镇现状图和建筑物等级分布图，对村镇原有的各种建筑物的分布位置和建筑密度是否合适，建筑物质量的好坏做到心中有数。其次根据当地经济情况和发展需要，初步确定各种建筑地段的用地面积。

旧建筑群的改建通常采用调、改、建三者兼施的办法

1.调——调整建筑物的密度

为满足改建规划的要求调整建筑物的密度。其办法是“填空补实，酌情拆迁”。填空补实是在原有建筑密度较小的地段上，适当配置新的建筑物，以充分、有效地利用土地。如黑龙江某地住宅建筑庭院面积达1000m²，而适宜庭院面积在300m²左右，因此可新辟两个庭院，变一为三，提高建筑密度。反之，对原来密度大的建筑地段或有碍交通的建筑物，则应考虑适当拆除，这就叫酌情拆迁。

2.改——改变建筑物的功能性质

对现状中有些建筑物在功能上的位置不合理，但建筑物质量尚好的，可以用改变建筑物的用途来处理。如为了充分利用原有建筑物，按改建要求，可能把原来的公共建筑改为住宅建筑，把原有的生产建筑改为仓库，以调整各种建筑物在功能上的布局。

3.建——按照发展的需要，对将来新建的建筑物，或改建的拆去的部分民宅对它们进行合理的布置（或留出地方），以便按计划建设。

（四）村镇用地形状的改造

村镇用地的形状应根据当地的地形地貌，对外交通网分布情况等因素而定。不能追求形式主义，强调用地形状的规整。但是，在有条件的地方，尽可能地使用地形状规整一些，有利于村镇的各项建设。

用地形状改造的方法有：

（1）曲线取直，即将原来不规整的用地外形，取直线段，使之规整。

（2）向外扩展：根据原村镇的形状、当地的地形条件以及旧村镇改造总平面布局的要求，决定用地扩展的方向和方式。

1）一侧扩展：如图5-87

2）两侧扩展：如图5-88

3）多侧扩展：扩展的方向可能是三侧或三侧以上。

五、完善绿化系统，改善环境，美化村镇面貌

图 5-87　一侧扩展　　　图 5-88　两侧扩展

思考题

1.村镇建设规划有哪些内容？试与村镇总体规划作一比较。

2.村镇用地分哪几类？村镇用地标准有哪几项？各起什么作用？

3.村镇住宅有何特点？

4.园林绿化起什么作用？树种选择应遵循什么原则？

5.村镇公共活动中心的布置形式有哪几种？

6.旧村镇改造有哪些方法？

第六章　村镇专业工程规划

村镇各专业工程规划必须以总体规划为依据，确定各专业工程的规模及功能使用等要求。各专业工程的设施是一项直接为工农业生产和居民生活服务的主要基础设施，是村镇现代化的标志之一。

在村镇规划中要解决的专业工程问题较多，如供水工程、排水工程、电力电讯工程、供热工程、防洪工程等。

第一节　村镇供水工程规划

一、村镇供水工程规划的主要任务

村镇供水系统既要满足村镇居民生活、生产用水以及消防用水，又要考虑不同用水户对水量、水质及水压提出的要求。

（一）根据村镇工副业生产特点和发展计划、人口规模、公共设施项目的发展规划及标准、居民用水方式以及当地经济条件、风俗习惯和气候等自然特征，拟定规划期内各项用水定额和估算总用水量。

（二）根据当地的农田灌溉、水利设施以及运行方式和当地水文地质条件，结合现有水源状况，合理选择水源、确定取水构筑物的位置、规模和型式。

（三）根据选定水源的水质分析资料和用户对水质的要求、拟定净水方案。

（四）根据村镇总体规划布局，路网布置以及地形、地质条件、确定输配水管网的走向，估算管径和水泵扬程。

二、村镇用水量标准

确定村镇用水总量，供水水源及水厂规模，首先要合理地选择用水量标准，依据此标准，作出村镇用水量规划。

村镇总用水量包括：村镇生活用水、生产用水和消防用水三大部分。由于我国疆域广阔，村镇的经济水平、供水方式、气候条件、生活习惯彼此相差很大，所以，规划时应多做调查研究，结合实际的确定村镇用水量。

（一）用水量标准的确定

1.生活用水量标准

每人每日的用水量称之为生活用水量标准，用它乘以村镇居民总人数就得生活用水量。生活用水量标准的高低随着经济水平，供水方式、居住气候条件、生活习惯等的不同，各个村镇的用水量标准也不一样，如表6-1不同地区用水量标准，表6-2，6-3不同区域及不同供水方式用水量标准所示。从以上用水量标准中可以看到，各用水量标准的高低区别较大。所以，在进行规划设计之前，应进行实地调查，取得符合当地实际情况的有关资料，再按照总体规划意图，结合上述用水量标准，确定一个既能满足现状要求又能适应将来一定时期内发展需要的用水量标准。其公共建筑的用水量标准可参照表6-4，也可按住宅建筑生活用水量的8～20%进行估算。

2.生产用水量标准

生产用水量标准是指生产单位数量产品所消耗的水量。但由于工业产品种类繁杂，生产条件和设备工艺等均不相同，即使是同一类产品也因操作条件等各种因素的影响，用水量标准也不相同，所以目前尚无统一的用水量标准。在确定此项用水量时，应参照同类性质的工业企业的用水量并结合当地实际情况决定。下面分别列出表6-5各类工业耗水用水量，表6-6主要畜禽饲养用水量，表6-7主要农业机械用水量标准供规划参考选用。

3.消防用水量标准

消防用水的水量在城市里一般是根据人口数或建筑面积等因素按《建筑设计防火规范》来确定。根据调查表明，一般村镇的消防水量可不单独考虑。

生活用水量标准　　表 6-1

提出和实行单位	用水量标准(斤)每人每日
上海市郊区	70～80
北京市郊区	20～40
福建省有关单位	近期20～30远期30～60
广西地区农村	50～60
山东省胶南县	40～50
陕西省农村	20～50
辽宁省农村	40
黑龙江某地农场	40～60

村镇住宅建筑不同供水方式用水量　　表 6-2

供水方式	最高日用水量 (L/人·d)	平均日用水量 (1L/人·d)	时间变化系数
集中龙头供水	20～60	15～40	3.5～2.0
供水到户	40～90	20～70	3.0～1.8
供水到户设水厕	85～130	55～100	2.5～1.5
户内设水厕、淋浴、洗衣设备	130～220	95～180	2.0～1.4

住宅设施不同条件的生活用水量标准　　表 6-3

给水设备类型	室内无给水排水卫生设备，以集中给水龙头取水			室内有给水龙头但无卫生设备			室内有给水排水卫生设备但无淋浴		
因水情况 / 分区	最高日 L/人·d	平均日 L/人·d	时变化系数	最高日 L/人·d	平均日 L/人·d	时变化系数	最高日 L/人·d	平均日 L/人·d	时变化系数
一	20～35	10～20	2.5～2.0	40～60	20～40	2.0～1.8	85～120	55～90	1.8～1.5
二	20～40	10～25	2.5～2.0	45～65	30～45	2.0～1.8	90～125	60～95	1.8～1.5
三	35～55	20～35	2.5～2.0	60～85	40～65	2.0～1.8	95～130	65～100	1.8～1.5
四	40～40	25～40	2.5～2.0	60～90	40～70	2.0～1.8	95～130	65～100	1.8～1.5
五	20～25	10～25	2.5～2.0	45～60	25～40	2.0～1.8	85～120	55～90	1.8～1.5

续表

给水设备类型 因水情况 / 分区	室内有给排水设备和淋浴设备			室内有给排水卫生设备并有淋浴集中热水供应		
	最高日 L/人·d	平均日 L/人·d	时变化系数	最高日	平均日	时变化系数
一	130～170	90～125	1.7～1.4	170～200	130～170	1.5～1.3
二	140～180	100～140	1.7～1.4	180～210	140～180	1.5～1.3
三	140～180	110～150	1.7～1.4	185～215	145～185	1.5～1.3
四	150～190	120～160	1.7～1.4	190～220	150～190	1.5～1.3
五	140～180	100～180	1.7～1.4	180～210	140～180	1.5～1.3

注：本表所列用水量已包括居住区内小型公共建筑用水量，但未包括浇洒道路，大面积绿化及大型公建用水量。

选用用水量标准时，应根据所在分区内当地气候条件给水设备类型生活习惯和其它足以影响用水量的因素确定。

第二分区包括：黑龙江；

第三分区包括：上海、浙江全部、江西、安徽、江苏大部分，福建北部，湖南、湖北东部、河南南部；

第四分区包括：广东、台湾全部，广西大部分，福建、云南南部；

第五分区包括：贵州全部、四川、云南大部分，湖南、湖北西部，陕西和甘肃在秦岭以南的地区，广西偏北一小部分。

其他地区用水量标准，根据当地气候和人民生活习惯等具体情况确定，也可参照相似地区确定。

公共建筑生活用水量标准 表 6-4

序号	建筑物名称	单位	生活用水量标准最高日（L）	小时变化系数
1	集体宿舍有盥洗室	每人每日	50～75	2.5
	有盥洗室和浴室	每人每日	75～100	2.5
2	旅馆有盥洗室	每人每日	50～100	2.5～2.0
	有盥洗室和浴室	每人每日	100～120	2.0
3	医院疗养院休养所有盥洗室和浴室	每一病床每日	100～200	2.5～2.0
	有盥洗室和浴室部分房间有内设浴盆	每一病床每日	200～300	2.0
4	门诊部、诊疗所	每一病人每次	15～25	2.5
5	公共浴室没有淋浴器、浴盆、浴池及理发室	每一顾客每次	80～170	2.0～1.5
6	理发室	每一顾客每次	10～25	2.0～1.5
7	洗衣房	每一公斤干衣	40～60	1.5～1.0
8	公共食堂，营业食堂	每一顾客每次	15～20	2.0～1.5
	工业企业、机关、学校居民食堂	每一顾客每次	10～15	2.0～1.5
9	幼儿园、托儿所(无住宿)	每一儿童每日	25～50	2.5～2.0

续表

序号	建筑物名称	单位	生活用水量标准最高日(L)	小时变化系数
10	办公楼	每人每班	10～25	2.5～2.0
11	中小学校(无住宿)	每一学生每日	10～30	2.5～2.0
12	影剧院	每一观众每场	10～20	2.5～2.0
13	体育场运动员淋浴	每人每次	50	2.0
	观众	每人每场	3	2.0

各类工业耗水量估算 表 6-5

工业类别	万元产值耗水量(m^3/万元)	工业类别	万元产值耗水量(m^3/万元)
冶金	120～180	食品	150～180
电力	160～180	纺织	100～130
石油	500～600	缝纫	15～30
化学、医药	200～400	皮革	60～90
机械	80～100	造纸	600～1000
建材	180～300	文化用品、印刷	60～120
木材加工	90～120	其它	100～150

主要畜禽饲养用水量 表 6-6

畜禽类别	用水量	畜禽类别	用水量
马	40～60 L/头·d	羊	10～20L/只·d
奶牛	250～300L/头·d	鸡	0.5～2.0L/只·d
猪	50～100L/头·d	鸭	1.0～2.0L/只·d

主要农业机械用水量 表 6-7

机械类别	用水量	机械类别	用水量
柴油机	35～50L/马力小时	机床	35L/台·d
汽车	100～120L/辆·d	汽车、拖拉机修理	1500L/台·次
拖拉机	100～150L/台·d		

注：农业灌溉用水多自成系统，应在规划乡(镇)域水资源时统一考虑。

村镇的消防用水可充分利用当地江河、湖海等水源，并结合农田水利建设充分利用渠水、井水、池水等水源。打谷场、供销社、饲养、粮、油、棉、木加工厂、重要物资仓库等为村镇消防保卫的重点，应有消防用水设施，一般采用贮水池贮存消防用水，或结合工业生产的用水池贮水。可不在供水系统中考虑消防用水量，一旦发生火灾时，可暂停其他设施供水，以满足消防用水的要求。

（二）村镇用水量计算

在村镇总体规划中，村镇总的用水量可采用估算的方法；在建设规划中用水量，应以最高日用水量及最高时用水量确定供水工程的规划设计。

1.用水量的变化系数

日、时变化系数：

由于一年四季气候不断变化、生活习惯等不同，生活用水量也是不相同的，一般夏季比冬季多；且每一天用水量也有不同，如节假日用水量较大，为了反映出这种变化，可采用日变化系数k_{d1}表示：

$$k_{\mathrm{d}}=\frac{\text{年最高日用水量}}{\text{年平均日用水量}}$$

同一天中，晚饭时用水量较大，午夜时用水量低，为了反映出一天内用水量的变化，可用时变化系数k_{H}来表示：

$$k_{\mathrm{H}}=\frac{\text{日最高用水量}}{\text{日平均时用水量}}$$

当设计村镇供水管网，选择水厂二级泵站，水泵工作级数以及确定水塔及清水池容积时，需求出村镇最高日，最高时用水量和用水量变化系数，这样才能合理地设计供水系统，保证村镇用水量的需要。

在村镇规划中，时变化系数一般为2.5～4.0时变化系数与村镇规模及村镇工业的配备，工作班制，休息时间的统一程度，人口组成等各种因素有关，一般来说，居民点的规模小取上限，规模大取下限。

2.用水量的计算

其计算方法为：

（1）村镇最高日用水量

1）居住生活最高日用水量Q_1可以按下式计算：

$$Q_1=\frac{N_1q_1}{1000}\ (\mathrm{m^3/d})$$

式中 N_1——设计期限由规划人口数（人），当用水普及率不是100%时，应乘以供水普及率系数；

q_1——设计期限内采用的最高日用水量（L/人·d）。

2）公共建筑生活用水量Q_2为：

$$Q_2=\Sigma\frac{N_2\cdot q_2}{1000}\ (\mathrm{m^3/d})$$

式中 q_2——某类公共建筑生活用水量标准，采用（L）按表6-4查用；

N_2——该类公共建筑生活用水量单位的数量。

3）工业企业职工生活用水量Q_3为：

$$Q_3=\frac{\Sigma nN_{\mathrm{w}}q_3}{1000}\ (\mathrm{m^3/d})$$

式中 q_3——工业企业生活用水量标准（L/人·班）；

N_{w}——每班职工人数（人）；

n——每日班制。

4）工业企业职工每日淋浴用水量Q_4为：

$$Q_4=\sum\frac{nN_cq_4}{1000}\ (m^3/d)$$

式中　q_4——工业企业职工淋浴用水量标准（L/人）；

N_4——工厂每班职工淋浴人数（人）。

5）工业企业生产用水量Q_5：为各类工业企业或各车间生产用水量之和。

6）未预见用水量：村镇一般按10～20%计算。

上述所有项目之和即为村镇最高日用水量。公式表示为：$Q=k(Q_1+Q_2+Q_3+Q_4+Q_5+Q_6)(m^3/d)$

式中　k——未预见水量系数，采用1.1～1.2。

（2）村镇最高日平均时用水量。村镇最高日平均时用水量可按下式计算：

$$Q_c=Q/24\ (m^3/h)$$

取水构筑物的设计取水量和水厂的设计水量为：$Q_p=(1.05-1.10)Q/24(m^3/h)$

式中：1.05～1.10是考虑到水厂自身用水量

（3）村镇最高日最高时用水量

村镇最高日最高时用水量为：

$$Q_{max}=k_HQ/24(m^3/d)$$

式中　k_H——村镇用水量变化系数；

设计村镇供水管网时，按最高时用水量计算，以（L/s）为单位，即$q_{max}=Q_{max}/3600$（L/s）。

注：各用水户用水最高时并不一定在同一时间发生，因此，在设计供水系统时，应编制村镇逐时用水量，计算表和变化曲线。

三、水源选择及卫生防护

水源选择的任务是保证提供良好而足够的各种用水，选择水源时应从水质、水量、取水条件和基建投资等方面综合考虑。

供水水源可分为两大类：地下水水源和地表水水源。地下水水源包括潜水（无压地下水），自流水（承压地下水）和泉水；地表水水源包括江河、湖泊和水库等水源。

大部分地区的地下水水质清澈、无色无味水温稳定，而且不宜受环境的污染，但经流量较小，矿化度和硬度较高。

地表水具有矿化度和硬度低，水量充足的特点，但大部分地区的地表水由于受地面各种因素的影响，用于生活饮用水一般需经处理。

因此，生活饮用水水源一般应优先选用地下水。

（一）水源选择原则

（1）水量充足可靠。既要满足目前需要，又要适应发展要求，不仅丰水期，即使枯水期也能满足上述要求。这就需要在水源选择时，对水源的水文和水文地质进行周密的调查研究，综合分析，防止被一时的表面现象所迷惑。

（2）水质良好。要求原水的感官性状良好，不含有害化学成分，卫生、安全。作为生活饮用水水源的水质，必须满足国家现行的《生活饮用水卫生标准》的规定，见表6-8所示。

生活饮用水水质分级要求 表6-8

	项目	一级	二级	三级
感官性状和一般化学指标	色(度)	15并不呈现其它异色	20	30
	浑浊度(度)	3特殊情况不超过5	10	20
	肉眼可见物	不得含有	不得含有	不得含有
	pH	6.5～8.5	6～9	6～9
	总硬度(mg/L以碳酸钙计)	450	550	700
	铁(mg/L)	0.3	0.5	1.0
	锰(mg/L)	0.1	0.3	0.5
	氯化物(mg/L)	250	300	400
	硫酸盐(mg/L)	250	300	400
	溶解性总固体(mg/L)	1000	1500	2000
毒理学指标	氟化物(mg/L)	1.0	1.2	1.5
	砷(mg/L)	0.05	0.05	0.05
	汞(mg/L)	0.001	0.001	0.001
	镉(mg/L)	0.01	0.01	0.01
	铬(mg/L)	0.05	0.05	0.05
	铅(mg/L)	0.05	0.05	0.05
	硝酸盐(mg/L以氮计)	20	20	20
细菌学指标	细菌总数(个/ml)	100	200	500
	总大肠菌群(个/L)	3	11	27
	(接触30分钟后)出厂不低于游离余氯(mg/L)	0.3	不低于0.3	不低于0.3
	末梢水不低于游离余氯(mg/L)	0.05	不低于0.05	不低于0.05

注：一级：期望值；二级：允许值；三级：缺乏其它可选择水源时的放宽限值。

（3）考虑农业、水利、渔业的综合利用。选用水库、池塘或灌溉渠道中的水作为水源时，必须考虑不致影响农业、灌溉、渔业生产。

（4）取水、净水、输水设施安全可靠，经济合理，有利于管道布置。

（5）水源位置应符合规划布局，卫生条件好，便于卫生防护。

（6）注意地下水与地表水相结合，集中供水与分散供水相结合，近期与远期相结合。

水源选择对供水工程的建设，是非常重要的一个环节。在选择中，既要掌握详尽的第一手材料，又要进行细致的分析研究。有条件时，应进行水力资源的勘察，摸清情况，根据村镇近远期规划的要求，考虑取水工程的建设、使用、管理等情况，通过技术经济比较，确定合理的水源。此外，还应充分注意当地地方病和群众用水习惯等实际情况。

（二）水源的卫生防护

水源是村镇发展以及居民点生存的命脉，水质的好坏直接影响到人民的健康。因此水源的卫生防护是保护水资源的重要措施。

对集中式供水水源的卫生防护地带，其范围和保护措施，应符合下列要求：

1.地表水

（1）取水点周围半径不小于100m的水域内，不得停靠船只、游泳、捕捞和从事一切可能污染水源的活动，并应设有明显的保护范围标志。

（2）河流取水点上游1000m至下游100m的水域内，不得排入工业废水和生活污水；其沿岸防护范围内，不得堆放废渣、设置有害化学物品的仓库或堆栈、设立装卸垃圾、粪便和有害物品的码头；沿岸农田不得使用工业废水或生活污水灌溉及施用有持久性和剧毒农药，并不得从事放牧。

（3）供生活饮用的专用水库和湖泊，应根据具体情况，将整个水库湖泊及其沿岸列入防护范围，并应满足上述要求。

（4）在水厂生产区或单独设立泵站时，沉淀池和清水池外围不小于10m的范围内，不得设立生活居住建筑和修建禽兽畜饲养场、渗水厕所、渗水坑；不得堆放垃圾、粪便、废渣或铺设污水管道；要保持良好的卫生状况，在有条件的情况下，应充分绿化。

2.地下水

（1）取水构筑物的防护范围，应根据水文地质条件、取水构筑物的形式和附近地区的卫生状况进行确定。其防护措施应按地表水水厂生产区的要求执行。

（2）在单井或井群的影响半径范围内，不得使用工业废水或生活污水灌溉和施用有持久性和剧毒的农药，不得修建渗水厕所、渗水坑、堆放废渣或铺设污水渠道，并不得从事破坏深层土层的活动。

（3）分散式水源，水井周围20～30m的范围内，不得设置渗水厕所、渗水坑、粪坑、垃圾堆和废渣堆等，并应建立必要的卫生制度。

四、村镇供水设施类型及特点

（一）灶边井

灶边井是一种吸取地表渗透水或浅后地下水的简易设施。

在地下水位较高的地方，均可采用，一般建造在住户的厨房内，因此得名。灶边井具有挖掘容易（挖一口井仅在2～3个劳动力），造价低廉，使用方便的优点。但缺点是一户独用，用水量小，水在井内贮存的时间长，水质不容易保持。

（二）大口井

大口井直径一般为3～12m，小型水井也有小于3m的，深度不大于30m，适宜于地下水位埋藏不深（小于20～30m）和含水厚度不大的浅层地下水水源取水。大口井可用混凝土、钢混凝土、砖石建造。

（三）管井

以深层地下水作为水源，垂直钻孔，直达含水层，一般用钢管或铸铁管加固井壁，故称管井。在含水层内装以滤管，以便阻砂。常用管径为150～350mm，深度在150m左右。配有深井泵及调节构筑物（可用水池、水塔、高位水或压力罐）。

（四）砂滤井

砂滤井是以地表水为水源的简易设施，又分为横滤式砂滤井和直滤式砂滤井。直滤式砂滤井以选择周围环境清洁、土质较好、取水方便的水源岸边修建。横滤式砂滤井，在作为饮用水的河、塘岸边建造，宽1.5m，长约2～3m的横式滤池，连接水源及清水池，使水横向流动过滤后，进入清水池内贮存备用。

（五）压力罐供水

压力罐式供水装置，主要由电机、水泵、压力罐、电接点压力表、配电盘及供水管网组成。其特点为：压力大、流量足。据有关资料介绍，最大工作压力相当于一座30m高的水塔，流量每小时$20\sim30m^3$，可供3000～5000人的生活饮用水，适用于基层村和中心村的供水，整套设备离地面无严格要求，安装简单，不需要另设泵站和水塔设施，维修方便经济。其缺点是压力罐调节水的容量较小，水泵起停比较频繁。

（六）渗渠

渗渠是用以取集地下水、河库渗透水和潜流水等。有水平集水管、集水井、检查井和泵站等组成。

地下水取水常见设施适用范围见表6-9。

地下水取水设施适用范围　　表6-9

型式	尺寸	深度	水文地质条件			出水量
			地下水埋深	含水层厚度	水文地质特征	
管井	井径为50～1000mm，常用为150～600mm	井深为20～1000m，常用为300m以内	在抽水设备能解决情况下不受限制	厚度一般在5m以上或有几层含水层	适于任何砂卵石地层	单井出水量一般为500～6000m^3/d，最大为2000～30000m^3/d
大口井	井径为3～12m常用为4～8m	井深为30m以内，常用为6～20m	埋藏较浅一般在12米以内	厚度一般在5～20米	补给条件良好，渗透性较好，渗透系数最好在20m/d以上，适于任何砂砾地区	单井出水量一般为500～10000m^3/d最大为20000～30000m^3/d
辐射井	同大口井	同大口井	同大口井	同大口井。能有效地开采水量丰富，含水层较薄的地下水和河床下渗透水	补给条件良好，含水层最好为中粗砂或砾石层并不含漂石	单井出水量一般为5000～50000m^3/d
渗渠	管径为0.45～1.5m，常用为0.6～1.0m	埋深为10m以内，常用为4～7m	埋藏较浅，一般在2m以内	厚度较薄，一般约为1～6m	补给条件良好，渗透性较好，适用于中砂、粗砂、砾石或卵石层	一般为15～30$m^3/d\cdot m$，最大为50～100$m^3/d\cdot m$

（七）自流管

通过自流管将水位较高的江河，水库等水直接引入集水井，这种引水方式水量充足，安全可靠。但取水头部应设在有足够水深地方，尽量避免泥砂，防止行船和漂浮物，冰块的破坏。其取水头部形式有：喇叭管式、莲蓬头式、箱式和墩式等。

五、净水厂与厂址选择

（一）净水方法及工艺流程

村镇供水净化和工艺流程的选择，主要是根据我国颁布的现行《生活饮用水水质标准》生产用水水质要求，以及天然水源水质等情况选择合理的净化方法和工艺流程。

当选择地面水做为生活饮用水水源时，一般供水净化处理工艺流程可参考表6-10选定。

一般供水净化处理工艺流程　　表 6-10

条　　件	给 水 处 理 流 程
小型给水，原水浊度一般不大于100～150毫克/升，水质变化不大，没有藻类	原水—接触过滤→消毒 原水—澄清→消毒
原水浊度不大于2000～3000毫克/升，短期内到5000～10000毫克/升	原水→混凝沉淀→过滤→消毒(或澄清)
山溪河流，浊度经常较小，洪水时含大量泥砂	原水—混凝沉淀或澄清→过滤→消毒 原水—预处理→接触过滤→消毒
高浊度水	原水→预处理→混凝沉淀或澄清→过滤→消毒
浊度低、色度高的原水(如湖水、蓄水库水)	原水→一次过滤(粗滤)→二次过滤→消毒

当选择地下水作为生活饮用水水源时，如水质确以符合《生活饮用水水质标准》，可直接供给生活饮用水引用；当地下水的矿化度和硬度超过《生活饮用水标准》时，应进行净水处理后，供给生活饮用水引用。

（二）厂址选择及用地规模

净水厂厂址选择应结合村镇规划综合考虑而定。其主要影响因素有：地形、交通、卫生防护条件、供电等。选厂原则一般为：

（1）水厂最好与取水构筑物靠近，既便于生产管理，又可以节约投资。

（2）选择地形较平整、工程地质条件较好的地段，便于施工。

（3）水厂不应设在洪水淹没区范围之内。

（4）水厂用地要便于设置卫生防护地带。

（5）应考虑交通方便、供电安全和节约用地。

水厂的用地规模可以根据日用水量综合指标确定，如表6-11所示：

每 m^3/d 水量用地指标　　表 6-11

水厂设计规模	每m^3/d水量用地指标(m^2)	
	地面水沉淀净化工程综合指标	地面水过滤净化工程综合指标
Ⅰ类(水量10万m^3/d以上)	0.2～0.3	0.2～0.4
Ⅱ类(水量2万～10万m^3/d)	0.3～0.7	0.4～0.8
Ⅲ类(水量2万m^3/日以下)	0.7～1.2	
Ⅲ类(水量1万～2万m^3/d)		0.8～1.4
(水量5千～1万m^3/d)		1.4～2
(水量5千米^3/日以下)		1.7～2.5

六、村镇供水管网布置

在村镇供水系统中，管网担负着输、配水任务。其基建投资一般要占供水工程总投资的50～80%，因此在管网规划布置中必须力求经济合理。

（一）管网布置形式

供水管网是根据村镇地形、道路、村镇发展方向、用水量较大用户的位置、用户要求的水压、水源位置等因素进行布置。管网平面布置形式有树枝状和环状两种，也可两种混合使用。如图6-1、图6-2所示。

1.树枝状管网

配水干管和支管间的布置如树干和树枝的关系。其优点是：管线短、构造简单、投资较省。其缺点是：一处损坏，将使下游各管段全部断水；管网有许多末端，有时会恶化水质等。

图 6-1 树枝状管网　　　　图 6-2 环状管网

对供水量不大，而且在不间断供水无严格要求的村镇采用较多。

2.环状管网

干道之间用联络管互相接通，形成许多闭合环，每个管段都可以从两个方向供水，因此供水安全可靠，但总造价较树枝状高。在村镇供水中，对供水要求较高的村镇，应采用环状管网。

（二）管网线路选择

（1）干管布置的主要方向与供水的主要流向一致，使干管通过两侧负荷较大的用水户，并以最短距离向最大用水户或水塔供水。

（2）管线总长度应短，便于施工与维修，使管网造价及经常管理费用低。

（3）要充分利用地形。输水管要优先考虑重力自流，减少经常动力费用，管网平差选用最佳方案。

（4）施工与维修要方便，管线应尽量沿现有道路或规划道路敷设，避免穿越街坊，平面位置应符合村镇建设规划要求。

第二节　村镇排水工程规划

排水工程是保证村镇工副业生产，改善居住环境和保护环境不可缺少的一项重要设施。

在人们日常生活和工业的生产过程中，经常伴随着大量的生活污水及工业废水的产生。此外，村镇内还有经流量较大的雨水及融化的冰雪水，这就要求村镇内必须有相应的工程设施及时地把这些废水及降水排放出去。

一、污废水的种类及性质

村镇内的污水按其来源和特征的不同，可以分为生活污水、工业废水及降水三类。

（一）生活污水

生活污水是指人们在日常生活中所产生的污水、来自住宅、学校、机关、医院、商店等场所以及乡镇企业的食堂、厕所、盥洗室、浴室、生活间等处。

生活污水中含有大量的有机物和肥皂及合成洗涤剂等。此外，在粪便中还经常出现寄生虫和肠道传染病等病原微生物。这类污水需要经过处理后才能排入水体、灌溉农田或再利用。

（二）工业废水

在乡镇企业生产中所产生的废水、来自生产车间或矿物场等处。按其污水程度不同又可以分为生产废水和生产污水：

1.生产废水

指在使用过程中只受到轻度污染或水温增高的水。如机械设备的冷却水等。这类废水经过简单处理后便可重复使用。或直接排入水体。

2.生产污水

指在生产过程中直接受到严重污染的水。这种污水中往往含有大量的有害物质或有毒物质，需要经过适当的处理后才能排放、或者在生产中重复使用。但有些生产污水中的有毒有害物质往往是宝贵的工业原料，对这种污水中的物质应尽量的回收利用。既为国家创造了财富，又可以减轻对环境的污染。

（三）降水（雨、雪水）

降水是指在地面流泄和融化了的冰雪水。降水常叫雨水。这类水比较清洁，但初降雨水较脏，一般不需处理就可以直接排入水体。雨水的特点是时间集中，水量集中，总水量不一定很大，但径流量大，这些降水如不及时排除，轻者会影响交通，重者还会造成水灾，特别是山区洪水，其危害性更大。

二、排水系统的体制及其选择

由于各村镇的自然条件和经济条件不同，产生污水的情况和处理污水的方式以及排放污水的条件也就不同。因此对于生活污水、工业废水及雨水，有些村镇可能是采用同一种管渠系统来收集排除，有些村镇则是采用两种或两种以上的各自独立的管渠系统来汇集排除。污水不同的汇集排除方式，称为“排水体制”。排水体制一般可分为合流制和分流制两种类型。

1.分流制排水系统

分流制是将生活污水、工业废水和雨水分别采用二种或二种以上各自独立的管渠来收集排放，称为分流制排水系统。其中，汇集排除生活污水和工业污水的系统称为污水排水系统；汇集排除雨水的系统称为雨水排水系统；只排除工业废水用的系统称为工业废水排水系统。

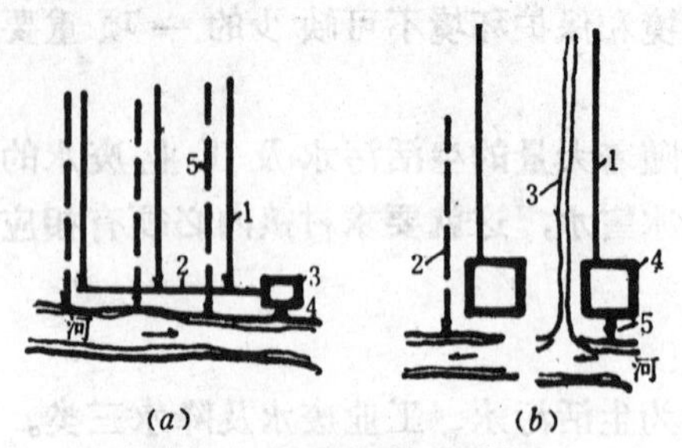

图 6-3 分流制排水系统

(a)完全分流制
1—污水干管；2—污水至干管；3—污水设施；
4—出水口；5—雨水干管
(b)不完全分流制
1—污水管道；2—雨水管渠；3—原有渠道；
4—污水设施；5—出水口

分流制排水系统在村镇有时仅设污水管道系统，雨水沿地面和道路边沟排入天然水体，这种排水体制称不完全分流制。对于地势平坦、多雨而容易积水的地区，不宜采用这种排水体制。如图6-3(a)、(b)所示。

2.合流制排水系统

将污水和雨水用同一个管道系统进行排除的排水体制称为合流制排水系统。显而易见，这种排水系统是排除包括雨水在内的混合污水。随着村镇人口的不断增加，工业的高速发展，村镇的污水量增加，污水的成份也日趋复杂。因此，不经处理而直接排入水体将会造成环境的严重污染，所以一般不宜采用。

目前村镇通常采用的合流制排水系统是截流式合流排水系统。如6-4图所示。这种排水系统，是沿村镇用地低坡向或临河岸边布置一条截流干管，在截流干管上设置溢流井，并建造污水处理设施。晴天时，全部污水可通过处理后，排入水体；雨天时，污水量增加，当混合污水超过截流干管所能承担的输送能力时，部分污水经溢流井溢出，并通过出水管直接排入水体。

图 6-4　合流制

（二）排水体制的选择

合理选择水体制，是排水系统规划设计中的一项十分复杂重要的工作。它涉及到总体规划、环保要求、地形、气候、水体分布等因素。以下对两种排水体制的优、缺点作简要分析：

1.分流制排水系统

其特点是污水与雨水分流，污水经过处理后排入水体，有利保护环境卫生。但对于污染较严重的初期降水未能得到处理，这是分流制的不足。

2.合流制排水系统

其主要优点是只需建造一套管道系统，所以造价比分流制排水系统降低20～40%。缺点是：即使采用截流式导流，雨天时部分混合污水未经处理直接排入水体，容易造成水体污染；晴天和雨天流入污水处理设施的污水量较大，对污水处理及管理相应增大。

在新建的排水系统中，分流制采用较广泛。在旧村镇排水系统的改造，采用截流式合流制系统较多。在街道狭窄，修建两套排水系统有困难时，可考虑采用合流制排水系统。

对生活污水应优先考虑沼气池及化粪池进行预处理，有条件的地方，宜采用氧化塘、氧化沟等简易处理设施，经过处理的污水尽量用于灌溉和养殖业。

三、排水管网的布置

排水管网一般都是按道路系统布置的，不一定每条街道都设有污水管道，只要能满足所有污水管都能就近排入污水干管就可以了。村镇的雨水排出系统可采用管道暗沟，也可以采用明沟，充分利用地形条件，就近排入池塘、江河湖泊。

（一）大区域排水沟管布置形式

大区域排水沟管的布置形式有四种，如图6-5所示，应根据地形条件分别采用。

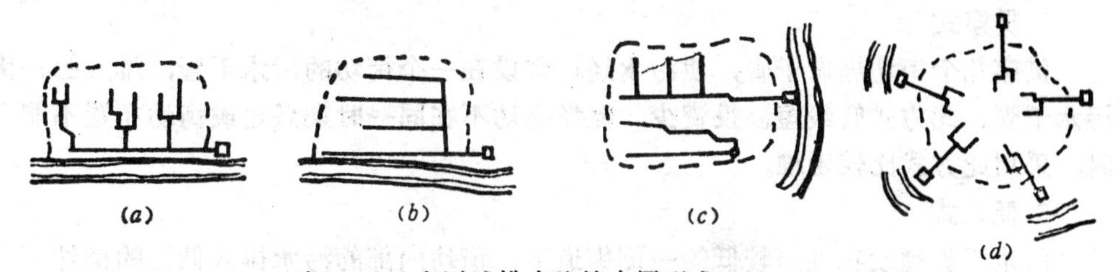

图 6-5　大区域排水沟管布置形式

(a)截流布置；(b)平行式布置；(c)分区布置；(d)分散布置

1.截流布置

地形向河流倾斜，各分区由支干管收集污、废水和雨水，支干管末端用一条主干管把各支干管的污水截至污水处理设施，经处理后再排入水体的方式，称为截流式布置。从保护水体方面来看，此方式比正交式优越，适应于分流制排水系统。

2.平行式布置

在地势向水面方向有较大倾斜的地形，采用此方式可使干管与等高线及水面基本平行，从而避免因干管坡度太大而造成管内流速过大，严重冲刷管道的现象发生。

3.分区式布置

在地势高低相差较大时，流域的污水不能以重水流排入污水处理设施，可采用此方式。分别在高区和低区布置管道，高区污水靠重力直接流入污水处理设施，而低区污水可以用泵提升送入污水处理设施或送入高区管道。其优点是：充分利用地形排水，经济合理。

4.分散式布置

当村镇周围有河流，或村镇中央部分地势向周围倾斜的地形，可以采用此方式。各排水流域具有独立的排水系统，呈辐射状分散布置。具有管径长度短、管径小、管道埋深浅、便于污水灌溉农田等优点。

（二）污水支管布置形式

而在街坊内部污水支管布置时，常采用以下三种形式，如图6-6(*a*)、(*b*)、(*c*)所示

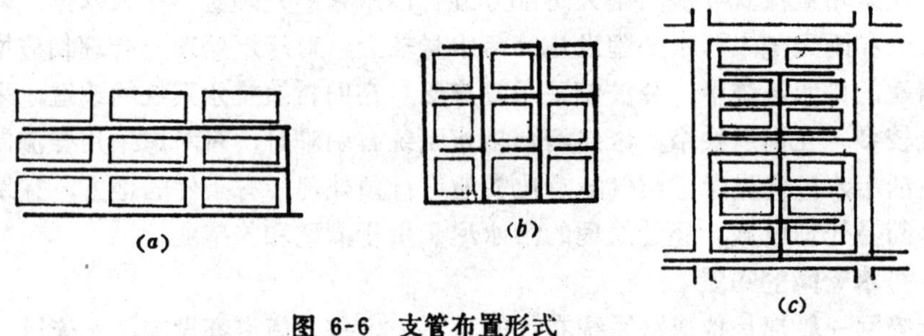

图 6-6 支管布置形式

(*a*)低边式，(*b*)环绕式，(*c*)贯穿式

1.环绕式

在街坊四周街道下，敷设污水干管，街坊内部污水从各个方向流入污水干管，此方式便于污水排出，但管线长、投资大。

2.贯穿式

贯穿几个街坊埋设干管，使污水经过敷设在一个街坊的污水干管，排入另一街坊内的污水干管。此方式管线短、投资少，但当街坊不在同一时期兴建或街坊布置不能全部确定时，采用此方式比较困难。

3.低边式

污水干管埋设在地形较低的一侧街道下，街坊内部的污水排入低处的街坊污水干管。此方式的优点是易于同街坊布置相结合，又比较经济。

四、村镇排水设计流量估算

如前所述，村镇排水管道是在管段所承担污水设计流量的条件下，合理确定污水管道的管径，敷设坡度和埋设深度。所以，进行管道管径设计的首要任务，就是确定管段的污水设计流量。

（一）村镇污水排水设计流量

1.生活污水设计流量

生活污水（包括居住生活用水及工厂生活用水）设计流量是根据每人每日排出的平均污水量、使用污水管道系统的人数，以及污水流量变化系数三个方面因素确定的。

（1）住宅建筑用地内的污水设计流量：

$$Q_1 = qNK_s/24 \times 3600$$

式中 Q_1——住宅建筑用地污水设计流量L/s；

q——住宅建筑用地污水量标准（每人每日排出的平均污水量，L/人·d；

N——使用污水管道系统的人数；人；

K_s——总变化系数。

生活污水量标准与给水量标准、建筑物内部卫生设备情况、气候条件等因素有关。绝大部分的生活用水，使用过后却排入污水管道系统，但并不意味着污水量就等于给水量。有时，居民用过的水并未全部排入污水管道，所以，在确定污水量标准时，排水量应与同一地区的供水设计所采用的供水量标准的75～80%进行估算。也可根据《室外排水设计规范》（TJ14-74），居住生活污水量标准见表6-12估算。

居住区生活污水量标准(平均日）　　表 6-12

卫生设备情况	污水量标准(L/人·d)				
	第一分区	第二分区	第三分区	第四分区	第五分区
室内无给排水卫生设备，从集中给水龙头取水，由室外排水管道排水	10～20	10～25	20～35	25～40	10～25
室内有给排水卫生设备，但无水冲式厕所	20～40	30～45	40～65	40～70	25～40
室内有给排水卫生设备，但无淋浴设备	55～90	60～95	65～100	65～100	55～90
室内有给排水卫生设备和淋浴设备	90～125	100～140	110～150	120～160	100～140
室内有给排水卫生设备，并有淋浴和集中热水供应	130～170	140～180	145～185	150～190	140～180

注：1.表列数值已包括居住区内小型公共建筑物的污水量。但镇域性的独立公共建筑的污水量未包括在内。

2.在选用表列各项水量时，应按所在地的分区，考虑当地气候、居住区规模、生活习惯及其它因素。

3.第一分区包括黑龙江、吉林、内蒙古全部，辽宁大部分，河北、山西、陕西偏北一小部分，宁夏偏东部分。

第二分区包括：北京、天津、河北、山东、山西、陕西大部分，甘肃、宁夏、辽宁南部，河南北部，青海偏东和江苏偏北一小部分。

第三分区包括：上海，浙江全部，江西、安徽、江苏大部分，福建北部，湖南、湖北东部，河南南部。

第四分区包括：广东、台湾全部。广西大部分，福建、云南南部。

第五分区包括：贵州全部，四川、云南大部分，湖南、湖北西部，陕西和甘肃在秦岭以南地区，广西偏北一小部分。

4.其他地区的生活污水量标准，根据当地气候和人民生活习惯等具体情况，可参照相似地区的标准确定。

居住生活污水量标准，是指全年平均日平均时的污水量。污水设计流量是指全年最高日最高时的污水量。其最高日水量与平均日水量的比值称为日变化系数，最高时水量与平均时时水量的比值称为时变化系数。日变化系数与时变化系数称为总变化系数。总变化系数是污水设计流量与平均日平均时污水流量的比值，即：

$$K_s = K_d K_h$$

式中 K_d——日变化系数；

K_h——时变化系数；

K_z——总变化系数；

根据《室外排水设计规范》，生活污水量总变化系数见表6-13

生活污水量总变化系数　　表 6-13

污水平均日流量 (L/s)	5	15	40	70	100	200	500	1000	≥1500
总变化系数K_z	2.3	2.0	1.8	1.7	1.6	1.5	1.4	1.3	1.2

（2）工业企业生活污水设计流量。工业企业的生活污水是来自生产性建筑物的厕所、浴室、食堂、盥洗室等。工业企业生活污水量标准及淋浴污水量标准可根据表6-14表6-16的数据确定（表6-14：工业企业生活用水量标准及时变化系数；表6-15：工业企业淋浴用水量标准）。

工业企业生活用水量标准及时变化系数　　表 6-14

车间特征	每人每班生活用水量标准(L)	时变化系数 hn
热车间(散热) 83.7kJ/m²·h	35	215
冷车间	25	3.0

注：在无生活污水排水管道系统的工业企业内每人每班的生活用水量标准可降低到15L。

工业企业淋浴用水量标准　　表 6-15

分级	车间卫生特征			用水量标准 (L/人·班)
	有毒物质	生产性粉尘	其它	
1 级	极易经皮肤吸收引起中毒的剧毒物质(如有机磷三硝基甲苯，四乙铅等)		处理传染性材料动物原料(如皮、毛等)	60
2 级	极易经皮肤吸收或有臭的物质(如丙烯睛、吡啶苯酚等)		高温作业 井下作业	60
3 级	其他毒物		重作业	40
4 级	不接触有毒物质及粉尘，不污染或轻度污染身体			40

注：淋浴延续时间每班采用45～60min。

工业企业生活污水设计流量可按下式计算：

$$Q_2=\frac{25\times 3.0A_1+35\times 2.5A_2}{8\times 3600}+\frac{40A_3+60A_4}{3600}$$

式中　Q_2——工业企业生活污水设计流量L/s；

A_1——一般车间（冷车间）最大班职工总人数，人；

A_2——热车间最大班职工总人数，人；

A_3、A_4——三、四级车间最大班使用淋浴职工总人数和一、二级车间最大班使用淋浴职工总人数，人（参见表6-16）；

25、35——一般车间和热车间生活污水量标准，L/人·s；

3.5、2.5——一般车间和热车间排水量时变化系数；

40、60——三、四级和一、二级车间淋浴用水量标准，L/人·s。淋浴污水在班后一小时内均排出（参见表6-16）。

表 6-16

	地 面 种 类	径 流 系 数 ψ
1	各种屋面、混凝土和沥青路面	0.9
2	大块石铺砌路面、沥青表面处理的碎石路面	0.6
3	级配碎石路面	0.45
4	平砌砖石和碎石路面	0.4
5	非铺砌土地面	0.3
6	绿地和草地	0.15

2.工业废水设计流量

工业废水设计流量一般是按生产日产量和单位产品的排水量进行计算；也可按生产用水量的70～90%进行计算。

工业废水设计流量计算式为：

$$Q_3=\frac{mM\times 1000}{T\times 3600}K_s$$

式中 Q_3——工业废水设计流量，L/s；

m——生产单位产品的废水量标准，L/单件产品；

M——每日生产的产品数量，产品数；

T——每日生产小时数，人；

K_s——总变化系数。

除上述计算方法外，工业废水设计流量也可以按工业生产设备的数量和每台设备每日的排水量进行估算。

由于各种工业废水排水量标准差异很大，一般由所属的企业提供。

3.污水设计流量计算

排水区域的污水包括生活污水和工业废水。污水总设计流量可以用累计的方法进行计算，即：

$$Q=Q_1+Q_2+Q_3$$

式中 Q——排水区域污水设计总流量，L/s；

Q_1——排水区域居住生活污水设计流量，L/s；

Q_2——排水区域工业企业生活污水设计流量，L/s；

Q_3——排水区域工业废水设计流量，L/s。

（二）村镇雨水设计流量

雨水设计流量由降雨强度。径流系数、汇水面积等计算而得。其计算式为：

$$Q_4=4Fq$$

式中 Q_4——雨水设计流量，L/s；

F——汇水面积，万m³；

q——降雨强度，L/s·万m³；

φ——径流系数。即φ=径流量/降雨量（可按表6-16查得）

降雨强度q是根据各地气象部门测定的降雨资料进行整理和推导得出的。具体设计村镇降雨流量计算时，可参考表6-17各相近城市降雨强度公式计算q值。

有关城市降雨强度公式　　表 6-17

城市名称	降雨强度公式 q(L/s·万m²)	城市名称	降雨强度公式 q(L/s·万m²)
北　京	$q=\frac{2111(1+0.85\lg p)}{(t+8)^{0.70}}$	南　昌	$q=\frac{1215(1+0.854\lg p)}{t^{0.60}}$
上　海	$q=\frac{5544(p^{0.3}-0.42)}{(t+10+7\lg p)^{0.82+0.07\lg p}}$	福　州	$q=\frac{934(1+0.55\lg p)}{t^{0.542}}$
天　津	$q=\frac{2334p^{0.52}}{(t+2+4.5p^{0.65})0.8}$	广　州	$q=\frac{1195(1+0.622\lg p)}{t^{0.523}}$
哈尔滨	$q=\frac{6500(1+0.34\lg p)}{(t+15)^{1.05}}$	长　沙	$q=\frac{776(1+0.75\lg p)}{t^{0.527}}$
长　春	$q=\frac{883(1+0.68\lg p)}{t^{0.604}}$	汉　口	$q=\frac{784(1+0.83\lg p)}{t^{0.507}}$
大　连	$q=\frac{617(1+0.81\lg p)}{t^{0.486}}$	重　庆	$q=\frac{2822(1+0.775\lg p)}{(t+12.8p^{0.076})^{0.77}}$
太　原	$q=\frac{817(1+0.755\lg p)}{t^{0.617}}$	郑　州	$q=\frac{767(1+1.04\lg p)}{t^{0.522}}$
济　南	$q=\frac{4700(1+0.753\lg p)}{(t+17.5)^{0.898}}$	贵　阳	$q=\frac{1887(1+0.707\lg p)}{(t+9.35p^{0.031})^{0.695}}$
南　京	$q=\frac{167(47.17+41.66\lg p)}{t+33+9\lg(p-0.4)}$	昆　明	$q=\frac{700(1+0.775\lg p)}{t^{0.496}}$
杭　州	$q=\frac{1008(1+0.73\lg p)}{t^{0.541}}$	宝　鸡	$q=\frac{342(1+0.95\lg p)}{t^{0.46}}$

五、村镇污水处理与利用

所谓污水处理，就是采用各种技术措施，将污水中的污染物质分离出来，或将污染物质转化成无害物质，从而使污水得到净化。

（一）物理处理法

物理处理法的去除对象是污水中全浮固体状态的污染物质，属一级处理。进行物理处理的方法很多，常用的是筛滤截留和沉淀。相应处理构筑物有：格栅、沉砂池、沉淀池等。其处理过程为：被处理的污水首先经过格栅，截留粗大的污物；再进入沉砂池下砂粒或较大的固体物质；然后再进入沉淀池除去大部分悬浮固体。经过沉淀处理的污水达到一级处理要求，可用于灌溉或养殖。沉淀池中的沉泥（又称污泥）进入浓缩池、消化池和脱水设备处理后可作为农肥。污泥在消化池内进行发醇产生沼气可作气体燃料。

（二）化学处理法

根据废水中所含主要污染物的化学物质，可加入适量的化学药品，改善水体的质量。例如对酸性废水，可加入石灰乳进行中和，使之接近中性；还可使酸性废水通过石灰石或白云石滤床而得到中和；也可用乙炔站的电石渣。（主要含氢氧化钙）中和酸性废水。对碱性废水可以利用废酸水进行中和；也可利用烟道废气处理。

（三）生物氧化塘处理站

生物氧化塘是利用水中存在的微生物和藻类处理污水的天然或人工池塘。国内外生产实践证明，氧化塘可以广泛应用于处理村镇生活污水和一些工业废水，或其混合后的村镇污水。其净化机理是：微生物分解有机物，藻类的光合作用可补充水中的氧气，从而使废水得到净化。氧化塘内大量藻类，如水葫芦、红萍等，可以作为饲料养鱼、喂猪，能够获得良好的经济效益和环境效益。

（四）污水灌溉与养殖

1.污水灌溉

利用污水进行农田灌溉，不仅可以供给农作物水和肥，同时还使污水得到一定程度的处理。这种处理是属于污水的自然生物处理法，是土壤自净的过程，所以应称土地处理法。

以污水灌溉农田为例：它的净化过程由表层土的过滤截留、土壤团粒的吸附、微生物的氧化分解与吸收、作物的吸收等过程所组成。污水灌溉是污水利用和污水净化同时进行的。

如生活污水灌溉农田，污水先需要经过沉淀处理，这样其灌溉水质就能满足要求。对于生活污水和工业废水所占比例较大的村镇污水，就要注意对灌溉污水水质的控制。这些污水中的有害成份主要反映在pH值、盐分和有害物质这三项水质指标。pH值和盐分会影响作物生长，使土壤盐碱化；有害物质可能毒害农作物。采用污水灌溉，其水质应符合《农田灌溉水质标准（TJ24—79）》中的有关规定，见表6-18所示。

农田灌溉用水水质标准　表6-18

编号	项目	标准
1	水温	不超过35℃
2	pH值	5.5～8.5
3	全盐量	非盐碱土农田不超过1500mg/L
4	氯化物(按CL计)	非盐碱土农田不超过300mg/L
5	硫化物(按S计)	不超过1mg/L
6	汞及其化合物(按Hg计)	不超过0.001 mg/L
7	镉及其化合物(按Cd计)	不超过0.005 mg/L
8	砷及其化合物(按AS计)	不超过0.05 mg/L
9	六价铬化合物(按Cr^{+6}计)	不超过0.1 mg/L
10	铅及其化合物(按Pb计)	不超过0.1 mg/L
11	铜及其化合物(按Cu计)	不超过1.0 mg/L
12	锌及其化合物(按Zn计)	不超过3mg/L
13	硒及其化合物(按Se计)	不超过0.01mg/L
14	氟化物(按F计)	不超过3mg/L
15	氰化物(按游离氰根计)	不超过0.5mg/L
16	石油类	不超过10mg/L
17	挥发性酚	不超过1mg/L
18	苯	不超过2.5mg/L
19	三氯乙醛	不超过0.5mg/L
20	丙稀醛	不超过0.5mg/L

注：放射性物质的标准，应按现行的《放射防护规定》中关于露天水源中放射性物质限制浓度的规定执行。

在具有浅层地下水的砂质土壤地区，不允许用污水溉灌农田，以避免对地下水的污染。

2.污水养殖

利用天然湖泊、水塘，采用污水养殖鱼类及其它水生生物，也是污水综合利用的一种途径。在这些养殖中，由于微生物和藻类大量繁殖，使污水中的有机物迅速分解，排出的物质成为藻类的“食物”，使藻类大量繁殖，通过光合作用放出氧气，供湖塘其它生物呼吸。而藻类与其它微生物是原生动物和浮游动物的食料。这样，污水中的有机物就转化为有生命的机体。供鱼类食用，而污水同时得到净化。

用于湖塘养殖业的村镇污水，同样必须经过预处理，达到养殖水质标准之后方能使用。养鱼塘应备有清水水源，当浓水浓度较高时，可先稀释再入塘，除了严格控制入塘的水质外，应保证养鱼塘内的溶解氧不少于3～4mg/l，pH值为6.5～8.5。

（五）污泥的处理与利用

在污水的处理过程中，同时产生大量的污泥。污泥中含有大量的污染物，必须进行处理。根据污泥所含的成分不同，分为污泥和沉渣两类。以有机物为主要成分的称为污泥，其特点是：有机物含量高（约为96～99.8%）容易发生腐臭，含水率高且不易脱水。以无机物为主要成分称为沉渣。从沉砂池、初次沉淀池排的污泥属于这类。

根据不同处理构筑物所产生的污泥，可分为：初次沉淀污泥；腐殖污泥与剩余污泥。这些污泥经消化处理之后，就成为熟污泥，又称消化污泥。

含水率较高的污泥应先进行浓缩，初步降低水分，再对有机物进行消化处理，消化后的污泥可直接作为农肥，也可以进一步脱水干化，然后作最终处理。

（六）污水的处理与沼气利用

村镇居住生活垃圾、粪便污水以及饲养、屠宰、食品加工等含有有机物较高的污染物质制取沼气，化害为利，一举多得，既为村镇开辟新的能源，改善村镇卫生条件，同时也可以为农业生产提供大量的有机肥料。

但若操作处理不善，也会出现中毒、灼伤、爆炸、淹溺等事故。所以在使用中还应重视和加强安全教育，建立必要的安全管理制度。

下面简略介绍小型沼气的容积估算及用地面积等。

1.沼气池容积估算

11型沼气池用地面积估算表 **表 6-19**

沼气池有效容积（m^3）	用地范围		埋置深度（m）
	长（m）	宽（m）	
6	4.6～5.4	2.9～3.1	2.4～2.9
8	4.9～5.6	3.1～3.4	2.5～3.0
10	5.2～5.8	3.3～3.7	2.6～3.1
12	5.4～6.1	3.5～3.9	2.7～3.3

沼气池容积（有效容积）应根据用途和用量来确定。实践经验证明，小型沼气池的容积，一般可按每人1.5～3.0m^3进行规划设计，也可按下述方法估算：2人以下，每人不超过3m^3；三至五人，每人超过2m^3；五人以上，每人超过1.5m^3。按照此标准进行估算，一般情况如果管理得当，夏秋季的产气量可供给居民炊事、烧水、照明的需要，冬季

气温较低，仍可以满足炊事要求。

2.沼气池的用地面积

常用小型沼气池的用地面积，可按表6-19估算。

第三节 村镇电力工程规划

随着社会主义现代化建设的发展，人民生活水平的不断提高，无论生活照明或家用电气设备的增加，还是农副产品加工、农业机械维修，地方工业的发展，都离不开电的供应。因此，村镇电力工程规划应根据电力的需要情况及供电条件，做到综合平衡，确定负荷及布置电网的配套建设，协调发展。

一、村镇电力系统规划的基本要求和内容

（一）基本要求

（1）满足村镇各部门的用电增长需要；

（2）满足用户对供电可靠性和电能质量的需求；

（3）节约投资和运营费用，减少主要设备和材料的消耗，达到经济合理；

（4）考虑远近期相结合，以近期为主，并为远期发展留有余地；

（5）要便于规划实现，过渡方便，考虑战备要求。

总之，应根据国家计划和村镇电力用户的要求，因地制宜地实现电气化的远景规划，做到技术先进、经济合理、安全适用、运行管理便利、操作维修方便等要求。

（二）电力系统规划的内容

（1）村镇供电电源的选择；

（2）进行负荷调查，确定电力负荷容量；

（3）确定变电站或变压器的位置；

（4）选定供电电压等级；

（5）确定配电网接线方式及布置线路走向；

（6）绘制电力系统供电总平面图。

在电力规划时，还要了解毗邻地区，村镇电力规划情况，做到互相协调、统筹兼顾，全面安排。

二、村镇电力系统规划的基础资料

（一）区域动力资源

村镇所在地区水利资源，水力发电的可能性以及热能开发情况。

（二）村镇所在地区电力网资料

电力网布置图、电压等级、变压站的地置及容量。了解当地电力部门的有关规定，如计量方式，功率要求，继电保护时限等级等。

（三）电源资料

现有及计划的电厂、发电量，存在的问题，近几年最高发电负荷、日负荷曲线、逐月负荷变化曲线。

（四）电力负荷情况

1.工业交通用电

各单位原有与近期增长用电量、最大负荷、需要电压、对供电可靠性及质量要求。

2.农业用电

原有与近期增长用电量，最大负荷、电压等级、对供电可靠性及质量要求。

3.生活及公共用电

居民及公共建筑用电标准,路灯、公共活动中心照明用电量,排水及公共交通用电量。

（五）与供电有关的自然资料

气象资料、雷电日数，应向附近气象部门搜集当地绝对最高最低温度，年最高平均温度，在0.8m深土壤中的年最高平均温度，冻土层的深度，主导风向年最大风速，十年出现的特大风速、雷电日及附近雷害情况；对于山区，注意收集村镇所在地的小区域气候。

（六）地质状况

了解土壤结构、以便确定土壤电阻率；了解规划区域内有否断层，以避免电缆跨越断层，了解地震情况及其烈度，以便考虑电气设备安装是否需要采取防震措施。

（七）输电线路主要规范

导线型号、截面、线路长度、实测电阻、电容、输电线路升压及改进的可能性资料，变压所扩建的可能性资料。

（八）现有供电系统中曾发生的严重事故及其原因

（九）供电系统的远景发展资料。

三、电力负荷估算

村镇建设和发展需要多少能源，必须通过规划中各项建设的需要进行负荷估算，才能研究和确定电力来源及电力线路回数。

（一）影响电力负荷的因素

（1）供电站规划区域机械化，电气化水平越高，负荷越大；

（2）生活区公共设施越完善，居民物资文化水平越高，负荷越大；

（3）气候条件不同负荷也有差别；

（4）最大负荷的出现不完全一致，有的负荷白天有；晚上没有；有的晚上有而白天没有。

（二）村镇电力负荷的特点

1.季节性强

农村电力负荷大部分集中于夏季、秋季，且受气候条件影响，高峰负荷出现时间经常变化。这种电力负荷由于季节性强给电源容量的选择、电网运行和供电方式都带来影响。

2.地区性

各地区气候条件、地理情况和耕作方式有明显区别，即使在同一地区，因自然条件不同，其电力负荷计算也往往不同，如排灌负荷，相同的排灌面积，平原地区与丘陵地区所要求的不一样。

3.负荷分散

密度低村镇居民点分散及用电设备、用电水平较低，因此村镇负荷密度较低，这样加大了送电工程投资。根据这一特点，必须仔细研究采用的供电电压和接线方式，以降低电网造价。

4.功率因素低

村镇电力设备主要为容量小，转速低的感应电机、地点又极分散，加上一般没有装无能补偿设备，因此村镇负荷，功率因数低（0.60～0.70左右），对电网的电压水平和功率损失影响很大。

5.利用时数少

一般村镇综合年最大负荷小时约为1500～2000小时（年最大负荷利用小时）指年用电量和最高负荷的比值）。因此村镇电气利用率低。

（三）电力负荷计算

负荷计算是供电规划的基础资料，它的正确程度对村镇供电规划的合理性有很大影响。如发电厂或变电所的规模、线路回数，电压都与电力负荷因素有关。

电力负荷一般分为工业用电、农业用电、生活及市政用电。

1.工业用电负荷

包括原动力、电热、电解、生产照明等用电量。一般根据工业企业提供的用电数额，并根据产量校核。对尚未设计及提不出用电量的企业，可根据工业生产性质和同类型企业的用电量进行估算；也可采用年产值单位耗电量（度/千元）或职工年耗电量定额（度/人）来估算。

2.农业用电

包括农田耕作、水利灌溉、畜牧业生产等。可按调查的各项电器用具类型、数量、用电量大小、使用时间等来估算，也可以用每耕种一亩或饲养一头牲畜的用电量定额来估算。对排灌电力抽水用电定额和农副产品定额可参照表6-20、表6-21估算。

电力抽水用电定额 表6-20

	扬程(m)	3	5	10	15	20	30
每千瓦保灌面积（亩）	5d 灌一次	100	60	30	20	15	10
	10d 灌一次	200	120	60	40	30	20
	15d 灌一次	30	180	90	60	45	30
每亩每次耗电量（千瓦小时）		0.75	1.2	2.4	3.6	4.8	7.5

农副产品加工用电定额 表6-21

用电项目	单位	单位耗电量（千瓦-小时）	用电项目	单位	单位耗电量（千瓦-小时）
磨小麦面	t	50～70	粉碎其他干茎叶	t	18.4
磨玉米面	t	25～8	榨豆油	t	350
砻稻谷	t	3～3.2	榨花生油	t	270
辗糙米	t	8～9	榨菜子油	t	250
稻谷直接加工白米	t	9～11	榨芝麻油	t	90
磨薯粉	t	3	榨棉子油	t	400
薯类切片	t	0.15	各种油料破碎	t	6～7
风送截断	t	14.7	花生脱壳	t	2.5
青饲切割	t	13.6	棉子脱绒	t	25～30
干饲切割	t	4	精提棉花油	t	7～10
粉碎豆饼	t	7.36	轧花（籽花）	t	20～23
粉碎玉米心	t	10.3	弹花（皮棉）	t	50～70

3.生活及市政用电

包括住宅建筑照明，公共建筑照明、生活用电、给排水用电等这类估算方法，可以按每人指标综合计算。也可参照类似指标或本村镇逐年负荷增长比例制定的指标估算。或根据建筑面积按表6-22估算。

生活用电定额 **表 6-22**

建筑物名称	单位	单位容量值
医院	W/m²	7～9
影剧院	W/m²	8
中小学	W/m²	6
饮食业、商业、照相	W/m²	5
宿舍、敬老院	W/m²	2～4
6m宽以下的马路	W/m	3
12m宽马路	W/m	5
行政办公	W/m²	5

4.村镇发展用电

为了满足村镇人们生活水平的提高和工、副、农业生产发展的需要。电力负荷估算时应留有余地，一般可按估算总容量增加的20～30％。

上述所有用户在相同时间里的负荷相加可绘出负荷曲线图。冬季负荷曲线中的最大值就是发电厂或变电所的最大负荷。然后以道路划分地段以用电量大的工厂为单位，用圆圈大小表示负荷大小，绘出负荷分布图如图6-7所示。

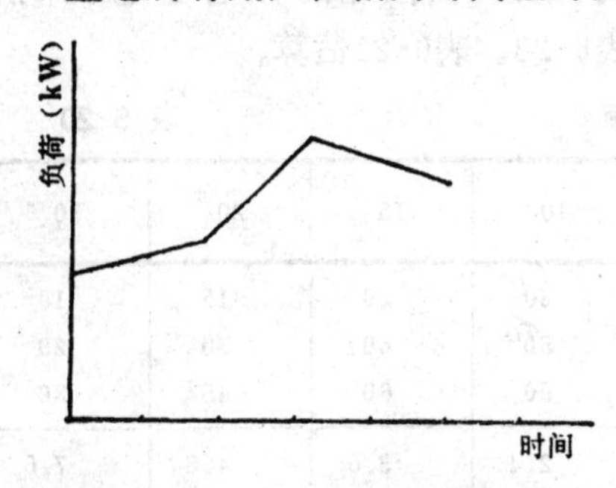

图 6-7 电力负荷曲线图

四、电源的选择及线路布置原则

目前，村镇供电方式主要有：自建小水电站、风力发电、小火力发电及国家电网供电。在供电方式选择时，应在能源调查基础上，通过技术经济比较，选择经济合理的方案。

（一）电源供电特点

1.小型水电站供电

有的村镇附近蕴藏着一定的水力资源，通过上级水利部门允许开发后，可以进行规划，建立小水坎，造成足够的水头和留量发电，水坝越高发电量愈大。

这样的供电负荷，管理简便，生产人员少、成本低，但受季节影响，且枯水期限制负荷。

2.小火力发电厂供电

适宜于附近燃料资源充足，运输方便的村镇，有供电负荷近、能源不受季节影响等优点，但成本高，运输管理复杂。

3.区域电力系统供电

其电源多是由外地经过输送电线路到村镇变电所，由高压降为低压，分配到用户。供电可靠、不受季节影响，投资少，是目前村镇采用较多的供电电源。

（二）变电所位置的选择

变电所位置的确定，与总体规划有密切关系，应在电力系统总体规划时加以解决。

变电所形式有屋外式、屋内式和地下式，移动式等。其位置确定应考虑以下几点：

（1）接近负荷中心，或网络中心；

（2）便于各级电压线路的引入或引出，进出线走廊要与变电所位置同时决定；

（3）变电所用地应不占或少占农田，地质条件较好；

（4）不受积水浸淹，枢纽变电所要在百年一遇洪水水位之上；

（5）工业企业变电所位置不要妨碍工厂的发展；

（6）靠近公路或村镇道路，但应有一定的距离间隔；

（7）区域性变电所不宜设在村镇内。

变电所的用地面积，根据电压等级，主变电器的容量及台数、出线回数、数目多少的不同而确定。一般情况下小的占地有50×40m，大的占地250×200m。

变电所合理的供电半径见表6-23。

变电所合理的供电半径　　表6-23

变电所合理等级 (kV)	变电所二次测电压 (kV)	合理供电半径
35	6、10	5~10
110	35、6、10	15~20

（三）供电电压的确定

送配电线路的电压，按国家规定分为高压、中压、低压三种网络。应根据负荷大小及负荷密度来确定。低压网络直接供电用户，一般采用380/220伏系统；中压的标准的标准电压有3、6、10千伏三种，应根据现状使用情况作技术经济比较后确定；高压标准电压有35、110、220千伏等，高压网一般不进入村镇内部。

配电电压级别应根据当地供电电压级别，电网内线路量的大小和送电距离远近等因素确定。一般各级电压输送能力见表6-24

各级电压输送能力　　表6-24

额定电压 (kV)	输送容量 (万千瓦)	输送距离 (公里)
0.38	0.01以上	0.6以上
3	0.01~0.1	1~3
6	0.01~0.12	4~5
10	0.02~0.2	6~20
66	0.5~2.0	20~100
110	1.0~5.0	50~150
220	10~50	100~300

（四）供电线路布置原则

（1）按村镇规划的用电点，选择路线长度较短的方案。要求自变电所始端到用户末端的累积电压损失，不应超过10%。

（2）村镇内送配电线的方向一般依据公路和村镇内的干道，布置在道路一侧。注意镇容和安全要求，尽可能避免转角、特殊跨越及不安全的斜拉线，应保证施工方便。

（3）线路尽量不应跨越易燃材料的建筑物或顶盖；避开不良地质，长期积水处和经常爆破作业的地段；最好能离开人流集中的公共建设物；在山区应尽量沿起伏平缓的地形或较低的地段通过。

（4）线路尽量避免跨越房屋建筑

（五）变压架空线路布置

高压线导线一般为裸导线，当高压线接近村镇或跨越公路、铁路时，应根据电力部门的规定，采取必要的安全预防措施。不用电压的架空线路与建筑物，地面以及其它工程线路，河流之间的最小水平和垂直距离见表。

电力线路各种标准距离　单位：m　　表 6-25

类别 \ 电力线 \ 距离标准		与地面最小距离			与山坡、峭壁最小距离		与建筑物		与甲类	与环道树		与铁路	
		交通困难地区	居民区	非居民区	步行可达到的山坡	步行不能达到的山坡	最小垂直距离	最小水平距离	易燃厂房仓库距离	最小垂直距离	最小水平距离	至轨顶最小垂直距离	杆柱距路基边缘最小水平距离
配电线路	1千伏以上	4	6	5	3	1	2.5	1	—	1	1	7.5 （窄轨6.5）	交叉5.0 平行杆架高3m
	1～10千伏	4.5	6.5	5.5	4.5	1.5	3	1.5	—	1.5	2		
送电线路	35～110千伏	5	7	6	5	3	4至5	3至4	不小于杆高1.5倍且大于30	3	3.5		
	154～220千伏	5.5	7.5	6.5	5.5	4	6	5		3.5	4		
	330千伏	6.5	8.5	7.5	6.5	5	7	6		4.5	5		
附加要求													

类别 \ 电力线 \ 距离标准		与河道		与道路		与弱电线路					电力线路之间		
		至50年一遇洪水位最小水平距离	边导线致斜坡上缘最小水平距离	至路面最小垂直距离	杆柱距路基边缘最小水平距离	一级弱电线路	二级弱电线路	三级弱电线路	至被跨越线最小距离	与边导线间最小水平距离	1千伏以下	1至10千伏	平行时最小水平距离
配电线路	1千伏以上	6	最高杆高	6	0.5	大于45°	大于30°	不限	1	1	1	2	水平时最小距离2.5
	1～10千伏	6		6					2	2	2	2	
送电线路	35～110千伏	6	最高杆高	7	与公路交叉8，平行最高杆高	大于45°	大于30°	不限	3	最高杆高路线受限制按括号内数（4）（5）（6）	3	3	最高杆高路线受限制按括号内数（5）（7）（8）
	154～220千伏	7		8					4		4	4	
	330千伏	8		9					5		5	5	
附加要求						送电路架在上方					电压高架在上方		

高压线路在宽敞和没有建筑物的地面上，考虑倒杆的危险，以大于杆高的两倍为准，在已有建筑物地段通过时，则只能从安全距离出发，可不考虑倒杆的需要。高压线走向一般原则为：

（1）线路短捷，投资省

（2）保证安全，符号规定

（3）线路经过有建筑物的地段时，尽可能少拆房屋。

（4）尽量避免穿过村镇建设用地。

（5）尽量减少与铁路，公路，河流以及其他工程管线交叉。

（6）高压走廊不应设在洪水淹没区，河水冲刷。空气污浊地段。

第四节　村镇邮电通信工程规划

一、邮电通信的特点和分类

村镇邮电通信包括邮政通信和电讯通信。电讯通信主要是电话和电报通信。

（一）村镇邮电通信建设的意义

邮电通信是村镇公用设施不可缺少的组成部分，邮电通信直接或间接地与各部门的经营管理、生产调度、工作效率和经济效益相联系。它直接为村镇的生产建设和人民生活服务，与村镇的建设发展关系极为密切。在改革开放的今天，它已成为村镇经济、社会发展的重要基础设施工程之一。邮电通信质量的好坏直接影响各行各业和千家万户，必须重视和加强邮电通信建设。在村镇的规划中，应合理安排好邮电通信的建设，以免影响发展或造成浪费。在拟定村镇规划建设方案时，应该会同当地邮电部门或其主管部门，编制好邮电通信专业规划，统一纳入村镇的总体规划中。村镇在规划发展新的工业用地域，生活用地域时，也要考虑相应的邮电通信的发展规划。新辟道路时有关部门要紧密配合，尽可能同时敷设相应的电信管道，新建公建要根据需要预设好电信管线和邮政信箱，以使村镇的邮电通讯建设搞得更加合理和完善。

（二）邮电通信的特点

电讯通信包括电话、电报、传真等，其中电话占通信业务的90%以上，它们的共同特点是：

（1）生产过程即为用户的使用（消费）过程。

（2）全程全网，联合作业。

（3）昼夜不停，分秒必争。

（4）保密性强。

（5）必须绝对保证质量。一旦发生差错或因机械设备发生障碍，不仅会使通信失效，而且会给用户直接造成一定损失。

（三）邮电通信的分类

在我国，村镇邮政和电讯在体制上是合一的。邮政业务主要是信函、包裹、汇兑、报刊发行等，处理手续上可分为收寄、分拣、封发、运输、投递等环节。

电讯按传递方式分类：

（1）按业务不同分为电话（县、市内电话、长途电话、农村电话、社会电话），电报（用户电报，公众电报），传真（像传真，真迹传真，报纸传真），电视传送，数据传输等。

（2）按通信方式不同可分为有线、无线两类。

（3）按接谈方式和设备制式的不同分为人工电话交换机，自动电话交换机。

二、邮电通信网路和技术要求

（一）网路组织

电讯通信网路包括：镇（村）域内通信网，长途通信网。村镇通信网直接联系用户，它们是长途通信网的始端和末端。

大中城市一般采用多局制，即是把市话的局内机械设备，局间中继线及用户线路网连接在一起构成的。一个城市有两个或两个以上的市话局，它又分为直达式（个个相连）和汇接式。一般小城镇，如县城较大的集镇是单局制。

（二）长途通信网的结构形式

长途通信网的结构形式有三种：直达式、辐射式、汇接辐射式。

1.直达式

任何两个长话局之间都设有直达电路，通话时不需要其它局转接，接续最迅速，调度灵活。缺点：需电路数多，投资大，不经济。

2.辐射式

以一个长话局为中心，进行转接，其它各局设有直达电路。这就明显减少了电路数目和线路长度。提高了线路利用率。缺点：中心局负荷重，接续迟缓，易中断通信。

3.汇接辐射式

是综合上述两种方式组成。

4.四级汇接辐射式

根据我国幅员广大和国民经济发展水平这两个具体条件，我国使用四级汇接辐射式长途通信网。所谓四级系指：省间中心、省中心、县间中心、县中心。

从我国情况来看，一般是以行政区划（政治、经济中心）来组织通信网路的，所以省中心即各省省会所在地；县间中心即各专署所在地，县中心即县城。

以北京为全国长途通信网的中心，逐级向下辐射。它能适应我国的政治经济的组织结构，电路比较集中，利用率高，投资少；网路调度有一定灵活性，可以迂回转接。

省中心以上的线路为一级线路，这是长途通信的干线网；省中心以下县中心以上的线路为二级线路，它构成省内长途通信网；县中心以下至区设线路为三级线路(镇乡线路)，它构成县内通信网即农村电话网。

（三）技术要求

县（包括县级市）话通信网包括局房，机械设备，线路，用户设备等部分，其中线路投资往往占整个通信网投资50%以上，它是用户与电话局联系的纽带，用户只有通过线路（电线）才能达到通信的目的。

电信线路包括明线和电缆两种。明线线路就是我们常见的架设在电杆上的金属线对；电缆可以架空，也可以走地下，随着建设事业的发展，在已确定的主干道路上，容量较大的电缆线路转入地下。这时可根据实际情况选用铠装电缆直埋地下，也可选用铅包电缆（或光缆）通过预制管孔，即所谓管道电缆。

不管是架空线路还是地下电缆，根据邮电通信必须质量高，时刻都不能中断的特点，它所共同的技术要求是：

（1）在地形位置上，应尽量避开易使线路损伤、毁坏的地方。特别是地下电缆管道应避免经常有积水，路基不坚实，有塌陷可能的地段，有流砂，翻浆，有杂散电流（电蚀）或有化学腐蚀的地方应避开。地下管道一般是永久性建筑，不能迁改，因此，不应敷设在预留用地或规划未定的场所，或者穿过建筑物。

（2）在建筑上要尽量短、直、坡小，安全稳定，便于施工及维修。减少与其它管线等障碍物的交叉跨越，以保证通信质量。为此，在村镇街道规划时，一般要求在一侧的人行道上（下）应留有电信管线的位置。

（四）各种线路及其特殊要求

1.架空明线

（1）弱电（通信线）与强电（电力线）原则上应分杆架设，各走街道一侧。特别是通信线路严禁与二线一地式电力线同杆架设，因为二线一地式电力线对同杆架设的通信线感应电压可高达数百伏，造成电报，电话通不了烧毁通信设备，危及人身安全。

（2）通信架空线路与其它电力线路交越时，其间隔距离应符合有关技术要求。

（3）架空杆线与自来水龙头水平空距为1m，与火车轨道的最小空距为杆高的$1\frac{1}{3}$倍；与房屋建筑的水平空距为3.5m，与人行道边的水平空距为0.5m。

2.电缆管道

电缆管道是预埋在地下作穿放通信电缆之用。一般在街道定型，主干电缆多的情况下普遍采用，维修方便，不易受外界损伤。我国一般仍使用水泥管块，特殊地点如过公路、铁路、过水沟、引上等使用钢管或塑料管。

电缆管道每隔100m左右设一个检查井——人孔。人孔位置应选择在管道分歧点，引上电缆汇接点和屋内用户引入点等处，在街道拐弯地形起伏大，穿过道路、铁路、桥梁时均需设置人孔。各种人孔的内部尺寸大致宽为0.8m～1.8m，长1.8m～2.5m，深1.1m～1.8m，占地面积大，应与其它地下管线的检查井相互错开。其它地下管线不得在人孔内穿过。人孔是维护检修电缆的地方，通常应避开重要建筑物，以及交通繁忙的路口。

电缆管道的技术要求较高：

（1）所有管孔必须在一直线上，不能上下左右错口，只有这样才能穿放电缆。因此电缆管道的埋设深度及施工方法都有严格要求。

（2）电缆管道与地下其它管线和建筑物的间距应符合有关技术要求。所以村镇规划不仅要考虑地上的建筑，还要对地下的建筑，进行管线综合考虑，使其最合理、最节省。

（3）直埋电缆。选用特殊护套的电缆直接埋入地下作为通信用电缆，叫直埋式电缆。一般用户较固定，电缆条数不多情况下，而且架空困难，又不宜敷设管道的地段可以采用这种方式。

（4）长途线路。长途线路是实现远距离通信手段之一，要求通信质量高。因此，在长途杆路上不允许附挂电力线、有线广播和其它电话线（市话、农话等）。

（5）邮政电路。邮政业务涉及每家每户，所以邮政网路密布全国城乡。从城市到农村途设有千万个邮政局所。只要有人居住的地方，就要有邮路通达。为了改善服务，方便群众用邮，邮电部对城镇邮电局所设置标准为：大城市的市区不超过500m；中小城市的市区和大城市的近郊区局所服务半径不超过1km；并根据服务区内人口的密度和邮电业务量大小确定局所等级规模，局所的业务功能。

邮电通信的方针是迅速、准确、安全、方便。为此，邮电局所设置，邮路分布必须经济合理，讲究效率。

三、邮电通信设施和村镇规划

（一）地面设施

1.电话局（所）址的选定

一般都设在镇上，尤其是县乡政府所在地的镇，小镇多为单所制，营业区域一般不应大于5km（即服务半径）。根据村镇规划，计算出用户密度中心和线路网中心，从而较理想地确定电话局（所）址。电话普及率（百人拥有电话部数）可根据发展水平选定规划标准：一类地区为6～10%；二类地区为3～5%；三类地区为1～2%。

2.邮政处理中心

一般集镇应有一处，较大规模的，如县城关镇最少要有两处。一处在县城中心适当位置，一处在对外交通设施附近，如果是火车站应在火车站台占有一定位置，以便于邮件接发。

3.长途通信中心

包括长途报、话处理中心及微波传播中心，地址要适中。

4.邮政所

应按村镇邮电局所设置标准考虑，以提高服务质量，方便群众用邮。因为每个支局、所所需面积有限，有时不能单独建设，宜在村镇规划公共建筑时与商业网点一样拨给邮电局，所建筑面积由邮电部门投资。

5.无线电短波收发讯区的划定

无线电短波通信由于机动、灵活、适于备战，目前仍是重要的通信手段，每个有条件设置的镇应分别划定收讯区及发讯区，在收发讯区范围内、不能有高层建筑，不要通过电力线及主要道路。特别收讯区要求严格。否则，将严重影响通信效率和天线的维修工作。

6.卫星地面站的位置

随着卫星通信的发展，有条件的镇应予留卫星地面站的位置，其要求与收发讯区大体相同。

7.电信杆线

它是通信的神经，延伸到每一街道，各种建筑物，形成通信网络。新规划的村镇街道，有条件的应把通信线路改走地下，下户线也能改用电缆埋进建筑物内，既安全又减少维修工作。

（二）地下设施

包括管道直埋和槽道二种形式。在有条件把通信线路改走地下的村镇居民点，应注意与其它地下设施的关系，它的断面位置要求使整个通信线路网分布合理，施工维护方便，经济节省，保证管线安全，为此应做好管线综合设计。

四、无线电通信的技术要求

（一）无线电通信

无线电通信是利用无线电波在空间的传播达到传送声音、文字、图象或其它信号的各种通信的总称。利用无线电通信可以开设电报、电话、传真、广播、摇控、电视及数据传输等各种业务。

（二）微波通信

微波通信是本世纪五十年代发展起来的一种大通路，高效能的新型通信手段。由于它能提供长距离，高质量的宽频带，大容量的信道，并具有投资少，见效快，节约有色金属，抗自然灾害能力强等优点，因此，受到各方面的重视，得到迅速发展。

（三）无线电通信的技术要求

（1）收信区边缘距居民集中区边缘不得小于2km；发信区与收信区之间的缓冲区不得小于4km。

（2）设在居民集中区内的无线电发信设备，输出功率不得超过0.1kW，设在缓冲区内的无线电发信设备，输出功率不得超过0.2kW。

（3）短波发信台技术区边缘距离收信台技术区边缘的最小距离（不定向天线）为：

发射电力	最小距离
0.2～5kW	4km
10kW	8km
25kW	14km
120kW	20km
>120kW	>20km

（4）收信台技术区边缘距干扰来源的最小距离见表6-26。

收信台与干扰源的最小距离　　表6-26

干扰来源名称	最小距离(km)
汽车行驶繁忙的公路	1.0
电气化铁路和电车道	2.0
工业企业、大汽车场、汽车修理厂、拖拉机站、有X光设备的医院	3.0
接收方向的架空通信线	1.0
其它方向的架空通信线	0.2
35kV以下的输电线	1.0
35～110kV的输电线	1.0～2.0
>110kV的输电线	<2.0
有高频电炉设备的工厂	<5.0

在个别情况下应进行计算、测试、根据计算测试结果确定距离。如装有高频设备大型企业与收信台之间的距离就应进行计算。

（5）凡可能对收讯产生干扰的有关单位、如广播电台、发报台、高等理工院校、工厂、研究机构等（特别是规模较大的单位），在建设时，均应事先取得联系，根据应有的距离，具体确定位置。

（6）确定电台场地时，应规定该台的保护区，保护区中不得再建妨碍电台工作的建筑物和企业，保护区的面积按有关规定及申请单位的要求来确定。

（7）收信中心场地的技术要求：

1）为了不妨碍收信中心的电波接收并防止严重干扰，要求：

在天线设备边界以外1km范围内，不得兴建大片建筑（已有村落中少量民房扩建不在此限）：

天线设备与下列建筑物的距离不得小于下列数值：

公路干线	1km
电气化铁路与电车路线	2km
工业企业	3km
大汽车场、汽车修理厂	3km
拖拉机站	3km
有X光和电疗设备的医院	3km
高频、高压的试验设备	10km
架空通信线	1km
3.5～110kV以下的输电线	1km
110kV以上的输电线	2km

2）为了考虑国防上的安全，在收信中心附近5～10km范围内不宜建立工业区。

（8）发射中心场地的技术要求：

1）为了不妨碍发射中心的电波发射，要求：

在天线设备边界以外0.5km范围内不得兴建大片建筑（已有村落中少量民房扩建不在此限）。

架空通信线及供电线路距离天线设备不得小于1km。

2）为了防止对发射中心天线设备的影响，要求在距离发射中心3km范围内不得兴建拥有较大量烟灰，侵蚀性气体和污水的工厂。

3）为了考虑国防上的安全，在发射中心附近5～10km范围内不宜建立工业区。

（9）特种试验发射台场地的技术要求：

1）在距离场地0.2km的地区内不得建筑高于四层的楼房或与其同等高度的建筑物。

2）在距离场地0.5km的地区内尽可能不建筑高于七层楼房或与其同等高度的建筑物。

（10）测向台对周围环境的技术要求：

1）测向台半径300m以内为绝对禁区，不得有任何建筑物，但可以允许在200m以外，有不超过1m深、2m宽，1m高的小水渠。

2）300～500m以内允许建筑5m宽以下的水渠和非电气水库。

3）500～1000m可以允许建筑交通量不大的公路，5m宽以上的水渠不超过10m高的房屋；380V以下的输电线和电话线（线路选定应经过协商确定）。

4）1000～2000m可以允许建设仰角不超过2°的建筑（如果是建筑群其距离应尽量远离）和不超过10kV的高压线。

5）2km以上可以允许架设50kV以下的高压线；集中收讯站；小型工厂；非电气铁路。

6）工厂区应保持5km以上，距离3km以上，可以允许架设输出功率不大于500W发报机（非发射集中台）、电疗设备。

7）输出1km以上的发射集中台的建设按收信台标准执行。

8）测向台半径5km内为禁区控制范围，在此距离内的任何不符合乎上述要求的建筑，均应协商取得协议。

（11）微波中继通信使用的频率多为2～20GC。由于它的传输频带宽（kM）、发射功率小（0.2～10W左右）、天线的增量高（30～40db）、信号传输在视距之内，因而两中继站之间，电波传播途中不允许有高大建筑物，雷达站、调频广播电台和其它干扰源。

此外，微波站在土建时，结构上要有屏蔽性能，以防止电视信号进入微波机。

建筑于两微波站通信方位上的房屋或其它建筑物，要求距微波站10km以内，应低于天线高度的20～30m，以防止建筑物对微波信号的阻挡，特别是微波进城镇，在微波传播方向上，不应有高大建筑阻挡微波信号的传输。

第五节　村镇供热工程规划

一、村镇供热工程的任务和内容

村镇集中供热（又称区域供热）是在村镇的某一个或几个区域乃至整个村镇，利用集中热源向工厂，民用建筑供应热能的一种供热方式。

村镇集中供热工程规划是村镇规划的一个组成部分，是编制村镇集中供热工程计划任务指导集中供热工程分期建设的重要依据。

村镇集中供热工程规划的制定必须遵循党和国家的有关方针政策，对村镇在一定年限内如何发展集中供热作出科学的合理的全面安排。为了使镇集中供热系统的发展和镇建设的总体布局和发展期协调，供热规划必须在镇的规划原则指导下进行。

（一）发展集中供热的意义

村镇集中供热有如下一些优点：

1.节约燃料

中小型工业锅炉的热效率一般较低，分别只有50%和60%左右。实行集中供热以后，由于锅炉容量增大，燃料燃烧比较充分，有条件设置省煤器和空气预热器，减少热量的损失，可使锅炉的效率提高约20%。在有条件的城镇，如果实行热电厂集中供热，燃料的利用率还可提高。

2.减轻大气污染

我国城镇大气主要污染源是煤炭直接燃烧所产生的二氧化硫气体和烟尘。由于实行集中供热少烧了煤，相应地减少了污染物总的排放量。同时把分布广泛的污染物“面源”改为比较集中的“点源”，污染状况就可以减轻。另外因采用了容量较大的锅炉，就有条件采用高空排放和效率较高的除尘设备，所以大气污染状况将在很大程度上得到改善；

3.减少村镇运输量

实行集中供热以后，可以大量减少村镇煤炭和灰渣的运输量。

据计算，每1,000,000kcal/h约可减少2500t·km，同时因减少运输过程中的散落物，也有利于改善村镇环境卫生；

4.节省村镇用地

因一个集中热源可代替数个分散小锅炉，相对就会节省许多用地；

5.供热范围广

热负荷种类多，各种用户用热高峰出现的时间不同，可以互相平衡，减少设备总容量，节约建设投资；

6.综合效益好

因集中供热采用的是大型设备，易实现机械化和自动化，改善劳动条件，降低日常运行费用，提高管理的科学化和供热质量，调动企业和用户的积极性，能收到综合的经济效益和社会效益。

（二）村镇集中供热工程规划的主要内容

1.规划原则

（1）村镇集中供热规划要根据国民经济发展计划和村镇发展的需要，在村镇总体规划的指导下进行；

（2）应贯彻远近期结合，以近期为主的方针，要考虑到远期发展的可能；

（3）要努力做到使集中供热系统技术先进，运用可靠经济合理，能达到综合利用和保护环境的要求；

（4）村镇集中供热工程规划的年限要根据国民经济发展计划确定，一般为近期5年，远期10年。

2.村镇集中供热规划工作内容

（1）对村镇各种热负荷的现状和发展情况进行调查，确定热指标，计算各规划期的负荷，对各种热负荷的情况进行分析、绘制总热负荷曲线；

（2）根据当地近20年的气象资料，绘制热负荷延时曲线，计算采暖热负荷年利用小时数；

（3）根据热负荷的分布情况，绘制不同规划期的热区图；

（4）通过不同方案的技术经济比较，合理地选择集中供热的热源，集中供热的规模和热网参数等，当村镇由几个热源联合供热时，还要确定各个热源正常的运行方式，合理的供热范围和它们在运行中互相配合的方式；

（5）确定村镇供热管网的布局和主要供热干管的走向，以及与用户连接方式，管网敷设方式等，根据热负荷和供热介质的参数，计算并确定供热管道的管径；

（6）对各种热源和热网方案进行经济、环境、社会综合效益的论证，确定最后方案；

（7）估算规划期内发展村镇集中供热所需投资，设备和原材料的数量；

（8）提出村镇集中供热工程规划的实施步骤和措施；

（9）提出采用新技术、新工艺的研究项目和新设备，新材料的试制任务。

（三）村镇集中供热工程规划所需基础资料

为编制村镇集中供热工程规划，一般需要搜集下列基础资料：

1.村镇规划资料：

（1）村镇规划总图及说明书；

（2）村镇工副业规模类别及分布；

（3）村镇各类建筑的面积、层数、质量及分布；

（4）村镇道路系统、红线宽度、地下管线和设施分布情况；

2.城镇（或地区）的电力系统资料

（1）村镇电力系统现状及与大电网的关系；

（2）村镇各种电力负荷现状与发展趋势；

（3）村镇电力系统的远景发展设想；

3.自然资料

（1）城镇气象资料，一般需要连续二十年的统计资料；

（2）工程地质与水文地质方面的资料。

4.其他有关资料

（1）集中供热工程所需设备和原材料的情况；

（2）环境保护的要求和集中供热工程进行“三废”处理的可能性。

二、村镇集中供热的热源

（一）村镇集中供热系统的组成

村镇集中供热系统由热源、热力网和热用户三大部分组成。

根据热源的不同，一般可分为热电厂和锅炉房两种集中供热系统，也可以是由各种热源（如热电厂、锅炉房、工业余热和地热等）共同组成的混合系统，在有条件的情况下，应尽可能利用生产余热和地热。

（二）村镇集中供热的热源类型

1.热电厂集中供热类型

热电厂集中供热按照供热机组的型式不同可分为四种类型：

（1）装有背压式汽轮机的供热系统，主要用于工业企业的自备热电站；

（2）装有低压或高压单抽汽汽轮机的供热系统，前者常用于村镇民用供热，后者则通常是供工业企业用汽；

（3）装有高、低压双抽汽汽轮机的供热系统可同时满足工业用汽和民用供热的需要；

（4）把凝汽机组改造后用于供热的系统，采用这种系统是对老电厂实行节能改造的一项重要措施。

2.锅炉房集中供热系统类型

根据安装的锅炉型式不同，可分为两种类型：

（1）蒸汽锅炉房的集中供热系统，多用于工业生产的供热；

（2）热水锅炉房的集中供热系统、常用于村镇民用供热。

锅炉房集中供热根据供热规模的大小，习惯上还分为区域锅炉房和小区锅炉房供热。但这种区分无严格的界限。

3.其它热源类型

除上述两种常见的村镇集中供热类型以外还有工业余热、地热和原子能电厂集中供热等类型。

（三）热电厂的厂址选择和锅炉房用地

1.热电厂选址选择一般要考虑以下几个问题：

（1）应符合村镇总体规划的要求，并应征得规划部门和电力环境保护、水利、消防等有关部门的同意；

（2）应尽量靠近热负荷中心，提高集中供热的经济性；

（3）应有连接铁路专用线的方便条件，以保燃料供应；

（4）要有良好的供水条件；

（5）要妥善解决排灰问题，最好能将灰渣进行综合利用；

（6）要有方便的出线条件，要留出足够的出线走廊宽度；

（7）应有一定的防护距离，降低对城镇的污染程度；

（8）少占或不占农田、节约用地；

（9）避开不良地质的地段；

2.锅炉房的用地

锅炉房的用地大小与采用的锅炉类型，锅炉房容量，燃料种类和储存量等有关。常用的热水锅炉房用地规模，见表6-27。

不同规模热水锅炉房的用地面积　　表 6-27

锅炉房总容量 $(1\times10^6$ kca/h$)$	用地面积 (ha)
5～10	0.3～0.5
>10～30	0.6～1.0
>30～50	1.1～1.5
>50～100	1.6～2.5
>100～200	2.6～3.5
>200～300	4～5

三、村镇集中供热的管网

热源至用户间的室外供热管道及其附件总称为供热管网，也称热力网。必要时供热管网中还要设置加压泵站。

供热管网的作用是保证可靠地供给各类用户具有正常压力、温度和足够数量的供热介质（蒸气或热水）、满足其用热需要。

（一）供热管网的布置

根据输送介质的不同、供热管网有蒸气管网和热水管网两种。

按平面布置类型划分，供热管网有枝状管网和环状管网两类，见图6-8。

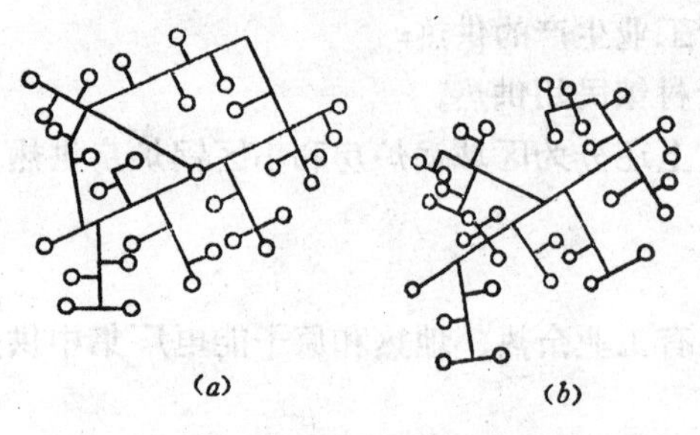

图 6-8　供热管网平面布置示意图
(a)枝状；(b)环状

枝状管网比较简单，造价低运行管理也较方便，是热网建设中常用的布置方式。缺点是没有供热的后备性能，当管网的某处一旦发生事故，某些用户的供热就会中断。

环状管网的主干线管是按环状布置，是相互联通的，这就使供热管网增强了供热的后备能力。但是造价要较枝状管网高，在热网建设中很少采用。

在村镇建成区布置供热管网时，必须符合地下管网综合规划的要求。同时还应考虑下列问题：

（1）主干管应靠近大型用户和热负荷集中的地区，避免穿越无热负荷的地段；

（2）供热管道要尽量避开主要交通干道和繁华街道；

（3）供热管道穿越河流或大型渠道时，可随桥架设或单独设置管桥，也可采用倒虹吸管由河浪（渠底）通过。采用的具体方式应与村镇规划等有关部门协商后确定；

（4）和其它管线并敷设或交叉时，热网和其它管线之间应有必要的距离，见表6-28。

热力管道与其它地下管线和地上物的最小水平净距（m） 表 6-28

名　称	电力电缆	电讯电缆	煤　气	自来水	自来水（φ600以上）	雨　水	污水	乔木	灌木	铁路	建筑线
距　离	20	1.5	2.0	1.5	2.0	2.0	2.0	2.0	1.0	4.0	1～3

（二）供热管网的敷设方式

供热管网的敷设方式有架空和地下敷设两类。

1.架空敷设

架空敷设是将供热管道敷设在地面上的独立支架或带纵梁的行架以及建筑物的墙壁上。按照支架的高度不同，又分为低支架、中支架和高支架三种形式。

低支架距地面净高不小于0.3m。

中支架距地面净高为2.5～4m，一般设在人行频繁需要通过车辆的地方。

高支架距地面净高为4.5～6m，主要在跨越公路或铁路时采用。

架空敷设不受地下水位的影响，检修方便，施工土方小，是一种较经济的敷设方式。其缺点是占地多，管道热损失大，影响市容。

2.地下敷设

地下敷设分为有沟敷设和无沟敷设两类，有沟敷设又分为通行地沟，半通行地沟和不通行地沟三种。

地沟的主要作用是保护管道不受外力和水的侵袭，保护管道的保温结构，并使管道能自由地热胀冷缩。

（1）通行地沟。因为要保证运行人员能经常对管道进行维护，地沟净高不应低于1.8m，通道宽度不应小于0.7m，沟内应有照明设施和自然通风或机械通风装置，以保证沟内温度不超过40°C，因造价较高，一般只在重要干线与公路，铁路交叉和不允许开挖路面检修的地段，或管道数目较多时，才局部采用这种敷设方式，见图6-9。

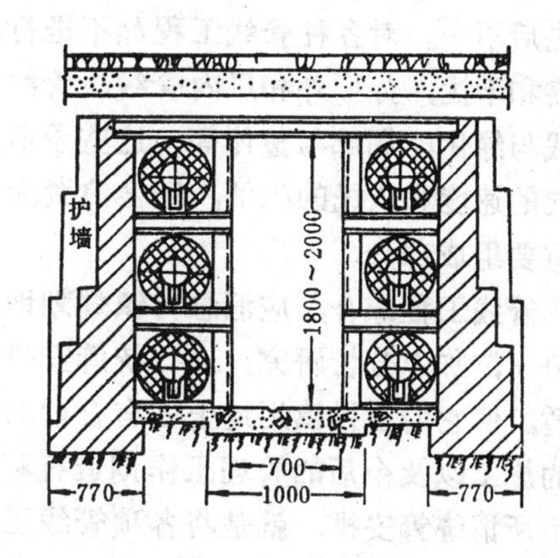

图 6-9 通行地沟

（2）半通行地沟。考虑运行工人能弯腰走路，进行正常的维修工作，一般半通行地沟的净高为1.4m。通道宽度为0.5～0.7m。因工作条件差很少采用，见图6-10。

（3）不通行地沟。这是有沟敷设中广泛采用的一种敷设方式。地沟断面尺寸只满足施工的需要就可以了，见图6-11

（4）无沟敷设。无沟敷设是将供热管道直接埋设在地下。由于保温结构与土壤直接接触，它同时起到保温和承重两个作用，是最经济的一种敷设方式，一般在地下水位较低，土质不会下沉，土壤腐蚀性小，渗透性质较好的地区采用。

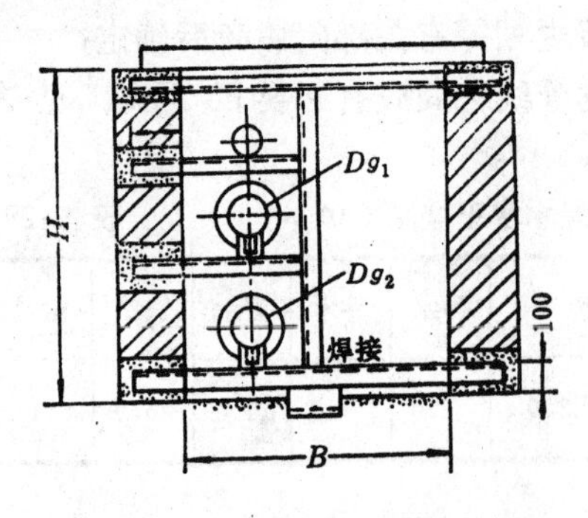

图 6-10　半通行地沟断面示意图

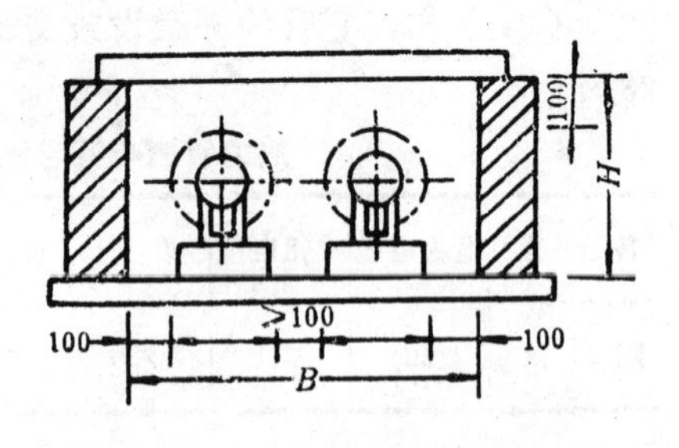

图 6-11　不通行地沟横断面示意图

（5）地下小室。当供热管道地下敷设时，为了便于管道及其附属设备的经常维护和定期检修，在设有这些附件的地方应设置专门的地下小室。其高度一般不小于1.8m，底部设蓄水坑，入口处的人孔一般应设置两个。在考虑管线位置时，要尽量避免把小室布置在交通要道或车辆行人较多的地方。

第六节　村镇管线工程综合

一、管线工程综合的意义

为满足村镇工业生产及村镇人民生活需要，所敷设的各种管道和线路工程，简称管线工程。

管线工程的种类很多，各种管线的性能和用途各不相同，承担设计的单位和施工时间也先后不一。对各种管线工程如不进行综合安排，势必产生各种管线在平面、空间的互相冲突和干扰，如厂外和厂内管线；管线和居住建筑；规划管线和现状管线；管线与道路；管线与绿化；局部与整体等。这些矛盾如不在规划设计阶段加以解决，就会影响到工副业发展的速度和人民的生活，还会浪费大量资金。因此，管线工程综合是村镇建设规划的一个重要组成部分。

管线工程综合，应汇总村镇规划地域范围内各项管线工程的规划设计资料（包括现状资料），加以分析研究，进行统筹安排。发现并解决它们之间与村镇其它各项工程之间的矛盾，使它们在村镇用地上占有合理的位置，以指导单项工程下阶段的设计，并为管线工程的施工以及今后的管理工作创造有利条件。

所谓统筹安排，就是将各项管线工程按其统一的坐标及标高汇总在总体规划平面图上，进行综合分析。如单项工程原来布置的走向不合理或与其它管线发生冲突，就可建议该项管线改变走向与标高，或作局部调整。如单项工程不存在上述问题，则根据原有的布置，肯定它们的位置。

二、管线工程分类

（一）根据性能和用途的不同，村镇的管线工程，大体可分以下几类：

（1）铁路：包括铁路线路、专用线、铁路站场及桥涵、地下铁路及站场等。

（2）道路。包括村镇道路、公路、桥梁、涵洞等。

（3）供水管道。包括工付业供水、生活供水设施及管道等。

（4）排水沟管道。包括工付业污水（废水）、生活污水、雨水等，管道和沟渠。

（5）电力线路。包括高压输电、生产、生活用电等线路。

（6）电信线路。包括村镇内电话、长途电话、电报、广播等线路。

（7）热力管道。包括蒸汽、热水等管道。

（8）可燃或助燃气体管道。包括煤气、乙炔、氧气等管道。

（9）液体燃料管道。包括石油、酒精等管道。

（10）其它管道。主要是工付生产管道如氧气管道，以及化工管道等。

（二）根据敷设形式不同，管线工程可以分为地下埋设和空中架设两大类（铁路、道路和明沟除外）。

各种管道，如供水、排水、煤气、热力等大部分埋在地下。

电力、电信目前多架设在地面。

热力、煤气等管道即可埋在地下，又可敷设在地面。敷设形式主要取决于工业部门的要求。

地下埋设管线根据覆土深度不同又可分为深埋和浅埋两大类。

划分深埋和浅埋的主要依据是根据有水的管道和含有水分的管道在寒冷的情况下是否怕冰冻和土壤冰冻的深度进行划分。

深埋的覆土厚度一般大于1.5m，北方土壤冰冻线较深，一般供水、排水、煤气等管道属于深埋；热力、电信、电力电缆等不受冰冻的影响，埋设较浅，属浅埋。

我国南方土壤不冰冻，供水管道、排水管道一般不深埋。其他地下管线最小覆土深度见表6-29所示。

地下管线最小复土深度表　　表 6-29

顺序	管线名称		最小复土深度（m）	附注
1	电力电缆	10kV以下 20～35kV	0.7 1.0	
2	电信	铠装电缆 管道	0.8 混凝土管0.8 石棉水泥管0.7	电信管道加在人行道下时可较左列数字减小0.3m
3	供水管		1.不连续供水的供水管，应埋设在冰冻线以下 2.连续供水的管道，如经热工计算在保证不致冻的情况下，可埋设较浅	
4	雨水管		应埋在冰冻线以下，但不小于0.7	1.严寒地区，有防止土壤冻胀对管道破坏的措施时，可埋设在冰冻线以上，并应以外部荷载验算 2.在土壤冰冻线很浅地区，如管子不受外部荷载损坏时，可小于0.7m
5	污水管	管径≤300mm 经径≥400mm	冰冻线以上0.30 冰冻线以上0.50　}但不小于0.70	当有保温措施时，或在冰冻线很浅的地区，或者排温水管道，如保证管子不受外部荷载损坏时，可小于0.7m

（三）根据输送方式不同，管道又可分为压力管道和重力自流管道。

供水、煤气、热力等通常采用压力管等。

排水管道一般采用重力自流管道。

管线工程的分类方法很多，主要是根据管线不同用途和性能而加以划分。

三、管线工程综合布置的一般原则

村镇道路、各种管线的平面位置和竖向位置，一般都应采用统一的坐标系统和标高系统，这样可以避免发生混乱和互不衔接。如果村镇没有坐标系统，则道路、各种管线的平面位置，以固定建筑物的相对距离来进行布置管线，一般应与道路不平行，位置以路中心线距离确定；竖向位置仍需采用统一标高系统。

（一）充分利用现状管线

当原有管线不适应生产发展的要求和不能满足居民生活需要或与建设发生冲突时，才考虑废弃和拆迁。

（二）临时管线

对于基建施工期间用的临时管线，也必须予以妥善安排，尽可能与永久性管线结合起来，成为永久性管线的一部分。

（三）管线位置

安排管线位置时，应考虑今后的发展，对有可能发展的管线应留有余地。

（四）运行

在不妨碍今后的运行，检修和合理占有土地的情况下，尽可能缩短管线长度以节省建设费用。但要避免穿越和切割村镇建设扩展备用地，避免布置零乱，使今后管理和维修不便。

（五）住宅建筑用地内的管线

首先考虑布置在街坊道路下，其次为次干道下，尽可能不将管线布置在交通频繁的主干道的车行道下，以免施工或检修时破坏路面和影响交通。

（六）道路下的管线

埋设在道路下的管线，一般应和路中心线平行。同一管线不宜自道路的一侧转到另一侧，以免增加管线交叉。

靠近工厂饲养场的管线，最好与围墙平行布置，便于施工和维护管理。

（七）道路横断面中管线位置

在道路横断面中安排管线位置时，首先考虑布置在人行道下或非机动车道下，其次才考虑将修理次数较少的管线布置在机动车道下。根据当地具体情况，应预先考虑哪些管线布置在道路中心线的右边或左边，以利于管线的设计和综合管理。

（八）布置次序

各种地下管线以建筑红线向道路中心线方向平行布置的次序，要根据管线的性质、埋设深度等来决定。可燃、易燃管线在损坏时对屋基础，地下室有一定的危害应离建筑物远一些；埋设较深的管道距建筑物也应离开远些。一般布置次序如下：

（1）电力电缆；

（2）电信管道或电信电缆；

（3）煤气或乙炔管道；

（4）热力管道；

（5）供水管道；

（6）雨水管道；

（7）污水管道。

（九）编制管线工程综合时，应使道路交叉口中的管线交叉点越少越好，这样可减少交叉管线在标高上发生矛盾，其地下管线交叉时最小垂直间距见表6-30所示。

地下管线交叉时最小垂直净距表 表 6-30

下面的管线		上面的管线								
		供水管	排水管	电信		电力电缆		明沟	涵洞	铁路
				铠装电缆	管道	高压	低压	（沟底）	（基础底）	（轨底）
		净距（m）								
给水管		0.10	0.10	0.20	0.10	0.20	0.20	0.50	0.15	1.0
排水管		0.10	0.10	0.20	0.10	0.20	0.20	0.50	0.15	1.0
电信	铠装电缆	0.20	0.20	0.10	0.15	0.20	0.20	0.50	0.20	1.0
电信	管道	0.10	0.10	0.10	0.10	0.15	0.15	0.50	0.25	1.0
电力电缆		0.20	0.20	0.20	0.15	0.50	0.50	0.50	0.50	1.0

附注：（1）表中所列为净距，如管线敷设在套管或地道中，或者管道有基础时，自净距自套管、地道的外边或基础的底边算起。

（2）电信电缆或电信管道一般在其它管线上面越过。

（3）电力电缆一般在电信电缆下面，但在其他管线上面越过。低压电缆应在高压电缆上面越过，如高压电缆用砖，混凝土块或把电缆装入管中加以保护时，则低压与高压电缆之间的最小净距可减至0.25m。

（4）排水管通常在其他管线下面越过。

（十）管线发生冲突时，要按具体情况来解决，一般是：

（1）还未建设管线让已建成管线；

（2）临时管线让永久性管线；

（3）小管道让大管道；

（4）压力管道让重力自流管道；

（5）可弯曲的管线让不易弯曲的管线。

（十一）沿路敷设的管线，应尽量和铁路线路平行；与铁路交叉时，尽可能成直角交叉。

（十二）可燃、易燃的管道，通常不允许在交通桥梁上跨越河流，在交通河流上敷设其它管线，应根据桥梁的性质，结构强度，并在符合有关部门规定的情况下加以考虑。管线穿越通航河流时，不能架空或在河下通过，均须符合航道部门的规定。

（十三）电信线路和供电线路通常不合杆架设在特殊情况下，征得有关部门同意，采取相应措施后（如电信线路采用电缆或皮线等），可合杆架设。同一性质的线路应尽可能合杆，如高低压供电线等。

高压输电线路与电信线路平行架设时，需要考虑干扰的影响。

（十四）综合布置管线时，管线之间或管线与建筑物，构筑物之间的水平距离，除了要满足技术、卫生、安全等要求外，各种管线最小水平净距见表6-31所示。

上面所附《各种管线最小净距表》、《地下管线交叉时最小净距表》和《地下管线最小覆土深度》，可供使用参考。表中数值，在综合规划设计工作中，应以国家有关部门颁布的规范、标准依据。由于各地具体情况不同，管线的性能、大小、用料、施工方法及水文地质、土壤条件都有很大差别，表中数值的采用还应贯彻因此制宜和节约用地的原则。

各种管线最小水平净距表（单位：m）　　表 6-31

顺序	管线名称	1	2	3	4	5	6	7	8	9	10
		建筑物	供水管	排水管	电力电缆	电信电缆	电信管道	乔　木	灌　木	地上柱杆	道　牙
1	建筑物		3.0	3.0(1)	0.6	0.6	1.5	3.0(5)	1.5	3.0	—
2	供水管	3.0		1.5(2)	0.5	1.0(4)	1.0(4)	1.5	－(7)	1.0	1.5(8)
3	排水管	3.0(1)	1.5(2)	1.0	0.5	1.0	1.0	1.0(6)	－(7)	1.0	1.5(8)
4	电力电缆	0.6	0.5	0.5	(3)	0.5	0.2	1.5		0.5	1.0(8)
5	电信电缆(直埋式)	0.6	1.0(4)	1.0	0.5		0.2	1.5		0.5	1.0(8)
6	电信管道	1.5	1.0(4)	1.0	0.2	0.2		1.5		1.0	1.0(8)
7	乔木(中心)	3.0(5)	1.5	1.0(6)	1.5	1.5	1.5			2.0	1.0
8	灌　木	1.5	－(7)	－(7)				—		－(7)	0.5
9	地上柱杆(中心)	3.0	1.0	1.0	0.5	0.5	1.0	2.0	－(7)		0.5
10	道　牙	—	1.5(8)	1.0(8)	1.0(9)	1.0(9)	1.0(9)	2.0	0.5	0.5	

表列数字，除指明者外，均系管线与管线之间净距，即指管线与管线外壁间之距离。
有“（　）”括号者可遵照附注项次。

（1）排水管埋深，浅于建筑物基础时，其净距不少于2.5m。排水管埋深，深于建筑物时，其净距不小于3.0m。

（2）表中数值适用于给水管管径$d \leqslant 200$mm。如$d > 200$mm，间距应不小于3.0m。当污水管的埋深高于平行敷设的生活用水管0.5m时，其水平间距，在渗透性土壤地带不小于5.0m。如不可能时，可采用表列数值，但给水管须用金属管。

（3）并列敷设的电力电缆相同间的净距不应小于下列数值：

1）10及10千伏以上的电缆与其它任何电压的电缆之间为0.25m；

2）10千伏以下的电缆之间，和10千伏以下电缆与控制电缆之间为0.10m；

3）控制电缆之间为0.05m；

4）非同一机构的电缆之间为0.50m。

上述1、4两项中，如何将电缆加以可靠的保护（敷设在套管内或装置隔离板等）则净距可减至0.10m。

（4）表中数值适用于给水管$d \leqslant 200$mm。如$d = 200 \sim 250$mm时，净距为1.5m；$d > 500$mm时为2.0m；

（5）尽可能大于3.0m；

（6）与现状大树距离2.0m；

（7）不需间距；

（8）距道路边沟的边缘或路基边坡底均应小于1.0m；

（9）有关铁路与各种管线的最小水平净距可参考铁路部门有关规定。

四、管线工程的综合规划与设计

（一）综合工作阶段的划分

各项管线工程的规划到建成，根据不同的工作阶段，管线工程综合可分为两个阶段，即规划综合阶段和设计综合阶段。

1.规划综合阶段

是以各项管线工程的规划资料为依据而进行总体布置并编制综合示意图。主要任务是解决各项管线工程的主干管线在系统布置上存在的问题，并确定主干管线的走向，对于管线的具体位置除有条件的以及必须定出的个别控制点外，一般不作肯定，因为单项工程在具体实施设计中，根据测量选线，管线的位置将会有所变动和调整（如沿道路敷设的管线，则可在道路横断面图中定出。

2.设计综合阶段

按照村镇规划工作阶段来划分，设计综合相当于建设阶段的工作，它根据各项管线工程的初步设计资料进行综合。设计综合不但要确定各项管线在竖向上有无问题并解决不同管线在交叉处所发生的矛盾，这是和规划综合在工作深度上的主要区别。由于各项管线工程的建设有轻重缓急之分，设计进度也先后不一。因此，设计综合往往只能在大多数工程或者几项主要工程初步设计的基础上进行编制，而不可能等待所有各项工程都完成了初步设计才着手进行。

设计综合完成以后，在各管线工程施工详图之后，施工之前，村镇建设管理部门应进行施工详图检查，以解决设计进一步深入或因客观情况变化而产生的新矛盾。

综上所说，不同的综合工作阶段有着不同的任务和内容，它们既有区别，又有联系，前一工作阶段为后一工作阶段提供条件，后一阶段又补充或修改前一阶段。工作阶段的划分，可以据不同发展阶段的工作性质确定不同的任务和内容，从而采取相应措施。

（二）规划综合的编制

编制管线工程规划综合有两种基本方式：一种是由各建设单位分别作出各单项工程的规划，村镇建设（规划）部门搜集各项工程的规划文件和图纸，进行综合，在综合过程中举行必要的设计会议研究解决主要的，牵涉面较广的问题。做出规划综合草图后，邀请有关单位讨论定案。

另一种方式是组织有关设计单位共同进行规划和综合，遇到问题当时解决，定案比较迅速。

1.规划综合

规划综合一般要求制两种图纸：

管线工程规划综合平面比例尺的大小可随材料的大小、管线复杂程度而定，但尽可能和村镇规划图的比例尺一致

图中内容有：

（1）自然地形、地物、地貌及等高线等；

（2）现状：现有生产、生活建筑物，道路供水、排水等各种管线以及主要设备和构筑物（如自来水厂、泵房、水库、污水处理设施等）；

（3）规划工付业企业厂址及居住区道路网，铁路公路等；

（4）各种规划管线的布置与主要设备及构筑物，有关的工程措施，如防洪堤，排洪沟等；

（5）标明道路横断面的所在地段和位置：

2.道路标准横断面图

规划综合图通过和绘制道路标准横断面图一起进行，因为在道路平面中安排管线位置时与道路横断面的布置有密切关系，有时会由于管线在道路横断面中配置不下，需要改变管线的平面布置，或者变动道路各组成部分在横断面中的原有排列情况。

道路标准横断面图，比例通常采用1:200图中包括以下内容，如图6-12所示。

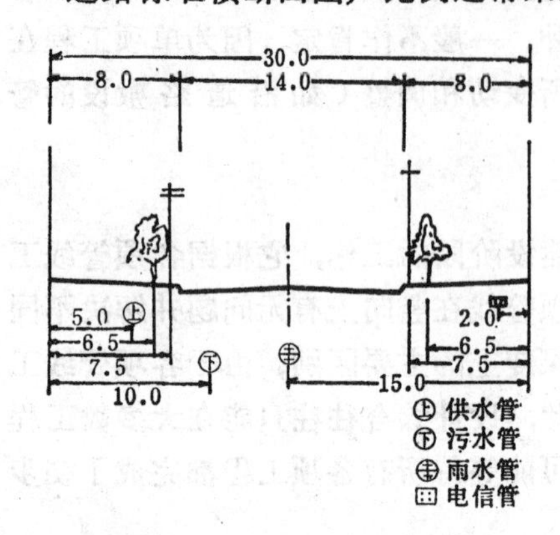

图 6-12 道路横断面图

1.道路的组成部分。如机动车道，非机动车道（车行车道、大车道），人行道，分车带和绿化带等。

2.现状和规划计划的管线在道路中的位置。并注明各种管线与道路中心线之间的距离，（或注明与建筑物之间的距离）。在道路横断面中应考虑村镇发展预留管线位置。

3.道路横断面的编号

道路标准横断面图的绘制方法比较简单，即根据该道路中管线逐一布置道路规划的各个横断面，注上必要的数据。但是，在配制管线位置时，必须反复考虑和比较，妥善安排。例如：道路两旁行道树，若过于靠近管线，树冠易与空架线路发生干扰，树根易与地下管线发生矛盾。

编制管线工程综合图时，居住在里的电力和电讯架空线路在综合规划平面图中可以不考虑，而在道路横断面图中定出它们与建筑红线的距离，就可以控制他们的平面位置。

在编制规划综合图的同时，应编写管线工程综合的简要说明。内容包括：所综合的管线，引用的资料和准确程度，对规划设计管线进行综合安排的原则和根据，单项工程进行下阶段设计时应注意的问题。

（三）管线综合设计的编制

进行管线综合设计时，一般编制管线工程综合设计图，管线交叉点标高和修定道路标准断面图等。

1.管线工程综合设计平面图

图中内容和编制方法，基本上和综合规划平面图相同，只是内容的深度有所差别。编制综合设计平面图，需确定管线在平面上的具体位置，设计控制四角，道路中心线交叉点，管线的起点转折点终点，或者用管线距道路中心线的距离来控制平面位置。坐标数据可以控制物体在平面上的位置，知道某一管线的坐标，就可以在图上定出走向、位置，并能算出各段长度；知道两条管线的坐标，就能通过计算，知道两条管线是否平行，以及平行间距的数值或者交叉两管线交叉点的位置。因此，在管线综合设计工作中，坐标的应用较广泛。

2.管线交叉坐标图

此图的主要作用是检查和控制交叉管线的高程——竖向位置、图纸的比例及管线的布置与综合设计平面图相同，（在综合设计平面上复制而成，可不绘制地形，也可不注坐标），但在道路的每个交叉口应编上号码，便于查对，如图6-13所示。

3.修订道路标准断面图

在管线综合设计编制时，有时由于管线的增加或调整规划，对原来配置在道路横断面中的管线位置需要进行补充和修订，道路标准横断面，通常用分别绘制，汇订成册。

在现状道路下配置管线时，根据管线拥挤，路面质量，管线施工时对交通的影响以及远近期结合等情况作方案比较，然后确定各种管线的位置。同一道路的现状横断面和规划修订横断面的图例和文字注释绘在一个图中，或将二者分上下两行绘制，如图6-14所示。

管线设计综合说明书，其说明内容和规划综合说明相仿，需对综合中所发现的问题以及目前还不能解决，但又不影响当前建设的问题提出处理意见，并记入说明。

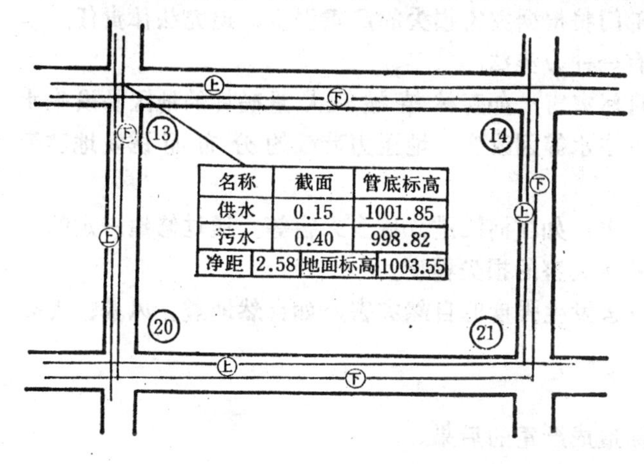

图 6-13　管线交叉坐标图

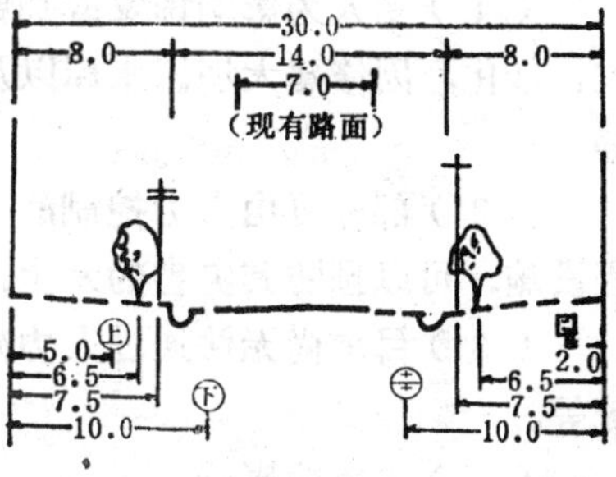

图 6-14　道路横断面图

第七节　村镇防灾工程规划

一、概述

自然界的灾害有许多种类，有火灾、风灾、水灾、地震等灾害。有些灾害往往还会互相影响，互相并存。如台风季节中常伴有暴雨，造成水灾、风灾并存；又如在较大的地震灾害中往往使大片建筑物、构筑物倒塌，常会引起爆炸和火灾。

造成直接危害的灾害被称为原发性灾害。如人在林区活动时因不慎引起的森林大火，会毁灭大片的树木及其范围内的建筑物和构筑物；迅猛的洪水能冲毁大片的庄稼和居民点的人工设施等等。

非直接造成的灾害称次生灾害。如地震引起的大火，地震引起的山崩，造成泥石流等。有时次生灾害要比直接灾害所造成的危害更大。如1933年3月3日，日本三陆附近海域发生了地震，地震本身造成的灾害并不大，但是引起的海啸则造成了巨大的损失。高达10～25m高的海浪，冲毁房屋7353户，船舶流失7304艘，有3008人死亡。

（一）灾害分类

1.根据灾害发生的原因，可进行如下分类：

（1）自然性灾害。因自然界物质的内部运动而造成的灾害，通常被称为自然性灾害。具体还可以分为下列三类：

1）由地壳的剧烈运动产生的灾害，如地震、滑坡、火山爆发等。

2）由水体的剧烈运动产生的灾害，如海啸、暴雨、洪水等。

3）由空气的剧烈运动产生的灾害，如台风、龙卷风等。

4）由于地壳、水体和空气的综合运动产生的灾害，如泥石流、雪崩等。

（2）条件性灾害。物质必须具备某种条件才能发生质的变化，并且由这种变化而造成的灾害称为条件性灾害。如某些可燃气体在正常条件下不会燃烧的，只有遇到高压高温或明火时，才有可能发生爆炸或燃烧。当我们认识了某种灾害产生的条件时，就可以设法消除这些条件的存在，以避免该种灾害的发生。

（3）行为性灾害。凡是由人为造成的灾害，不管是什么原因，我们统称之为行为性灾害。因人为造成的灾害，国家有关部门将根据灾害损失的严重程度，追究法律责任。

2.在防灾规划中，对自然灾害还有一种分类法：

（1）受人为影响诱发或加剧的自然灾害；如森林植被遭大量破坏的地区易发生水灾、沙化，因修建大坝、水库以及地下注水等因改变了地压力荷载的分布而诱发地震等等。

（2）部分可由人力控制的自然灾害，如江河泛滥、城乡火害等。通过修建一定的工程设施，可以预防其灾害的发生，或减少灾害的损失程度。

（3）目前尚无法通过人力减弱灾害发生强度的自然灾害，如自然地震、风暴、泥石流等。

（二）灾害的影响

对于人类来说，灾害会在各个方面造成严重的后果。

（1）危及人们的生命和健康，造成避难和移民；

（2）破坏生产力，造成地方与国家的就业问题，降低国民收入，影响物价上涨，在一些国家甚至会影响政局的稳定；

（3）将给人们的衣、食、住、行、基础设施，社会服务、急救等方面造成很大困难，对文化教育和社会交往也会造成大的损害；

（4）破坏自然生态系统及其组成部分和环境质量，以及由环境恶化而引起的瘟疫等疾病。

1979年7月联合国灾害救济组织在日内瓦以及联合国环境总署1980年1月在内罗华的两次专家组会议上研究了一个关于预计灾害损失的公式，即

$$R=V\cdot H$$

式中 R——预计损失，或称危险率。系指自然灾害可能造成生命伤亡与财产损失，以及对经济活动的干扰、风险。

V——为损失率。完全没有损失时，$V=0$；全部遭受损失时，$V=1$。

H——为自然灾害发生的偶然率。

从上述公式中可以看出，V与H的值愈小，则预计损失R值也愈小。所以，在预计损失分析中，欲使损失最小，常常通过以下三种途径来控制：

1）正确地选择建设基址，尽可能避开发生自然灾害或然率较大的地方，以减少H值；

2）通过城镇规划、城镇设计、结构设计及其它措施主动控制损失率V；

3）在规划与建设开发中，应考虑城乡一个地域内不同的受灾程度的分区，以及损失率与社会效果敏感率的相互关系。如一所医院或粮库的社会敏感率就高于一所居住建筑的敏感率。

需要注意的是，灾害率并非固定不变的，因此必须对损失率进行动态分析。

二、村镇防震规划

（一）地震基本知识

1.地震与地震分布

地震是一种自然现象，种类很多，在各种地震中，影响最大的是由于地质构造作用所产生的构造地震，这类地震占地震总数中绝大多数。

地球上平均每年发生有震感的地震有十几万次以上，其中能造成严重破坏的地震约20次左右。地球上主要有两组地震活动带：

（1）环太平洋地震带。沿南北美洲西岸至日本，再经我国台湾省而达菲律宾和新西兰；

（2）地中海南亚地震带。西起地中海，经土耳其、伊朗、我国西部和西南地区，缅甸、印尼与环太平洋地震带相衔接。

我国地处两大地震带中间，是一个多地震国家。从历史地震状况看，全国除了个别省份外，绝大部分地区都发生过较强的破坏性地震，许多地区的地震活动在当代仍然相当强烈。

2.震级和烈度

（1）震级。地震的震级就是地震的级别，用来表示地震能量的大小。国际上目前较为通用的是里氏震级。它是以标准地震仪所记录的最大水平位移（即振幅，以微米计）的常用对数值，来表示该次地震震级。用M表示，即：

$$M=\lg A$$

一般小于2级的地震，人们是感觉不到的，称做微震；2～4级的地震，物质有晃动，人也有所感觉，称有感地震；5级以上的地震，在震中附近已引起不同程度的破坏，统称为破坏性地震；7级以上为强烈地震；8级以上称为特大地震。1960年5月22日在智利发生的8.9级地震是到现今为止，全世界所记录到的最大地震。

（2）烈度。地震烈度一般系指某一地区受到地震以后，地面及建筑物等受到地震影响的强弱程度。

对于一次地震来说，表示地震大小的震级只有一个，但是由于各区域距震中远近不同，地质构造情况和建筑结构情况不同，所受到的地震影响不一样，所以地震烈度亦有所不同。一般情况下，震中区烈度最大，离震中越远则烈度越小。震中区的烈度称为“震中烈度”，用Ⅰ表示，在一般震源深度(约15～20km)情况下，震级与震中烈度的关系大致如表6-7-1所示。烈度是根据人的感觉、屋内家具设施的振动情况、房屋和构筑物遭受的破坏情况等定性描绘。我国目前使用的是十二度烈度表，详见表6-32。

地震烈度表 表6-32

烈度	房屋	结构物	地表现象	其他现象
1度	无损坏	无损坏	无	无感觉，仅仪器才能记录到
2度	无损坏	无损坏	无	个别非常敏感，且在完全静止中的人感觉到

续表

烈度	房屋	结构物	地表现象	其他现象
3度	无损坏	无损坏	无	室内少数在完全静止的人感到振动，如同载重车辆很快地从旁驰过。细心的观察者，注意到悬挂物轻微摇动
4度	门、窗和纸糊的顶棚有时轻微作响	无损坏	无	室内大多数人有感觉，室外少数人有感觉，少数人梦中惊醒，悬挂物摇动，器皿中的液体轻微振荡，紧靠在一起的器皿微振互碰作响
5度	门窗、地板、天花板和屋架木料轻微作响，开着的门窗摇动，尘土落下，粉饰的灰粉散落，抹灰层上可能有细小裂缝	无损坏	不流通的水池里起不大的波浪	室内几乎所有人和室外大多数人从梦中惊醒，家畜不宁 悬挂物明显的摇摆，挂钟停摆，少量液体从装满的器皿中溢出，架上放置不稳的器物翻倒或落下
6度	Ⅰ类房屋许多损坏，少数破坏（非常坏的房、棚可能倾倒） Ⅱ、Ⅲ两类房屋许多轻微损坏；Ⅱ类房屋少数损坏	牌坊、砖、石砌的塔和院墙轻微损坏。个别情况下，道路上湿土中或新填土中有细小裂缝	特殊情况下，潮湿、疏松的土里有细小裂缝 个别情况下，山区中偶有不大的滑坡，土石散落的陷穴	很多人从室内跑出，行动不稳，家畜从廊中跑出器皿中的液体剧烈的动荡，有时溅出 架上的书籍和器皿等有时翻倒或坠落，轻的家具可能移动
7度	Ⅰ类房屋大多数损坏，许多破坏，少数倾倒 Ⅱ类房屋大多数损坏，少数破坏 Ⅲ类房屋大多数轻微损坏，许多损坏（可能有破坏的）	不很坚固的院墙少数破坏，有些可能倒塌，较坚固的院墙损坏 不很坚固的城墙很多地方损坏，有些地方破坏，堞墙少数倒塌，较坚固的城墙有些地方损坏 牌坊、砖或石砌的塔和工厂烟囱可能损坏 碑石和纪念物很多轻微损坏 由于黄土崩滑、土窑洞的洞口遭受破坏 个别情况下道路上有小裂缝 路基陡坡和新筑道路、土堤的斜坡上偶有塌方	干土中有时产生细小裂缝，潮湿或疏松的土中裂缝较多，较大，少数情况下冒出夹泥沙的水 个别情况下，陡坎滑坡，山区中有不大的滑坡和土石散落，土质松散的地区，可能发生崩滑，水泉的流量和地下水位可能发生变化	人从室内仓惶逃出 驾驶汽车的人也能感觉 悬挂物强烈摇摆，有时损坏或坠落，轻的家具移动，书籍，器皿和用具坠落

续表

烈度	房屋	结构物	地表现象	其他现象
8度	Ⅰ类房屋大多数破坏，许多倾倒 Ⅱ类房屋许多破坏，少数倾倒 Ⅲ类房屋大多数损坏，少数破坏（可能有倾倒的）	不很坚固的院墙破坏，并有局部倒塌，较坚固的院墙局部破坏 不很坚固的城墙很多地方破坏，有些地方崩塌，堞墙许多倒塌，较坚固的城墙有些地方破坏，石砌墙少数倒塌，牌坊许多损坏 砖砌的塔和工厂烟囱遭受损坏，甚至崩塌 不很稳定的碑石和纪念物移动或翻倒，较稳定的碑石和纪念物很多损坏，有些翻倒 路堤和路垫的陡坡上有不大的塌方个别情况下管道的接头处遭受破坏	地下裂缝宽达几cm土质疏松的山坡和潮湿的河滩上，裂缝宽度可达10cm以上，在地下水位较高的地区里，常有夹泥沙的水从裂缝或喷口冒出 在岩石破碎、土质疏松的地区里，常发生相当大的土石散落、滑坡和山崩，有时河流受阻形成新的水塘 有时井水干涸或产生新泉	人很难站得住 由于房屋破坏人畜有伤亡 家具移动，并有部分翻倒
9度	Ⅰ类房屋大多倾倒 Ⅱ类房屋许多倾倒 Ⅲ类房屋许多破坏，少数倾倒	不很坚固的院墙大部分倒塌，较坚固的院墙大部分破坏，局部倒塌 较坚固的城墙很多地方破坏，堞墙许多倒塌 牌坊可能破坏，砖、石砌的塔和工厂烟囱很多破坏，甚至倾倒 较稳定的碑石和纪念物很多翻倒 道路上有裂缝，有时路基毁坏，个别情况下铁轨局部弯曲 有些地方地下管道破裂或损伤	地下裂缝很多，宽达10cm，斜坡上或河岸边疏松的堆积层中，有时裂缝纵横，宽度可达几十cm绵延很长 很多滑坡和土石散落，山崩 常有井泉干涸或新泉产生	家具翻倒并损坏
10度	Ⅰ类房屋许多倾倒 Ⅱ类房屋许多倾倒 Ⅲ类房屋许多破坏，少数倾倒	牌坊许多破坏 砖、石砌的塔和工厂烟囱大部分倒塌 较稳定的碑石和纪念物大都翻倒 路基和土堤毁坏，道路变形，并有很多裂缝，铁轨局部弯曲 地下管道破裂	地下裂缝宽几十cm，个别情况，达1m以上 堆积层中的裂缝有时形成宽大的裂缝带，继续绵延可达几公里以上，个别情况下，岩石中有裂缝 山区和岸边的悬崖崩塌，疏松的土大量崩滑，形成相当规模的新湖泊 河、泄中发生击岸的大浪	家具翻倒并损坏

续表

烈度	房屋	结构物	地表现象	其他现象
11度	房屋普遍毁坏	路基和土堤等大段毁坏，大段铁路弯曲 地下管道完全不能使用 有些地方地下管道裂缝或损伤	地面形成许多宽大裂缝，有时从裂缝冒出大量疏松的浸透水的沉积物 大规模的滑坡、崩滑和山崩，地表产生相当大的垂直和水平断裂 地表水和地下水位情况剧烈变化	由于房屋倒塌，压死大量人畜，埋没许多财物
12度	广大地区房屋普遍毁坏	建筑物普遍毁坏	广大地区内，地形有剧烈的变化 广大地区内，地表水和地下水位情况剧烈变化	由于浪潮及山区崩塌和土散石落的影响，动植物遭到毁灭

烈度表说明：

为了使各烈度间对比明确，论述简单，便于使用，除去在数量上作了大致划分(大多数、许多、少数)外，对房屋类型和建筑物的破坏程度也作了如下区分：

一、房屋类型

Ⅰ类：1.简陋的棚舍；
2.土坯或毛石等砌筑的拱窑；
3.夯土墙或土坯、碎砖、毛石、卵石等砌墙，用树枝、草泥做顶，施工粗糙的房屋。

Ⅱ类：夯土墙或用低级灰浆砌筑的土坯、碎砖、毛石、卵石等墙，不用木柱的或虽有细小木柱但无正规木架的房屋。

Ⅲ类：1.有木架的房屋(宫殿、庙宇、城楼、钟楼、鼓楼和质量较好的民房)；
2.竹笆或灰板条外墙，有木架的房屋；
3.新式砖石房屋。

二、建筑物的破坏程度

轻微损坏——粉饰的灰粉散落，抹灰层上有细小裂缝或小块剥落，偶有砖、瓦、土或灰浆碎块等坠落，不稳固的饰物滑动或损伤。

损　　伤——抹灰层上有裂缝，泥块脱落，砌体上有小裂缝，不同的砌体之间产生裂缝，个别砌体局部崩塌，木架偶有轻微拔榫，砌体的突出部分和民房烟囱的顶部扭转或损伤。

破　　坏——抹灰层大片崩落，砌体裂开大缝或破裂，并有个别部分倒塌，木架拔榫，柱脚移动，部分屋顶破坏，民房烟囱倒下。

倾　　倒——建筑物的全部或相当大部分的墙壁、楼板和屋顶倒塌，有时屋顶移动，砌体严重变形或倒塌，木架显著倾斜，构件折断。

（3）基本烈度和设计烈度。基本烈度一般是以100年内在该地区可能遭遇的地震最大烈度为准，它是设防的依据。设计烈度则是在地区宏观基本烈度的基础上，考虑到地区内的地质构造特点，地形、水文、土壤条件等方面的不一致性，所出现小区域地震烈度的增减，而据此来制定更为切实而经济的小区域烈度标准（见表6-33）。如在山坡、陡岸等倾斜地形比之平地的震害要重一些。同时，在确定设计烈度时还应该考虑到建设项目（单体）的重要性，在基本烈度的基础上按区别对待的原则确定。

（二）村镇抗震规划设计基本原则与措施

1.抗震规划设计的基本目的与设防标准

抗震设计的目的是防止地震造成的人身伤亡，使人民的生命财产损失到最小限度，同时使地震发生时的诸如消防、救护等不可缺少的活动得以维持和进行。

小区域地震烈度增减表　表 6-33

类　别	地震烈度局部增加量(度)
花岗岩	0
石灰岩和砂岩	0～1
半坚硬土	1
粗状碎屑土(碎石、卵石、砾石)	1～2
砂质土	1～2
粘质土	1～2
疏松的堆积土	2～3

根据我国的具体情况，以设计烈度7度为设防起点，即小于7度时不设防。抗震设计规范规定的设防重点，只放在7度、8度和9度地震范围内。

2.抗震规划设计基本原则

（1）选择建设项目用地时应考虑对抗震有利的场地和地基。因为建筑设施的抗震能力与场地条件有密切关系。应避免在地质上有断层通过或断层交汇的地带，特别是有活动断层的地段进行建设。在地形地貌方面，宜选择地势平坦、开阔的地方作为建设项目的场地。

（2）规划布局时应考虑避免地震时发生次生灾害。由于次生灾害有时会比地震直接产生的灾害所造成的损失更大，因此，避免地震时发生次生灾害，是抗震工作的一个很重要的方面。地震区的居民点规划中房屋不能建的太密，房屋的间距以不小于1～1.5倍房高为宜。烟囱、水塔等高耸构筑物，应与住宅(包括锅炉房等)保持不小于构筑物高度1/3～1/4的安全距离。易于酿成火灾、爆炸和气体中毒等次生灾害的工程项目应远离居民点住宅区。

（3）在单体建筑方面应选择技术上、经济上合理的抗震结构方案。矩形、方形、圆形的建筑平面，因形状规整，地震时能整体协调一致，并可使结构处理简化，有较好的抗震效果。冂型、L型、V型的平面，因形状凸出凹进，地震时转角处应力集中，易于破坏，必须从结构布置和构造上加以处理。

房屋附属物，如高门脸、女儿墙、挑檐及其他装饰物等，抗震能力极差，在地震区不宜设置。

3.抗震规划设计的措施

（1）在进行村镇规划布局时，注意设置绿地等空地，可作为震灾发生时的临时救护场地和灾民的暂时栖身之地；

（2）与抗震救灾有关的部门和单位（如通讯、医疗、消防、公安、工程抢险等）应分布在建成区内可能受灾程度最低的地方，或者提高其建筑的抗震等级，并有便利的联系通道；

（3）村镇规划的路网应有便利的、自由出入的道路，居民点内至少应有两个对外联系通道。

（4）供水水源应有一个以上的备用水源；供水管道尽量与排水管道远离，以防在两种管道同时被震坏时饮用水被污染。

（5）多地震地区不宜发展煤气管道网和区域性高压蒸汽供热，少用和不用高架能源线，尤其绝对不能在高压输电线路下面搞建筑。

三、村镇防洪工程规划

（一）村镇防洪工程规划内容及原则

村镇防洪是村镇规划中村镇用地工程准备的重要内容之一。其主要任务是：根据村镇用地选择的要求，对可能遭受洪水淹没地段，提出技术上可行、经济上合理的工程措施方案，以达到改善村镇用地或确保村镇人民生命、财产安全的目的。

1.村镇防洪工程规划的内容

村镇总体规划阶段，防洪工程规划的主要内容是在收集资料基础上，进行设计洪水流量计算和比较粗略的水力计算，确定防洪标准，提出技术先进、经济合理、切实可行的工程规划方案。其工作步骤为：

（1）设计洪水流量计算。对镇域（乡域）内的主要河流、沟道进行水文分析计算，确定出各流沟的设计洪水流量；

（2）确定防洪标准。根据村镇等级及其他因素，确定村镇的防洪标准按多少年一遇洪水流量设计；

（3）水利计算。按初步确定的洪水流量，对河流沟道进行过水能力的验算；自然河沟的过水截面不足，应做加高堤防或深挖拓宽沟槽等工程方案的比较：如河流沟道上已有桥涵闸门等水工构筑物，也应做过水能力的验算，以便考虑保留或改建；

（4）拟定防洪工程方案。在以上工作的基础上，拟定防洪工程方案，初步确定河沟过水截面尺寸，提出加固防护措施，绘制防洪工程规划平面图；

（5）编制规划说明及估算投资金额。在村镇建设规划阶段，防洪工程规划主要是加深加细上一阶段内容，使工程规划更加具体、准确、合理，为施工图设计提供技术依据。具体的内容、步骤是：

1）整理，复核设计洪水流量计算成果；

2）进行比较精确的水利计算，确定工程措施的建筑材料，结构形式，确定工程各部位的尺寸，如宽度、厚度、深度、高度、坡度等等；

3）绘制防洪工程平面图及主要工程的纵横截面图；

4）编制说明书及提出近期修建项目的概算投资金额。

2.村镇防洪工程规划的设计原则

在村镇规划中采取的防洪措施，虽然与防洪工程的具体设计有着深度上的差别，但是它往往影响着今后的防洪工程设计的方案，直接影响防洪工程设计的合理性和投资的大小。因此必须从全局着眼，在大的方案、布局上下功夫，使防洪设施能够和整个村镇规划紧密地、有机的结合起来，作出经济合理的防洪措施布局。在制定防洪措施时，一般应考虑以下几点：

（1）防洪工程的布局应与村镇规划中的建筑物、铁路、航运、道路、排水设施等工程设施和布局综合地考虑确定；

（2）防洪措施应与农田灌溉、水土保持、园林绿化等相结合；

（3）充分利用洼地及山谷，原有的湖塘等有利地形，修建塘库搞好河湖系统的建设，同时应注意到溃坎后对村镇居民点或乡办企业、农田区域等所产生的影响和相应的措施；

（4）防洪工程应尽量避免设置在不良地质的地区内。

3.编制村镇防洪工程规划所需的资料

（1）村镇规划资料。村镇现状图、总体规划图及说明书、历史上受淹没的记载及对防洪的要求；

（2）各类地形图

1）河道流域地形图：比例为1:2500～1:5000；

2）规划区域地形图：比例为1:5000～1:10000；

3）河道测量图：比例为1:2000；

4）河床纵截面图：范围300～500m；

河床横截面图：横坐标：1:2000；

纵坐标：1:200；

（3）水文气象资料。村镇所在地区历年降雨量，最大风速和风向资料，河流的水位、流速、流量、含砂量，冲刷深度，淤积厚度，风向，风速，冻上深度等实测资料，历史洪水痕迹标高，淹没范围及洪水流量；

（4）地质地貌资料。两侧用地坡度和植被等，流域内水库和湖泊面积，设计截面处河滩上冲积石块的最大直径及石块比重，河槽的情况，土壤性质及其分布情况，并应注意溶洞、暗河、泉水、泥石流的情况；

（5）其他资料。现有防洪工程的修建及使用情况；

地震、积水、地方材料和冲刷层颗粒成份确定的资料。

（二）村镇防洪标准及一般采用的几种措施

1.村镇防洪标准

村镇防洪工程的规模以抗御的洪水大小为依据，洪水的大小在定量上通常以某一频率的洪水流量表示。也有用"重现期"一词来等效地代替之。洪水的重现期等于其相应频率的倒数。如：洪水的重现期是五十年一遇其频率即为2%；同样，某村镇防洪标准为20年一遇，其频率即为5%。

确定防洪标准的依据：

（1）村镇或工业区的规模；

（2）村镇或工业区的政治、经济地位的特殊性，国家经济技术条件的可能性；

（3）位于大中型水库下游的村镇，应考虑到出现垮堤后的洪水泛滥，确定防洪标准时应有应急措施。

目前在国家尚无统一的村镇防洪设防标准的情况下，一般可按照上述依据，参考下列各表标准（6-34），（6-35）综合分析，制定出适宜的具体村镇标准。建议集镇可采用10—30年一遇标准；一般乡村可采用10年一遇标准。

2.村镇防洪工程一般采用的几种措施

（1）调节径流。在河流的上游修筑水库，调节径底，把洪水季节河流截面不能承担的部分，蓄起来，以削减洪峰，同时还可利用其进行农田灌溉、发展水产，园林绿化，修建电站等方面的利用，使其化害为利，但是应注意以下几点：

防护对象的防洪标准 **表 6-34**

保护对象			防洪标准
城镇	工矿区	农田面积(万亩)	洪水重现期(年)
特别重要城市	特别重要工矿区	＞500	＞100
重要城市	重要工矿区	100～500	50～100
中等城市	中等工矿区	30～100	20～50
一般城市	一般工矿区	＜30	10～20

校核标准 **表 6-35**

设计标准频率	校核标准频率
1%(百年一遇)	0.2～0.33%(五百年～三百年一遇)
2%(五十年一遇)	1%(百年一遇)
5～10%(二十年一遇～十年一遇)	2～1%(五十年一遇～二十五年一遇)

1）要选择水文、地质条件可靠、天然地形良好的地区；

2）要注意到池塘，水库修建后，其上游水位升高对工农业交通运输的影响；

3）靠近村镇较近的（⩽3km）池塘，水库的水深不宜小于2m，以利于村镇卫生及综合利用；

4）池塘和水库进、出水在可能条件下，要与城镇原有河流、水沟、洼地等死水地段结合起来，变村镇死水为活水、改善城镇卫生。

（2）整治河道

1）疏竣河道。通常是把平洼的河床挖深，面不是加宽，目的是增大排泄能力和防止河床的淤积；

2）取直河床。目的是加大水力坡度，提高河床排泄能力，使洪水位降低。如图6-15所示。

（3）截洪沟。受到小坡方向地面径流的威胁的村镇，多采用截洪沟截引山洪泄入河中。如图6-16规划中应注意以下几点：

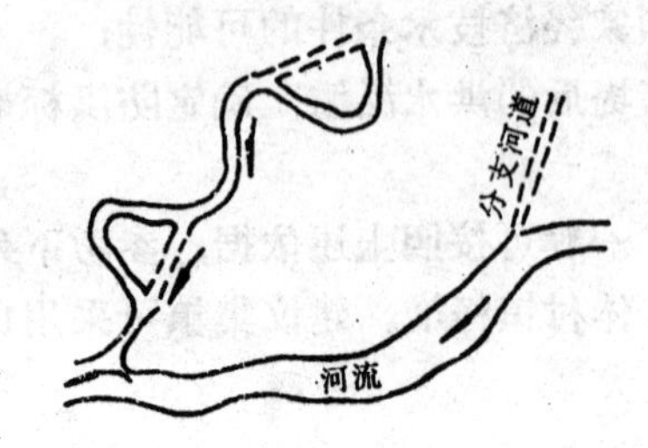

图 6-15 取直河床

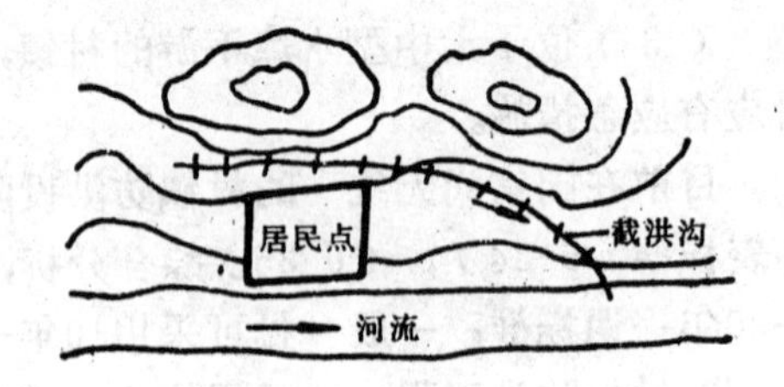

图 6-16 截洪沟

1）要与农田水利、园林绿化、水土保持、河湖系统规划结合考虑，做到防治结合；

2）截洪沟应因地制宜的布置，尽量利用天然沟道，一般不宜穿过建筑群；

3 ）其坡度不应过大，若必须设置较大纵坡时，则此段应设计跌水或陡槽，但不得在弯道处设置。

（ 4 ）筑堤。筑堤是我国目前防止村镇大面积被淹没的常用办法。

1 ）防洪堤的部置

一般说来，解决排除居民点内水流与防洪堤之间的矛盾，有以下几种处理方法：

（ *a* ）沿干流及居民点内支流的两侧筑堤，而将部分地面水采用水泵排除，如图6-17，这种方法的优点是排泄支流洪水方便。缺点是增加防洪堤的长度和道路桥梁的投资。

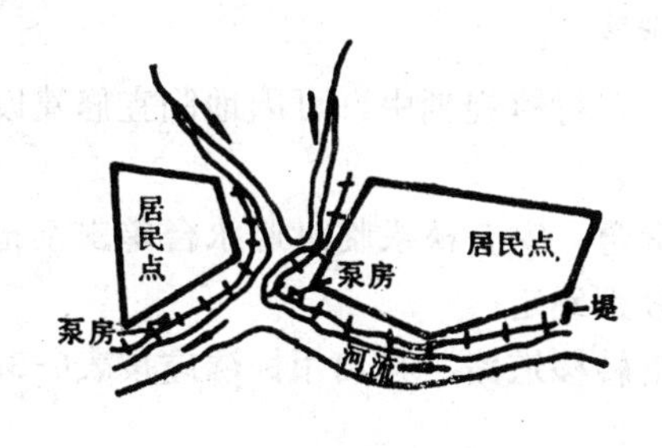

图 6-17　两侧筑堤法

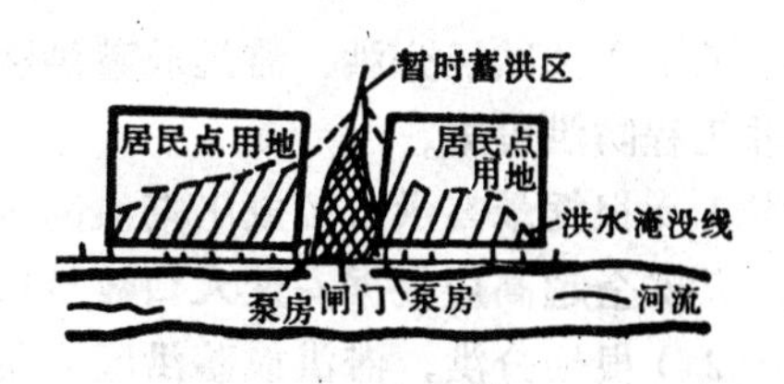

图 6-18　沿干流筑堤法

（ *b* ）只沿干流筑堤，支流和地面水则在支流与干流交接处设置暂时蓄洪区，用闸门关闭，待河流洪水退去后，再开放闸门排去蓄洪区的蓄水，或者设置泵房抽去支流的蓄水见图6-18，这种方法只有当支流的流量很小，洪峰持续时间较短，堤内又有适当的洼地、水池可作蓄洪区的条件下，才有采用的价值。

（ *c* ）在支流修建调节水库，村镇上游修截洪沟，把所蓄的水引向居民点外，以减少堤内江水面积的水量，见图6-19。

（ 5 ）填高被淹没用地。填高被淹没用地是防止水淹较简单的措施，一般在下列情况下采用：

1 ）当采用其他方法不经济，而又有方便足够的土源时。

2 ）由于地质条件不适宜筑堤时。

3 ）填平小面积的地洼地段，以免积水影响环境卫生。

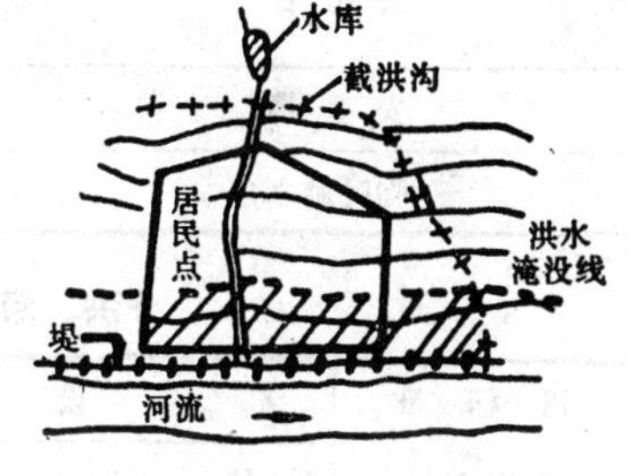

图 6-19　支流上建调节水库

采用填高低地的优点是可以根据建设需要进行填高，而且可分期投资，节约经常开支。缺点：土方工程量大，总造价昂贵，某些填土地段短期内不能用于修建，需采用人工基础（桩基或加深基础）增加了基础造价。

（ 6 ）整治村镇湖塘。有如下优点：

1 ）调节气候，改善村镇卫生，美化村镇等。

2 ）可蓄积雨水，做为地面水的排放水体，灌溉园林农林。

3 ）可增加副业生产，养鱼和种藕等。

4 ）可利用修建福利设施，做好村镇文化休息的活动场所。一般有下列几种方式：

（ *a* ）在小河、小溪或冲沟上筑坝、叫坝式池塘，如图6-20所示。

（ *b* ）在河漫滩开调地段筑围堤，或者挖深，形成一个较大水面叫围堤式池塘。

（ *c* ）整治原有雨水池塘，开出水口，变死水为活水。

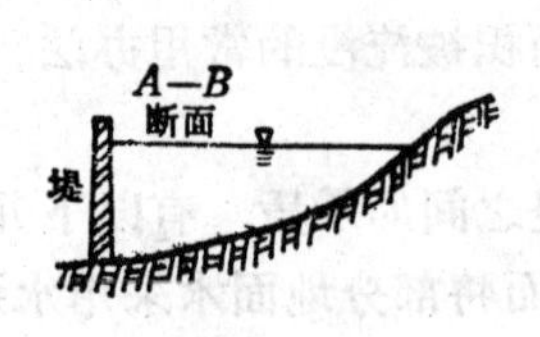

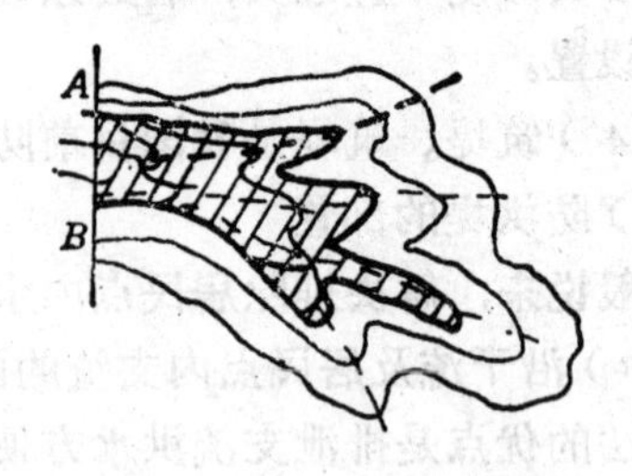

图 6-20 冲沟上的坝式池塘

（7）为减轻分洪、滞洪或蓄洪区内居民的灾害，在村镇规划中，可因地制宜修建以下非工程防洪设施。

1）根据最高洪水位或汛期浪高等修建围堰、安全台、安全楼或临时避水台等安全措施，其安全超高应根据安置人口数量按表6-36的规定分别确定；

2）根据分洪、滞洪或蓄洪区启用标准，修建安全转移道路，其启用标准应按表6-37的规定分别确定。

避洪安全设施的安全超高　　表 6-36

避洪安全设施	安置人口（人）	安全超高（m）
围	10000以上	1.5～2.0
	1000～10000	1.0～1.5
	1000以下	1.0
安全台	1000以上	1.0～1.5
	1000以下	1.0
安全楼	—	1.0～1.5
临时避水台	—	0.5

分洪、滞洪或蓄洪区的区安全转移道路标准　　表 6-37

启用标准（重现期·年）	设计标准（重现期·年）			校核标准（重现期·年）
	路基	涵洞·小桥	大·中桥	大·中桥
<5	10～5	30	—	—
10～5	20～10	30	50	—
20～10	30～20	30	50	100
>20	30	30	50	100

第八节　村镇用地竖向设计

一、村镇用地竖向设计的意义和内容

（一）村镇规划竖向设计的意义

在村镇规划与村镇建设中，往往忽视实际地形的起伏变化，用一把丁字尺、一支笔，

再加上推土机，把地形现状统统推为平地，以平坦的村镇用地来进行规划与设计。甚至为了追求某种形式的平面构图，任意开山填沟，既破坏了自然地形所构成的自然景观，又耗费大量的土石方工程费用。这种规划方法是不可取的。另一种情况是，在村镇规划与建设中，各项用地之间，各个院落之间，常常各自为政，高的高，低的低，标高不统一，互不衔接，道路与建筑物标高不协调等，除直接影响排水及交通运输畅通外，还影响各项用地及院落之间建筑物与建筑物之间的有机联系，在村镇规划与建设中。如果不进行合理的村镇用地竖向规划设计，就达不到有效地利用地形，改造地形及村镇建设工程合理布置，造价经济、景观美好的重要途径。

（二）村镇规划竖向设计的概念与任务

1.村镇规划竖向设计的概念

所谓竖向规划设计是在村镇规划平面布置的基础上，根据实际地形的起伏变化，决定用地地面标高。以便使改造后的地形适于修建各类建筑物的要求，满足迅速排除地面水、地下敷设，各种管线及交通运输的要求等。使规划中的建筑，道路、排水等设施的标高互相协调，互相衔接。同时，综合村镇用地的选择，对不利于村镇建设的自然地形加以适当的改造，或者提出工程措施，使土方量尽量减少，节省投资。这种垂直方向上的规划设计，称为竖向设计（也称垂直设计、竖向布置）。

2.村镇规划竖向设计的任务

（1）选择村镇规划竖向设计布置方式，合理确定标高，力求减少土方量并满足村镇生产与交通运输的要求。

（2）确定地面排水方式及坡向与排水构筑物使地面雨水、污水能够顺利排除，不致村镇内积水。在有洪水威胁的地区，应确保不受洪水的影响和危害。

（3）确定建筑物、构筑物、室外场地、道路排水沟、地下管线等的设计标高、以及与铁路公路、水路等标高的关系，使村镇内外高程相互衔接，取得协调。

（4）确定道路交叉口坐标、标高、相邻交叉口间的长度、坡度，道路围合街坊的汇水线，分水线和排水坡向。主次干道的标高，一般应低于小区场地的标高，以方便地面水的排除。

（5）确定计算土石方工程量和场地土方平整方案，选定弃土或取土场地。避免填土无土源挖方土无出路或土石方运距过大。

（6）合理确定村镇中由于挖、填方而必需建造的工程构筑物，如护坡、挡土墙、排水沟等。

（7）在旧区改造竖向设计中，应注意尽量利用原有建筑物与构筑物的标高。

（8）结合地形条件及环境空间结构。体现村镇特色。

二、村镇规划竖向设计要点

1.建筑物标高

建筑物标高的确定，是以建筑物与室外设计地坪标高的差值来决定。一般根据建筑物的使用性质、确定内外标高的最小差值，常用最小差值为：

（1）住宅、宿舍，150～450mm；

（2）办公、学校、卫生院等公共建筑，300～600mm；

（3）一般工厂车间、仓库，150～300mm；

（4）沉降较大的建筑物，300～500mm；

（5）有汽车站台的仓库，900～1200mm；

建筑物与道路高程关系如图6-21所示。

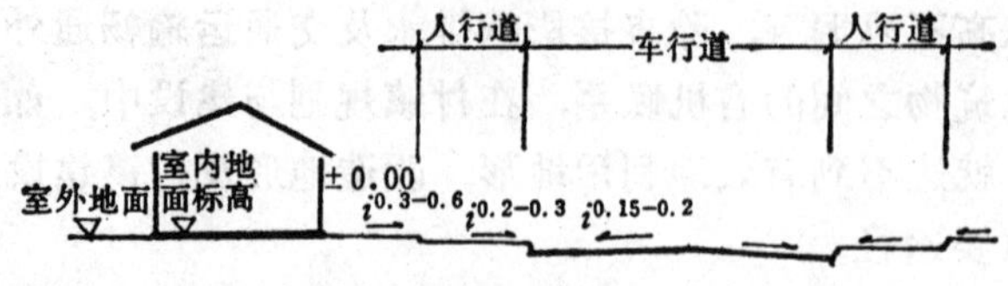

图 6-21 建筑物与道路高程关系示意

2.地面排水坡度

地面排水根据总平面规划布置和地形情况划分排水区域，决定排水坡向以及管道系统。排水区域的划分要综合考虑自然地形，江水面积和降雨量的大小等因素。一般要求地面设计坡度不应小于3%，最好在5～10%之间。

3.道路标高与坡度

（1）道路纵坡。道路纵度应根据地形情况确定，最大纵度在主干道为6%，一般道路8%。一般自行车行驶的坡段在3%以下的坡度比较舒适。坡度大于4%、坡长超过200m时，非机动车行驶就比较困难。

相邻道路纵坡，坡度差大于2%的凸形交点，或大于0.5%的凹形交点时，必须设置圆形竖曲线，其最小半径分别为300m或100m。人行道纵坡一般要与车行道坡度一致，单行人行道最大纵坡为8%，大于8%时要设置踏步。北方干寒地区，积雪时间较长，人行道纵坡还可再低些。

（2）道路横坡，车行道横坡一般设双向坡，两侧设排水沟（管），坡度为2%；道路宽度小于3m时，可做单坡，坡度一般为2%。

（3）停车场坡度。路面结构较好（混凝土路面的公共活动中心，最大纵坡3%，最小纵坡0.4%路面结构标准较低的公共活动中心，最大纵坡4%，最小纵坡0.6%；汽车停车场，装卸场，最大纵坡为1～3%，最小纵坡0.5%。

三、土方工程量计算

土方工程量的计算，应根据竖向设计要求，结合地形与场地大小情况，选择结合实际的计算方法。一般常用计算方法如下。

（一）方格网计算法

1.划分方格，绘制土方量计算方格网

根据地形复杂情况和规划要求，将规划用地划分为若干正方形（边长可为10m、20m、40m或大于40m），然后依次编号。如图6-22所示

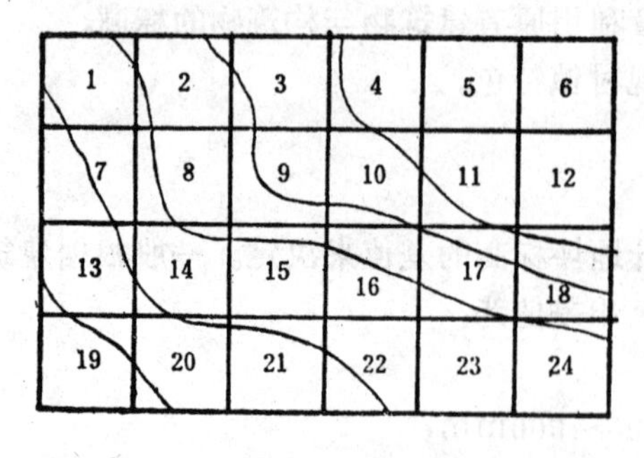

图 6-22 方格网计算法

2.标注自然标高与设计标高

在各个方格右上角注设计标高，右下角注自然标高（原地面标高）；设计标高

减自然标高等于施工高度，在左上角注施工高度，填方时前面加（＋）号，挖方时前加（－）号，如图6-23所示。

3.标出“零”点，确定填挖分界线。

一般用零点线计算公式求得各有关边线上的零点，连接零点，便可确定填挖分界线和填、挖方区，如图6-24。

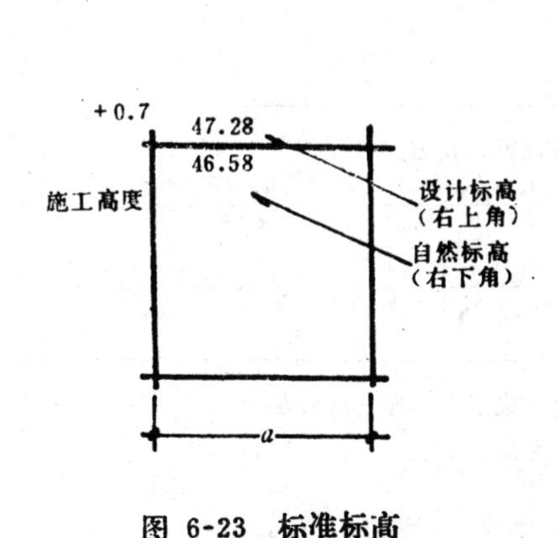

图 6-23 标准标高

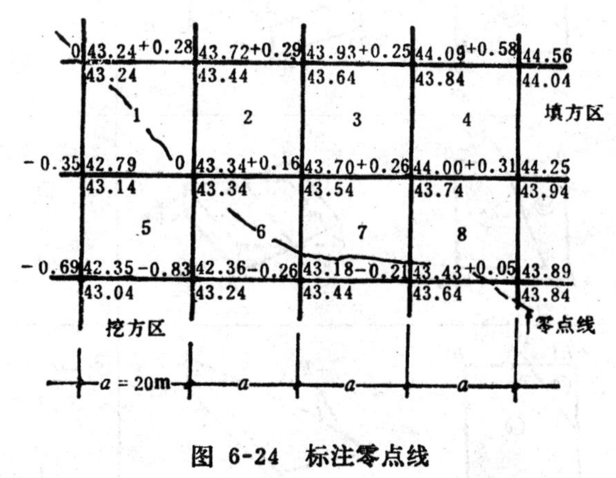

图 6-24 标注零点线

4.零点线的求法

（1）数解法（零点线计算公式），如图6-25(*a*)

图中：h_1、$-h_2$、h_3、$-h_4$为方格网四角点的高差，0、0′为零点，并令$h_1 0=x$，$h_3 0'=x$试求$x=?$，$x'=?$

【解】 在△1与△2中，

∵ 角1＝角2（对顶角相等）

又 △1与△2都是直角三角形

∴ △1≌△2

∴ $h_1 : h_2 = x : (a-x)$

∴ $h_1(a-x) = h_2 x$

∴ $h_1 a - h_1 x = h_2 x$

∴ $x(h_1+h_2) = h_1 a$

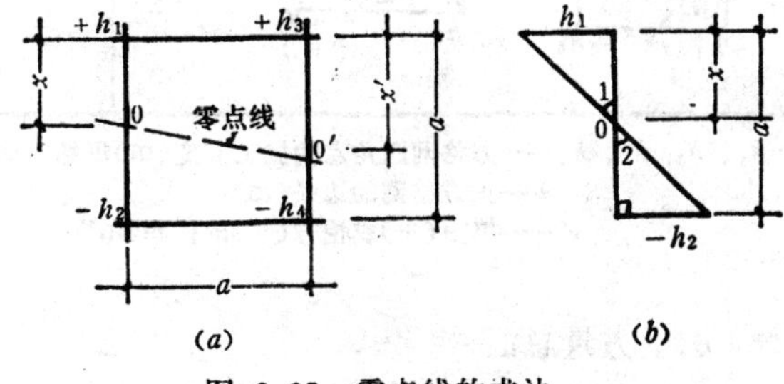

(*a*) (*b*)

图 6-25 零点线的求法

∴ $x = \dfrac{ah_1}{h_1+h_2}$ （0点可以求出）

同理 $x' = \dfrac{ah_3}{h_3+h_4}$ （0′点可以求出）

联结00′，即得零点线。

（2）图解法（几何作图法）

可直接从图上，根据相邻两角点的填挖数值，在不同方向量取相应的单位数，以直线相连，该直线与方格的交叉点，即为零点，如图6-25(*b*)。

5.每一方格内土方工程量计算

根据每一方格的填挖情况可选用表6-38列出的方格网土方计算公式(四方棱柱体法)，计算土方量。

常用方格网计算公式（四方棱柱体法） 表 6-38

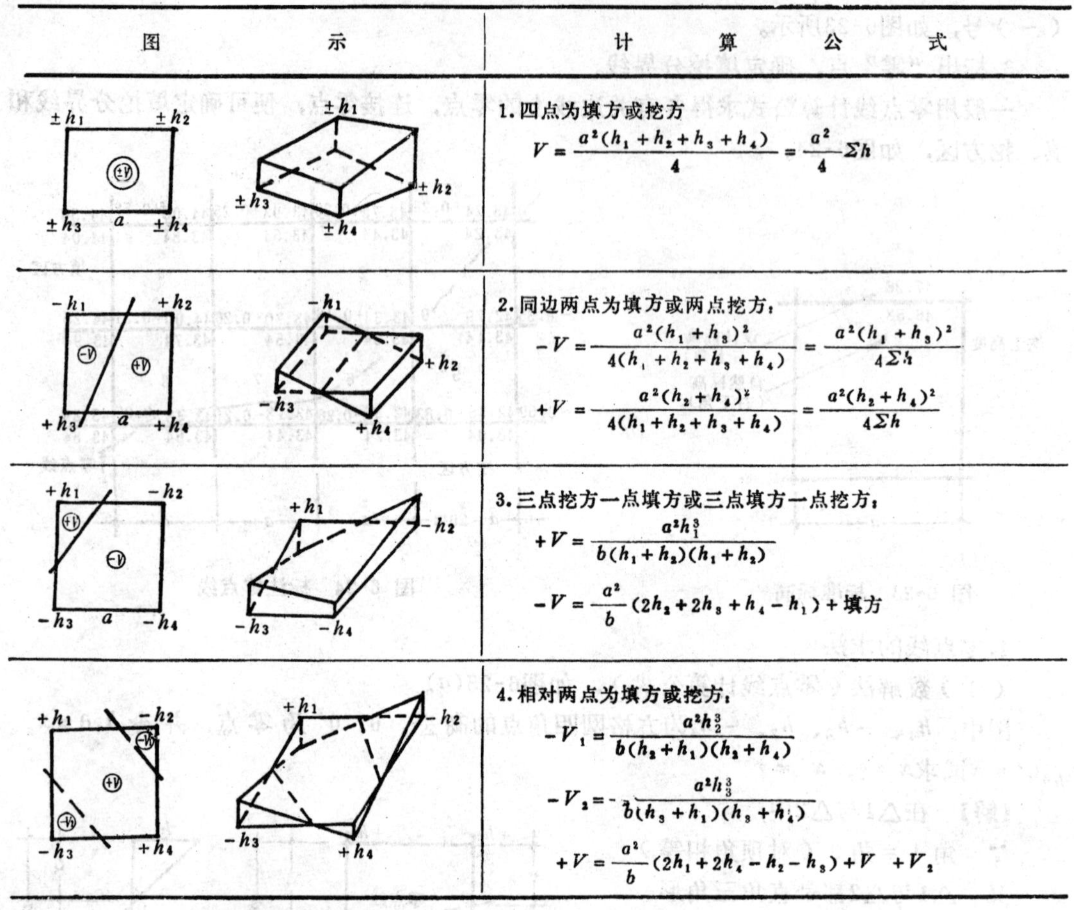

图示	计算公式
	1.四点为填方或挖方 $V=\frac{a^2(h_1+h_2+h_3+h_4)}{4}=\frac{a^2}{4}\Sigma h$
	2.同边两点为填方或两点挖方： $-V=\frac{a^2(h_1+h_3)^2}{4(h_1+h_2+h_3+h_4)}=\frac{a^2(h_1+h_3)^2}{4\Sigma h}$ $+V=\frac{a^2(h_2+h_4)^2}{4(h_1+h_2+h_3+h_4)}=\frac{a^2(h_2+h_4)^2}{4\Sigma h}$
	3.三点挖方一点填方或三点填方一点挖方： $+V=\frac{a^2h_1^3}{b(h_1+h_2)(h_1+h_2)}$ $-V=\frac{a^2}{b}(2h_2+2h_3+h_4-h_1)+$填方
	4.相对两点为填方或挖方： $-V_1=\frac{a^2h_2^3}{b(h_2+h_1)(h_2+h_4)}$ $-V_2=\frac{a^2h_3^3}{b(h_3+h_1)(h_3+h_4)}$ $+V=\frac{a^2}{b}(2h_1+2h_4-h_2-h_3)+V+V_2$

h_1、h_2、h_3、h_4——方格网四角点的施工高度(m)用绝对值代入；
a——正方格网的边长(m)；
V——填方(+)或挖方(-)的体积(m^3)。

6.土方量总汇

每个方格内的填、挖方量计算后，将所求的填挖方数分别填入相应的方格内，按行列相加的方法计算出总填方量与总挖出量，如图6-26所示。

（二）横断面计算法

横断面近似计算法，这种方法计算土石方工程量较为简便，但精确度较低，其计算步骤为：

（1）划横断面。根据地形图及竖向设计图，将建设用地划分横断面A-A′,B-B′、C-C′……等。划分的原则是尽量与用地中建筑坐标方格网方向一致，垂直于地形等高线；横断面之间的间距不等，在地形变化较复杂的情况下，一般为20～50m，但不大于100m，如图6-27（a）所示。

（2）按比例(1:100—1:200)绘制每个横断面的自然地面轮廓线和设计地面轮廓线。设计地面轮廓线与自然地面轮廓线之间即为填方或挖方的体积，如图6-27（b）所示。

（3）计算每个断面的填挖方断面面积。常用断面面积图与计算公式见表6-39所示：

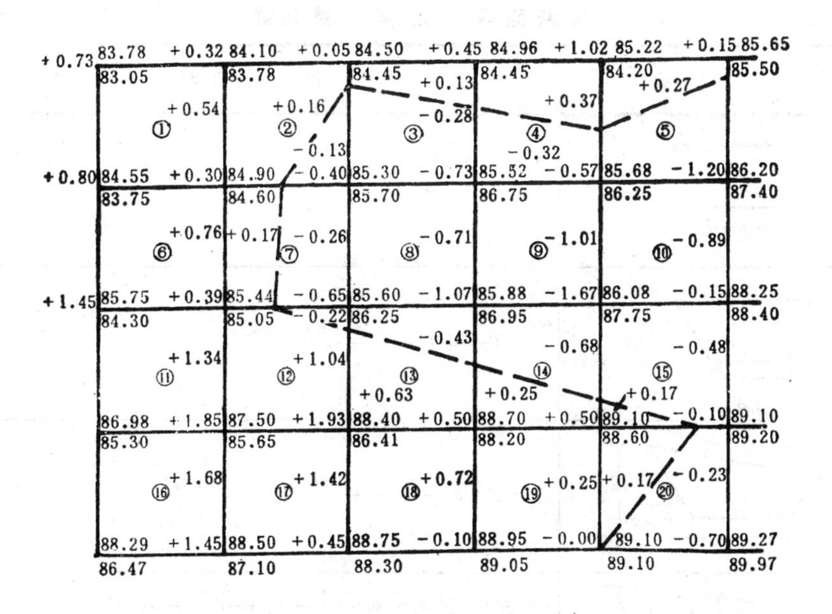

图 6-26 土方量计算方格网

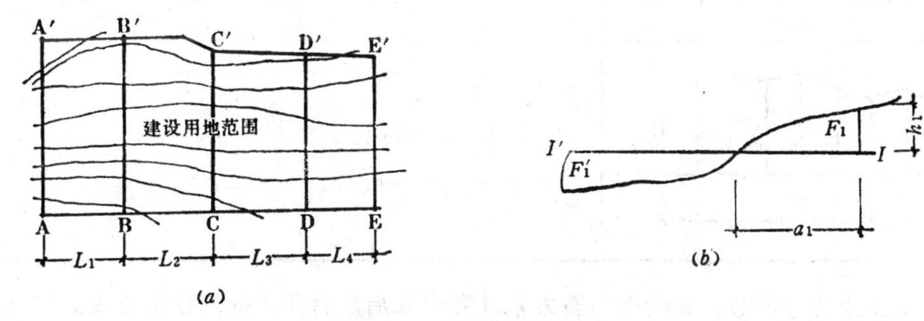

图 6-27 划横断面

一般可简单地取：

$$F_1 = \frac{a_1 \cdot h_1}{2} \qquad (挖方)$$

式中 a_1——挖方长度；

h_1——挖方高度。

同理 $$F_1' = \frac{a_1' \cdot h_1'}{2} \qquad (填方)$$

（4）计算相邻两断面的土方工程量，如图6-52所示。

计算公式：

$$V = \frac{F_1 + F_2}{2} \times L$$

式中 V——相邻两断面间的土方工程量（m^3）；

F_1、F_2——相邻两断面之间的填方（+）或挖方（-）的断面积（m^2）；

L——相邻两断面间距离（m）。

横断面常用断面计算公式　　表 6-39

图　　示	面　积　计　算　公　式
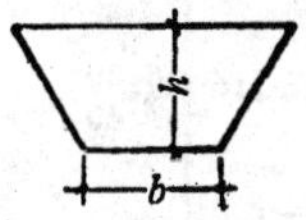	$F=h(b+nh)$
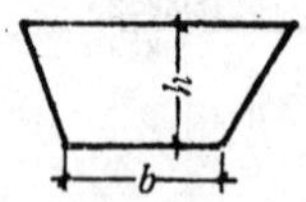	$F=h\left[b+\frac{h(m+n)}{2}\right]$
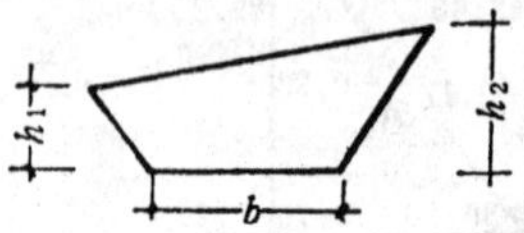	$F=b\frac{h_1+h_2}{2}+\frac{nh_1h_2}{2}+\frac{mh_1h_2}{2}$
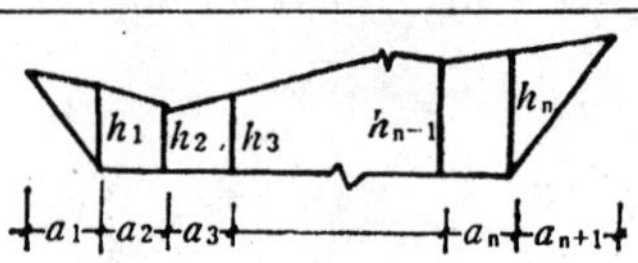	$F=\frac{1}{2}a_1h_1+\frac{h_1+h_2}{2}a_2+\frac{h_2+h_3}{2}a_3+\cdots+\frac{h_{n-1}+h_n}{2}a_n+\frac{1}{2}h_na_{n-1}$
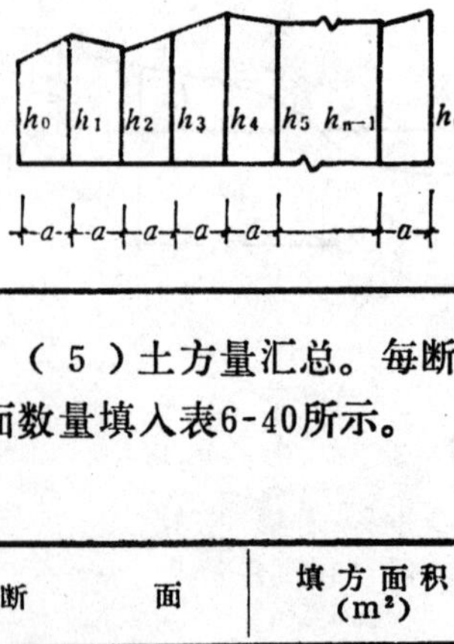	$F=\frac{1}{2}(h_0+2h+h_n)a$ $h=h_1+h_2+h_3+h_4+h_5+\cdots+h_{n-1}$

（5）土方量汇总。每断面土石方量计算出来后，将所求的填挖土方量分别按划分横断面数量填入表6-40所示。

土方工程量汇总表　　表 6-40

断　面	填方面积 (m²)	挖方面积 (m²)	断面间距 (m)	填方体积 (m³)	挖方体积 (m³)
A-A′					
B-B′					
C-C′					
D-D′					
E-E′					

四、土方平衡

在土方工程量计算汇总后，可知，当填方大于挖方时，亏土；当填方少于挖方时，剩土；当填方等于挖方时，平衡。

在一般情况，当挖方或填方超过100000m³时，挖填平衡相差不应超过大者数量的5%；

100000m^3以下时，不应超过10%。若场地挖填平衡相差超过上述幅度，则竖方设计不够经济、合理。此时，如果没有充分的理由和依据，应调整场地竖向设计标高。

进行具体土方平衡时，还要考虑土壤的可松性和二次土方工程量的因素。

（一）土壤的可松性系数

当土壤经过挖掘后，土体组织破坏，体积增加；如将挖方再作填方时，它的体积比原土体体积大。只有经过一段时间，在土压力作用，雨水湿润或经过夯实后，土壤颗粒再度结合，方可密实，但仍不能密实到原土体体积。各类土壤的松散系数如表6-41所示。若原土体孔隙较大（如大孔土等）；采用机械压实后，有时也会出现一方原土土体，回填不满一方的情况。因此，对较为特殊土壤的可松性系数应根据土质和压实要求的具体情况确定。

土壤的可松性系数表 表6-41

土质的类别	可松性系数	
	K_1	K_2
一、砂土、亚砂土	1.08～1.17	1.01～1.03
二、种植土、淤泥质粘土	1.20～1.30	1.03～1.04
三、亚砂土、潮湿黄土、砂土混碎(卵)石、亚砂土混碎(卵)石、素填土	1.14～1.28	1.02～1.05
四、老粘土、重亚粘土、砾石土、干黄土、黄土混碎(卵)石、亚粘土混碎(卵)石、压实素填土	1.24～1.30	1.04～1.07
五、重粘土、粘土混碎(卵)石、卵石土、密实黄土、砂岩	1.26～1.32	1.06～1.09
六、软泥岩	1.33～1.37	1.11～1.15
七、软质岩石，次硬质岩石(用爆炸方法开挖的石方)	1.30～1.45	1.10～1.20
八、硬质岩石	1.45～1.50	1.20～1.30

注：（1）K_1为最初可松性系数，是用于计算挖方工程量，计算装运车辆和挖土机械的主要参数
（2）K_2为最后可松性系数，是用于计算填方时所需要挖方工程量的主要参数

（二）二次土方工程量估算

场地平整选择地面林高时，还要考虑建筑物，工程设施、设备等基础挖槽的余方。余方工程量可参照下列参数来进行估算。

1.建筑物，设备基础的余方量估算公式

$$V_1 = K_3 \cdot A$$

式中 V_1——基槽余方量（m^3）；

K_3——基础余方量参数见表6-42所示；

A——建筑物占地面积（m^2）。

2.道路路槽余方量估算

平整场地后，再做道槽的道路路槽余方量估算：

$$V_2 = K_4 \cdot F \cdot h$$

式中 V_2——道路路槽挖方量（m^3）；

K_4——道路系数，见表6-39；

F——建筑场地总面积（m^2）；

h——拟设计的路面结构层厚度（m）。

基础余方量参数表　　表 6-42

名称			基础余方量参数 K_3 (m^3/m^2)	备注
生产建筑	车间	重型	0.3～0.5	有大型机床、设备
		轻型	0.2～0.3	
	仓库			
住宅建筑			0.1～0.3	
公共建筑				

注：1.基础余方量系数K_3指每平方米的建筑占地面积的指标。

2.建筑场地为软弱地基时，K_3应乘以1.1～1.2。

3.管线地沟的余方量估算公式：

$$V_3 = K_5 \cdot V$$

式中 V_3——管线地沟的余方量（m^3）；

K_5——管线系数（与地形坡度有关，见表6-43。

道路和管线系数表　　表 6-43

项目		平坡地	5～10%	10～15%	15～20%
道路系数 K_4		0.08～0.12	0.15～0.20	0.20～0.25	>0.25
管线地沟系数 K_5	无地沟	0.15～0.12	0.12～0.10	0.10～0.05	≤0.05
	有地沟	0.40～0.30	0.30～0.20	0.20～0.08	≤0.08

（三）土方平衡表

村镇竖向规划与设计的各项挖填土石方确定后，为了避免计算中发生遗漏和重复，同时也便于检查、校核和汇总平衡。其土方平衡见表6-44所示。

村镇竖向规划土方平衡表　　表 6-44

项目名称	单位	填方量（+）	挖方量（-）
1.整平场地	m^3		
2.建筑物构筑物基础	m^3		
3.地下设施	m^3		
4.道路广场	m^3		
5.管线地沟	m^3		
6.……	m^3		
7.……	m^3		
合计	m^3		
土壤松散压实的增减量(系数)			
实际土方量	m^3		

五、村镇规划竖向设计的方法及地面设计形式

（一）竖向设计方法和步骤

1.设计等高线法

用设计等高线法来改造自然地面。设计等高线的差距（高程间距）主要取决于地形坡度和图纸比例的大小，如表6-45所示。设计等高线的高程应尽量与自然地形图的等高线高程相吻合。

设计等高线差距的确定　　表 6-45

比　例	坡　度		
	设 计 等 高 线 差 距 (m)		
	0～2%	2～5%	＞5%
1:2000	0.25	0.50	1.00
1:1000	0.10	0.20	0.50
1:500	0.10	0.10	0.20

设计方法是：先将建筑物用地的自然地形按不同情况画几个横断面，按竖向设计形式，确定台阶宽度和坡度，找出填挖方的交界点，作为设计等高线的基线，按所需要的设计坡度和排水方向，试画出设计等高线。设计等高线用直线或曲线来表示，尽可能使设计等高线接近或平行于自然地形等高线。

试将设计等高线画在描图纸上，覆在自然地形图上进行土方计算，填挖方量大致平衡时，则设计等高线为正确，否则应重新确定设计等高线，再进行土方计算，直到大致平衡为止。设计等高线法有利于表明竖向规划各方面的相互关系，但缺点是需要计算、设计、图面表示比较复杂。如图6-28设计等高线表示的竖向设计图局部。

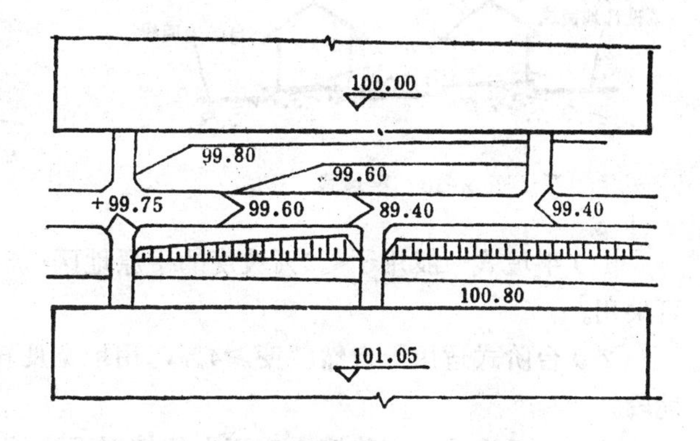

图 6-28　用设计等高线法表示的竖向设计局部

2.设计标高法

设计标高法是以建筑物、构筑物的室内外地坪标高、道路的纵坡标高和坡距、坡度来表示，并辅以箭头表示地面排水方向，组成竖向设计图的方法。这是村镇规划竖向设计中最常用的一种方法，其优点是图面比较简单，如图6-29所示。缺点是设计意图不易交待清楚，只能由施工部门自行调整。

（二）竖向规划设计形式

1.地面形式

在进行竖向规划设计时，拟将自然地形加以适当改造，使其成为能够满足使用要求的地形。这一地形，称之为设计地形或称设计地面。设计地面按其整平连接形式，一般为三种：

（1）平坡式。即把村镇用地处理成一个或几个坡向的平整面，坡度与林高变化不大，如图6-30所示。

（2）台阶式。由几个标高高差较大的不同平面相连接而成，在连接处一般设置挡土墙或护坡等构筑物，如图6-31所示。

（3）混合式。即平坡式与台阶式混合使用。根据使用要求与地形特点，把建设用地划分为几个地段，每个地段用平坡式改造地形，而坡面相接处用台阶式连接。

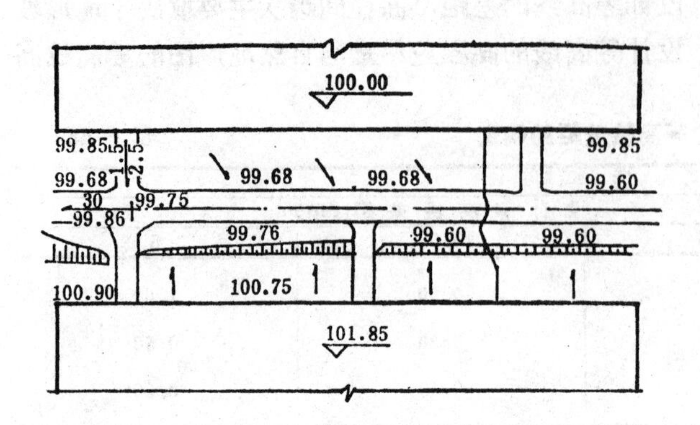

图 6-29 用设计标高法表示的竖向设计局部

平坡式与台阶式，又可以分为单向倾斜和多向倾斜两种形式。在多向倾斜形式中，又可分为向村镇边缘倾斜和向村镇中央倾斜两种形式。

2.设计地面连接方式

根据设计地面之间的连接方法不同，可分为三种方式：

（1）连续式。用于建筑密度较大，地下管线较多的地段。连续式又分为平坡式与台阶式两种。

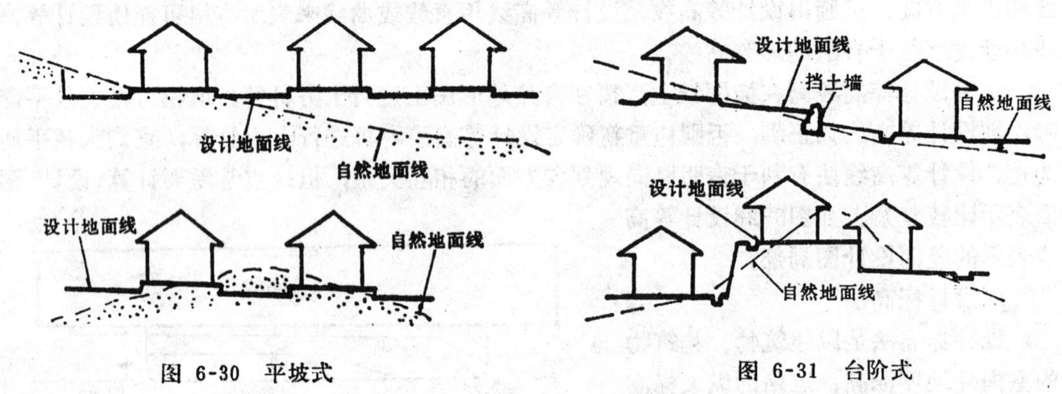

图 6-30 平坡式

图 6-31 台阶式

1）平坡式一般用于≤2%坡度的平原地区；3～4%坡度在地段面积不大的情况下，也可采用。

2）台阶式适用于自然坡度≥4%；用地宽度较小，建筑物之间的高差在1.5m以上的地段。

（2）重点式。在建筑密度不大的情况下，地面水能够顺利排除的地段，只是重点地在建筑附近进行平整，其他都保留自然坡度，称为重点式自然连接方式。多用于规模不大的村镇和生产建筑用地地段。

（3）混合式，建筑用地的主要部分采用连续式连接方式，其余部分为重点式自然连接。

思 考 题

1.供水管网布置形式有哪几种各有何特点？

2.管线工程综合的一般原则有哪些？

3.什么叫竖向规划？归纳用设计标高法进行竖向设计的步骤？

第七章　村镇规划的技术经济工作

第一节　技术经济工作的意义和内容

一、技术经济工作的意义

满足村镇生产发展和居民生活水平不断提高的需要，为居民创造良好的生产条件和生活环境，是村镇规划和建设的根本目的。为了达到这一目的，除了注意取得适用、美观的效果外，还要注意村镇规划与建设具有现实性和经济效益，把技术经济工作贯穿于村镇规划与建设的全过程。

在编制村镇规划工作中，如果忽视了技术经济工作，对规划的好坏心中无数，对规划的依据缺乏科学的分析，就会出现盲目性。不能把“规划”简单理解为仅仅是“排排房子、划划道路。能控制用地就行了。”缺乏科学的盲目“规划”，是不能用来指导村镇建设的。

二、技术经济工作的内容

在村镇规划的不同阶段，技术经济工作的内容应有所侧重。

（一）村镇总体规划的阶段

技术经济工作的重点以区域的角度分析规划的各项依据，科学地确定村镇的分布以及村镇的性质，规模和发展方向。其主要分析内容为：

1.上一级区域性经济发展规划

根据区域规划和农业区域规划成果，分析村镇分布与规模的确定是否做到合理、科学、有实现的可能性。同时在这一范围内各个村镇的发展前景应有一个粗略的估计，做到心中有数，统筹兼顾、全面安排。

2.对村镇的发展调查和分析

向有关计划、农业等部门了解各行各业的发展设想，以及对村镇建设的要求，并收集各种有关的资料，分析其发展条件与前景，对总体规划进行技术经济分析。

3.主要公共建设设施的经济合理性分析

公共建设设施主要包括：公共建筑的配置、村镇之间的交通、供水、电力、电讯等项目。

在村镇总体规划中公共建筑及主要配套服务设施的装置，是解决村镇范围内的合理分布问题，使其既要做到布局合理，使用方便，适应村镇分布分散的特点，又要尽量达到充分的利用（服务半径合理）和经营管理上合理的目的。一要避免不顾现实条件，配置项目偏全、规模偏大，标准偏高不考虑充分利用和改造原有设施一律新建的做法。二要避免只重视住宅建筑而忽视兴建必要的公用工程设施和公共建筑建得太少的做法。三要使公共设施的配备与分布尽量发挥其最大的利用效益，做到不脱离实际、花钱少、收效大，服务面广、受益的人多、服务半径合适，而且有利于本身经营管理方便，经济效益的提高。

（二）村镇建设规划阶段

技术经济工作的主要重点是如何结合当地的实际情况因地制宜地处理好客观需要和实际可能的统一问题，从而使村镇的各项建设建立在可靠的现实的基础上。其主要分析内容为：

1.近远期建设项目的可行性

要把村镇发展的客观需要与客观可能性统一起来。所谓客观需要，就是要根据村镇总体规划的意图和需求的缓急程度，恰当地安排各个建设项目。所谓客观可能，就是要分析村镇发展的现实条件，探讨村镇建设规划的现实性，没有现实性，也就谈不上什么经济性了。

2.村镇各项用地面积指标的合理性

村镇用地面积指标，综合性很强，它与人均耕地多少，综合发展的程度、村镇规模大小、自然条件的优劣等因素密切相关。因而，应根据各地具体情况分析，比较后拟定。

3.分析各个建设项目的布局与经济地配置是否最佳

在村镇规划中住宅建筑用地是村镇建设用地的主体，它占村镇用地的一半左右，因而，对于村镇中住宅建筑用地规划的好坏关系很大，住宅建筑用地的经济与否，直接影响到整个村镇用地的经济效果，是节约村镇用地的重要一环。而每一项公共建筑的具体配置必须针对村镇公共建筑的使用特点及其实际需要，考虑到适当发展的可能性。

4.对旧村镇改造和合理利用原有村镇设施的经济分析

在村镇建设规划与实践中，绝大多数属于原地改造、扩建，造址新建的是少数，因而，对旧村镇改造和如何充分发挥原有设施的经济使用效益，也应列入村镇建设规划技术经济工作的范畴。

同时，必须明确村镇规划不是搞一切都“百废俱兴”，撇开旧村，另建新村，或者是把原有设施一律拆除，另起炉灶，一味追求高标准大拆大建。这种想法是错误的，不符合我国当前农村的实际，也是经济条件不允许的。因此，对待旧村镇，只能是合理利用，逐步改造，因地制宜，量力而行，不能急于求成而不顾经济上和技术上的可能性。

总之，村镇规划技术经济工作的内容要符合客观要求，设施标准，建设规模和速度，经济发展水平等相适应，这是衡量一个规划方案质量高低的重要标准之一。

第二节　村镇规划中的技术经济指标

村镇规划的技术经济指标，是显示村镇各项建设在技术标准达到经济合理性的数据要求。在具体规划设计中起着依据和控制的作用，应认真研究分析和拟定。

一、村镇建设用地标准

平均单位人员、建筑、设备，物料和产量投资所需占用土地面积称为用地标准。它反映村镇用地水平，也反映土地利用的经济合理性。用地指标组成，各类用地指标又由不同层次的分项用地指标组成。各分类，分项用地指标之间的比例关系又构成各种相对指标。

村镇建设的用地指标，因性质、规模、自然地理条件及布局特点不同而有较大差别。欲制定执行全国性的统一指标是不符合实际的。只能制定一定幅度的标准，为此，国家颁布的有关法制文件中规定，由各省、自治区、直辖市的有关部门根据当地实际情况研究制定有关的用地标准。如天津市对村镇建设各项因地制宜地控制指标如表7-1，表7-2。

总之，村镇建设用地指标，应结合当地的自然地理条件，土地利用现状，村镇建设现状。生产，生活习惯、社会经济水平，并注意节约用地，有利于村镇建设和发展，从实际出发合理拟定。

天津市村镇建设用地的控制指标　　表 7-1

项　目	人均用地标准(m^2)		
	中心集镇	一般集镇	中心村
住宅建筑用地	22～70	23～75	25～28
公共建筑用地	10～28	9～24	5～15
生产建筑设施用地	18～36	14～32	5～25
道路交通用地	10～28	9～23	7～20
公用工程设施用地	2～6	2～5	1～3
绿化用地	3～12	3～8	2～7

天津市村镇建设用地构成　　表 7-2

项　目	建设用地构成（%）		
	中心集镇	一般集镇	中心村
住宅建筑用地	30～50	35～60	50～70
公共建筑用地	13～20	10～17	7～14
公共建筑设施用地	17～27	14～22	7～16
道路交通用地	12～18	10～16	8～15
公用工程设施用地	2～4	2～4	1～3
绿化用地	2～6	2～6	2～7

二、宅基地面积标准

宅基地是以每户住宅平均占地面积表示，单位为每户多少平方米。宅基地面积包括农产房基地和房前屋后的地坪，以及独用的宅院和巷道用地面积。由每户宅基地总和为主组成的住宅建筑用地、占村镇建设用地的比重较大，一般集镇占50%左右，规模较小的村镇占90%左右。因此，宅基地指标，对节省用地关系很大，必须严加控制。

各省级人民政府根据山村、丘陵、平原、牧区、城郊、集镇等不同情况，分别规定用地限额、县级人民政府根据省级人民政府规定的用地限额结合当地的人均耕地、家庭副业、民族习俗、计划生育等情况，规定宅基地面积标准。因此，在规划中应严格贯彻各地人民政府的规定。如表7-3宅基地控制标准为一九八〇年至一九八一年全国农村住宅设计竞赛中，九个省、市、自治区提出的宅基地面积指标供规划中参考，以便了解全国不同地区宅基地控制指标的情况。

三、用地平衡表

村镇是一个有机体，要达到生产和生活各方面的协调发展，它反映在各项建设事业上和用地上，必然存在一定的内在联系。通过编制村镇建设用地平衡表。检验各项用地的分配比例及其是否符合规定的定额指标，作为调整用地和制定规划的依据之一；也可与一些同类村镇用地进行比较；同时，用地平衡表又是为规划管理单位审定村镇建设用地的必要依据。

为了便于统一计算和用地比较，村镇用地平衡表可采用表7-4的基本格式。

对于其它不参与平衡的有关用地，也应列表统计，以便于村镇总用地的计算。

全国部分省、自治区、直辖市提出的宅基地面积指标　　表 7-3

省、自治区、直辖市	宅基地面积		(m²/户)
北　京	不超过		300
天　津	三间户		130～150
	四间户		130～200
上　海	农户养猪		130～160
	不养猪的		100～120
山　西	楼　房		不超过200
	平　房		200～300
山　东	楼房二开间		100～120
	楼房三开间		120～140
	平　房		140～200
浙　江	一堂二室	楼房	75～90
		平房	100～150
	一堂三室	楼房	100～105
		平房	110～125
	一堂四室	楼房	105～115
		平房	120～135
辽　宁	二室户		200
	三室户		260
	四室户		330

省、自治区、直辖市	宅基地面积		(m²/户)
黑龙江	不超过		350
福　建	平原地区	楼房	90～110
		平房	100～120
	山　区	不超过平原地区5%	
河　南	楼　房		100～160
	平　房		120～180
湖　南	楼　房		120～140
	平　房		140～160
广　东	楼　房		80～120
	平　房		90～140
四　川	楼　房		90～110
	平　房		100～120
陕　西	楼　房		100～160
	平　房		130～200
宁　夏	楼　房		130～200
	平　房		200～3300
新　疆	260～660		
湖　北	一般为120～180		
	荒山坡多地区，最大也不超过200		

用 地 平 衡 表　　表 7-4

序号	代码	项　　目	现　状			规　划			国　标
			面　积 (公　顷)	比　重 (%)	人　均 (m²/人)	面　积 (公顷)	比　重 (%)	人　均 (m²/人)	(%)
1	A	住宅建筑设计							
2	A_1	村民住宅设计							
3	A_2	居民住宅设计							
4	A_3	其它居住用地							
5	B	公共建筑用地							
6	B_1	行政经济用地							
7	B_2	教育机构用地							
8	B_3	文体科技用地							
9	B_4	医疗保健用地							
10	B_5	商业服务用地							
11	B_6	集贸设施用地							

续表

序号	代码	项目	现状 面积（公顷）	现状 比重（%）	现状 人均（m²/人）	规划 面积（公顷）	规划 比重（%）	规划 人均（m²/人）	国标（%）
12	C	生产建筑用地							
13	C_1	工副业生产用地							
14	C_2	农业生产设施用地							
15	C_3	仓库与堆场用地							
16	D	道路交通运输用地							
17	D_1	道路用地							
18	D_2	交通运输设施							
19	E	公用工程设施用地							
20	E_1	公用工程用地							
21	E_2	环卫设施用地							
22	F	绿化用地							
23		其他用地							
		总用地							

四、其它技术经济指标

（一）建筑密度

建筑密度指村镇各建筑物基底面积之和除以建筑物总占地（包括道路、绿化，室地等）面积的百分数。建筑密度是检验建筑物布局是否合理紧凑，用地是否节省的规划设计的技术经济指标。

用公式表示：

$$建筑密度=\frac{各种建筑物基底面积之和}{建筑物总占地}\times 100\%$$

（二）居住建筑密度

居住建筑密度是指居住建筑基地总面积与居住用地面积之比。

用公式表示

$$居住建筑密度=\frac{居住建筑基底总面积}{居住用地面积}\times 100\%$$

居住建筑密度主要取决于房屋布置对气候防火、防震、地形条件和院落使用等的要求，直接与房屋间距、建筑层数、层高、房屋排列等有关。在同样条件下，住宅层数愈多，建筑密度愈低。

（三）人口毛密度

人口毛密度是村镇居住人口与生活居住总面积之比。

用公式表示：

$$人口毛密度=\frac{居住人口}{生活居住用地总面积}（人/公顷）$$

（四）人口净密度

人口净密度是村镇居住人口与居住用地面积之比。

用公式表示：

$$人口净密度=\frac{居住人口}{居住用地面积}(人/公顷)$$

（五）居住建筑用地指标

居住建筑用地指标是由居住面积定额、住宅平面系数、居住建筑密度和住宅建筑层数等几项技术经济指标决定的，其关系式如下：

$$每居民居住建筑用地面积=\frac{居住面积定额}{建筑密度\times层数\times平均系数}(m^2/人)$$

（六）居住建筑面积密度

居住建筑面积密度是居住建筑总面积与居住用地总面积之比。

用公式表示：

$$居住建筑面积密度=\frac{居住建筑总面积}{居住用地总面积}(米^2/公顷)$$

在实际工作中，常采用居住建筑面积密度指标作为居住建筑建设量的控制指标进行统计。

第三节　村镇建设投资估算与资金筹集

村镇建设投资是指村镇建设规划期限内各项建设费用的总和，是村镇建设规划经济性的衡量标准，特别是村镇的近期建设投资是衡量规划方案现实性的重要依据。因此，在规划中，必须认真做好村镇建设投资的估算，协调村镇建设中各项投资比例，使村镇建设能有计划按比例地协调发展，以避免村镇建设过程中的盲目性。

一、投资估算的方法

进行村镇建设投资估算，必须结合各个村镇的具体特点，规划设计中考虑的内容和采取的措施，参照当地各类工程的造价标准等因素进行。其具体方法是：在一般情况下，根据规划项目、内容、按近、远期分别列出各建设项目的工程量，而后确定各项建设工程的单位造价标准。在确定单位造价标准时，有的项目应采取近、远期有别，远期的造价可适当提高。因为，远期工程是在村镇经济已经过一个发展阶段的情况下进行的，其建设的质量标准会有所提高。一般村镇建设投资估算可参考表7-5进行。其中，未可预见项目的投资估算可按建设投资之和的10%左右计算。

在估算出村镇建设总投资之后，可将建设的近远期投资，总投资与调查基础资料中的规划建设资金来源估算金额相比较，检验两者是否吻合。若相差甚远就说明实现规划的经济力量不够，应将村镇规划的规模压缩，或调整各建设项目近远期实施的比例，并提出广开资金来源的渠道和节省资金的措施等。力求达到规划实现有较大的可靠性。特别是近期规划建设实施的项目，除注意投资落实的可靠性外，在规划中还应提出主要材料的需要数量，如水泥、钢材和木材等。

二、村镇建设资金的筹集

村镇建设资金的来源，是规划实施的关键必须坚持与当地生产力发展水平，与社会和人民的发展愿望，与村镇的自然，社会发展条件以及村镇发展的长远利益紧密结合，坚持因地制宜、量力而行，勤俭建设，艰苦创业、自力更生，人民村镇人民建的原则。同时，注意发挥国家、地方、集体、个人几个方面建设的积极性，采取多渠道、多种方式集资解决建设资金。根据有关资料及文件分析，资金来源大致可以从以下几个方面进行筹集。

（1）从乡镇一级财政的超收部分中提出一定比例，用于村镇的基础设施和公共设施建设。

（2）根据中央提出的乡镇工业要适当集中的精神，有计划地将乡镇企业，包括有条件的企业事业单位，集中安排到集镇上建设，并纳入集镇规划，其有关设施的投资应成为集镇建设资金来源的重要组成部分。

（3）按照有偿服务，“谁投资、谁受益”的原则，收取村镇基础设施配套费。鼓励和吸收单位和个人到集镇兴办各种市政、公用事业，如供水、文化、娱乐、茶座等。

（4）积极扩大横向经济联合，按照互利互惠共同发展的原则，同大中城市的企业，院校和科研单位发展各种经济技术合作，联合新建各类建设项目。

（5）按照村镇规划统一组织建设用地的建设和商品房屋的开发，可以收起预付资金，也可以开辟银行建设贷款，其开发效益部分主要用于村镇基础设施的建设。

（6）在村镇可以收取村镇规划管理费、环境卫生费等，按一定比例提取用于村镇建设的管理工作。

（7）市、县财政给予必要的经费补贴。特别是实行市带县的地方，市财政应适当增加对村镇建设的补助。

（8）贯彻“人民村镇人民建”的方针，组织村镇的单位和居民参加修路、绿化清扫垃圾等公益劳动。

总之，村镇建设资金来源不可能一言以蔽之。各地、各村镇应按自身的具体条件，在村镇规划设计中提出因地制宜、切实可行的资金来源和措施。

思 考 题

1.村镇规划技术经济工作的意义？

2.村镇规划中应重点抓好哪几种技术经济指标？

3.村镇建设资金有哪些筹集方法？

第八章　村镇规划管理工作

村镇规划是指导村镇建设的依据，村镇规划管理则是村镇建设能否按照村镇规划的要求有计划，有步骤地顺利开展的关键。其主要任务是根据已经批准的规划，对规划范围内需要占用地或改建、扩建项目的各个建设项目，逐项进行审查。符合规划要求的，促其实现；不符合规划要求的严加限制，做到依法执行，实行法治管理，确保规划的实施。

第一节　村镇规划管理工作的重要性

村镇规划管理的重要性是由村镇建设的客观规律所决定的，无论从当前还是长远看都具有十分重要的意义。

一、村镇规划是村镇建设与发展的继续和具体化

经过审查批准的村镇规划，在一定程度上反映了当地经济与社会在一定期限内对村镇建设的全面需要；结合实际，从整体上提出了村镇发展方向和空间布局；根据可能条件，统筹安排各项建设设施可指导当前建设，是村镇经济与社会发展计划的具体化、形象化，这些设想和安排，既预测了未来，又立足于当前，具有合理的科学性。如固定资产投资计划、教育卫生体育事业发展计划等，通过规划表现为具体建设项目、工程量、建设日域、投资额等指标和图形，使村镇建设的实施有了具体的形象和目标。村镇规划确定的基础设施、公共设施项目，以纳入村镇建设计划，按财力物力逐年安排，有利于分期分批建设。

二、村镇规划有利于村镇土地的合理利用

我国幅员辽阔，但人口众多，人均耕地仅1.4亩，比世界平均数4.52亩低得多，加上可开发的土地少，人口增长快，因此我们必须珍惜每一寸土地。村镇规划是通过立法手段和经济技术措施对土地使用进行综合的合理安排，避免和减少盲目建设的根本措施，也是科学、文明、进步的标志。

村镇规划对土地使用功能的区划，对各项建设项目的合理安排，确定用地标准、定额、建设密度和荒地的利用、土地的保护和环境措施等。有利于控制土地的使用，节约用地，合理用地。

三、村镇规划是村镇建设走上良性循环轨道的手段

村镇规划是村镇建设有计划、有步骤实施的依据，是防止不顾经济条件和客观规律，急于求成，大拆大建的措施；通过村镇规划管理防止随便更改规划，不按规划建设的现象发生。否则，村镇规划只能是“图上画画，墙上挂挂”，形成规划建设“两张皮”，造成规划和建设的脱节。因为村镇规划始终把村镇各项建设及基础配套设施放在重点地位，对各项建设进行有序安排，使村镇建设与生产建设与财力、物力相适当，从而为村镇建设与村镇发展创造良性循环条件。使村镇环境与生产、生活达到协调发展，有的村镇则非常重视管理工作，使村镇建设真正上水平、上质量、上台阶起到了一定的保证作用。

第二节 村镇规划管理的内容及工作阶段

一、村镇规划管理的内容

村镇规划管理的内容，从广义讲，是村镇建设的总目标，由于村镇规划管理贯穿村镇建设的全过程，所以，村镇建设的各项管理活动都是村镇建设规划管理。

村镇规划管理的内容包括两方面。一是村镇规划的组织管理，即村镇规划管理机构的建设，规划编制的前期工作及规划编制与审批等组织工作。二是村镇规划的实施管理，如村镇建设用地管理、建筑工程及基础设施建设管理、旧村镇改造管理等。实施管理的任务在于维护规划成果，保证其得以实施。

二、村镇规划的组织管理及工作阶段

村镇规划的组织管理是为了使村镇规划编制工作顺利进行和保证规划成果的科学性、可行性的重要组成部分。按规划编制的过程划分为：

（一）村镇规划编制

1.村镇规划编制的组织准备阶段

这一阶段主要是做好村镇规划编制的各项前期工作，包括组织准备、人员准备、规划工作计划、资金准备、规划编制纲要研究、规划基础资料准备等。

2.村镇规划的编制工作阶段

依据规划纲要和规划基础资料进行具体规划设计，绘制规划图，起草说明书，根据民主评议和专家论证意见进行修改。

（二）村镇规划的审批

村镇规划具有法律性，因此，必须经过严格审批程序。《村镇建设管理暂行规定》第八条指出：“村镇总体规划和建设规划，须经（镇）乡人民代表大会讨论通过，报县级人民政府审查批准”。村的建设规划须经村民代表大会或村民大会讨论通过，所在镇（乡）人民政府审查同意，县级人民政府批准。国营农、林、牧、渔场场部所在地规划，经所属县级或县级以上人民政府同意，由各业上级主管部门审查批准”。

（三）村镇规划的实施准备

村镇规划的实施准备，主要包括建全村镇规划管理人员，设置规划管理机构并确定管理权限与职责。特别是应加强村镇规划的宣传工作，让村镇居民都知道规划并自觉服从规划管理，提高规划管理意识。

第三节 村镇规划实施管理

村镇规划实施管理，是为了维护规划成果而对规划实施所进行的组织和控制协调活动。其主要内容包括用地规划管理、各项建设规划管理、旧村镇改造规划管理。

一、用地规划管理

用地规划管理的主要内容是严格各项建设用地审批制度，执行用地管理程序。村镇各项用地审批一般有以下程序：

1.用地申请

村镇各项建设用地首先必须向有关部门提出申请，并报建设管理部门审批，农民或居民建房应向村民委员会或居民委员会申请，经同意签署意见后，报乡（镇）建设管理部门审核，集体和单位建设应先取得建设项目批准文件，再向村镇建设管理部门提出用地申请。

2.核发建设用地规划许可证

村镇建设管理部门根据各项建设用地申请，审核建设条件，确定具体用地位置及界限，派专业人员实地踏勘，确定红线位置和界限，绘制“红线图”，签发“村镇建设用地规划许可证”。村镇各项建设在取得“许可证”后，才能向土地部门办理使用、征用、划拨土地手续。

3.核发村镇建设工程规划许可证

村镇各项建设的单位和个人持用地规划许可证到土地部门办理有关手续，取得土地使用权后，村镇建设管理部门可办理准建证，或称“村镇建设工程规划许可证”。准建证是建设工程符合村镇规划要求和国家规定的设计、施工条件、破土动工的法律凭证。只有取得准建证才可正式用地。

二、各项工程建设规划管理

村镇工程建设规划管理，贯穿于建设项目从政策、设计、施工到竣工验收全过程。其基本顺序大致可分为四个级段，即可行性研究阶段、选址定点阶段、落实用地及设计阶段、施工与竣工验收阶段。各阶段具体步骤和内容如下：

（一）可行性研究阶段

1.可行性研究的内容

明确建设项目的目的与产品市场供求预测及原料供应和投资效益分析，建设地段的水文、地质、交通等环境与规划要求；投资估算及资金筹集的可行分析。

2.拟定计划任务书

计划任务书又称设计任务书，它是工程建设的大纲和编制设计文件的依据，村镇单位建设项目应经计划部门审批。其主要内容包括：

（1）建设依据、规模和技术标准；

（2）生产功能及工艺原则

（3）建设地段的水文地质、地震和原材料、动力、供水、运输等现状协作配合条件；

（4）建设投资总额及资金来源；

（5）建设工期等。

（二）选址定点阶段

（1）选址申请与审批。村镇建设单位或个人持有关文件（如审批后的计划、任务书等），向村镇建设管理部门提出建设选址申请。然后由村镇建设管理部门根据规划要求对选址申请提出选址意见，核发选址批文。

（2）定点申请与审批。建设单位或个人根据核发址批文提出定点用地申请，然后由建设管理部核发建设用地和工程规划定点批文（红线图）。

（三）落实用地与设计阶段

（1）建设单位凭选址定点批文及建设工程计划委托有证设计单位进行初步设计，初步应报村镇建设管理部门审核批准。

（2）村镇建设管理部门根据有关文件及规划要求，划定用地界限，落实用地“红线”，并核发《建设用地规划许可证》。

（四）施工和竣工验收阶段

（1）施工开始核查用地范围道路红线与规划布置要求是否相符合；建筑之间的间距是否符合日照、通风、防火等有关技术规定；室内外管线是否恰当。

（2）竣工验收检验建设项目是否符合规划、技术质量标准、艺术等满足要求后才可办理验收证书。

三、村镇基础设施管理

村镇基础设施管理是村镇规划建设的一个重要组成部分，是村镇生产和人民生活不可缺少的公用设施。其管理内容如下：

（一）村镇供水排水设施建设管理

1.村镇供水排水设施设计审核

村镇供水排水设施设计是否合理，直接关系到施工费用的高低、设施运行的好坏、维修管理的方便与否等方面。审核时，一要看供水排水设施的平面布置，供水排水方法和工艺流程，是否根据水源水质、用水要求、生产能力、技术经济条件等相适应。二要看输排水管和配水管布置是否满足规划要求、输配水和排水管网畅通、分布合理、有足够的水压水量、施工维修方便、经济可靠。

2.村镇供水排水设施施工管理

供水排水设施施工监督是实施规划与供水排水设计的保证的措施。应按照规划和供水排水设计标准、质量要求进行施工管理。

（二）电力电讯设施管理

村镇电力、电讯是提高人民物质文化生活水平、缩小城乡差别、促进村镇生产发展不可缺少的物质条件。其规划管理内容：

（1）审查电力、电讯建设规模和确定用地范围及定点。

（2）审查线路的走向、接线方式、线路回路数、导线截面，是否满足村镇规划要求。

（3）电力、电讯应在保证满足统一规划要求的前提，进行统一建设、统一管理、合理安排实施进度，确保村镇电力、电讯的正常使用效果。

（4）配合电力、电讯主管部门制定电力、电讯规章制度。

（三）村镇道路规划建设管理

村镇道路是村镇之间和村镇内部各区域之间的运输动脉，也是村镇的骨架，进行正确而科学的村镇规划道路建设管理，对村镇的工农业生产、人民生活和村镇经济的发展起着巨大的影响作用。其管理的主要内容为：

（1）根据村镇道路规划编制村镇道路新建、扩建、改建年度建设计划及中长期建设计划。

（2）审查与审批道路建设项目，并提出指导性意见。

（3）组织道路按规划要求设计和年度建设计划的实施。

（4）制定村镇道路建设及管理的各项规章制度。

（四）旧村镇改造规划管理

根据我国国情和目前村镇现状，旧村镇的建设应以改造为主，贯彻合理利用、调查布局、分批分片改造，逐步完善配套的方针。其规划管理的主要任务是：

1.调整布局

调整布局就是在规划指导下逐步改变不合理的状况，明确哪些设施应当迁、并、保留、改造和步骤建设实施方案。

2.各项建筑的建设与改造

各项建筑项目的建设必须以改造规划为依据强化规划管理，注意公共及服务建筑的配套建设，对街面建筑应适当改造和合理利用，注意新建和原有建筑物的风格协调，为改变旧村镇面貌起积极作用。

3.各项基础设施的完善和配套

根据规划要求结合村镇实际情况编制“近、中、远”期基础设施建设计划和实施方案。为改善村镇生产、生活环境创造有利条件。

第四节　村镇规划档案管理

村镇规划档案是村镇规划、设计、施工用表、文件资料和其他调查材料的原始纪录保存以备查考文件材料，是村镇各项活动的原始性记载，是国家的宝贵财富，也是今后进行村镇规划、设计、施工、管理、维修的条件和依据。利用档案一是可以避免重复性劳动；二是村镇具有一定的连续性，利用档案可以避免前后不符；三是利用档案可以调解在村镇建设中的纠纷。

村镇规划档案是进行村镇建设科学管理的基本条件。任何科学的发展都必须以前人的实践和成果为依据进行，既继承又发展。从这一点来看，村镇规划建设档案是村镇建设的科学遗产。所以，加强村镇规划建设档案管理是一项重要的基础性的村镇建设管理工作。

一、村镇规划档案管理内容

村镇档案的内容较多，这是由于村镇建设活动涉及面广的特点所决定的，按村镇规划建设的内容主要有以下几个方面。

（一）村镇规划档案

村镇规划档案是村镇规划组织、编制、实施与管理活动中形成的档案材料，主要有下列内容：

1.村镇规划编制工作档案管理

（1）村镇规划的基础资料。如自然史、人口、建筑及基础设施、技术经济、建筑条件分析等资料，是编制村镇规划的依据。

（2）有关村镇规划的编制和调整的文件。

（3）村镇规划纲要。

（4）规划审批文件。

（5）其他规划编制工作档案。如重要规划工作会议纪要，群众评议与主要论证资料，人代会审批情况资料等。

2.村镇规划成果档案管理

（1）县域规划。包括县域规划图和说明书。

（2）村镇总体规划。包括总体规划图和说明书。

（3）村镇建设规划。包括集镇与村庄建筑规划，基础设施规划、说明书等。

（4）村镇规划调整与修改成果。

3.村镇规划管理档案

（1）村镇规划实施的有关规章、办法等文件。

（2）各项建设用地申请书（报告）。

（3）村镇建设项目的选址定点报告及论证可行性资料。

（4）村镇建设用地规划许可证和建设规划许可证（准建证）存根。

（5）村镇建设用地规划红线图。

（6）违章建设工程的处理报告、记录。

（二）村镇建筑工程建设档案管理

各项建筑工程档案主要是村镇各类建筑物及各项基础设施在设计、施工过程中形成的档案。主要包括下列内容：

1.建筑工程审批文件档案

（1）村镇建设项目的可行性研究报告、环境影响评价报告等。

（2）村镇建设项目的计划任务书（设计任务书），建设项目批文等。

2.建设工程设计文件档案

（1）工程项目建筑红线图、总平面图和设计方案图。

（2）工程项目施工图。包括建筑、结构、设备等图。

（3）其它资料：如勘察、设计变更等资料。

3.村镇建筑工程施工档案管理

（1）建筑工程预算造价及承包合同。

（2）图纸会审及技术交底记录。

（3）各种材料及构件试验、检验报告和施工验收记录等。

（4）工程竣工验收报告、竣工图及决算文件。

（三）村镇基础设施建设档案管理

村镇基础设施档案管理内容主要有电力、电讯、供水排水、道路等在设计、施工和管理中形成的档案，其内容与建筑工程建设档案近似，这里不作细述。

二、村镇规划档案管理收集方法

村镇规划档案的收集是指在村镇规划和建设与管理活动中形成的各种有价值的文字、图表、照片等资料进行提取、索要和登记归档案保管和提高利用的活动。收集工作关系到村镇规划与建设档案是否完整、全面和连续。加强收集工作应做好以下几个方面：

（1）明确哪些资料应该归档。除了有关规定的资料外，判断其它资料是否应归档，一般判断原则是看是否有利用价值，如资料对以后的工作是否有依据性，能否提供研究参考意义。

（2）对于遗漏、损坏、丢失的资料采取适当的补救措施，如通过有关人员回忆、调查整理等。把损失减少到最小程度。

（3）建立通畅的收集渠道，健全归档制度。档案资料和其它信息一样，如果没有通畅的渠道就很难收集，因此要建立各种资料传递程序和制度，如文件收发制度、各种资料统计制度等。

（4）提高档案管理整体意识，村镇建设活动中的每个人能自觉配合档案管理工作，避免把各种资料占为已有或丢失损坏现象。

思考题

1.村镇规划管理的内容有哪些？

2.如何进行用地规划管理？

3.如何进行村镇规划档案管理？